三维测量数据智能优化技术

汪　俊　魏明强　陈红华　著

科学出版社

北　京

内 容 简 介

点云是分布在三维空间中的离散点集，也是对物体表面几何的离散采样。三维测量技术的迅速发展使得点云数据的获取更加简单方便。但是，由于测量环境的干扰和测量对象的材料反射问题，三维测量数据会包括含各种噪声、离群点，且特征采样不足。另外，由于大尺寸测量对象的结构限制，通常需要多次拼接，噪声、细节丢失等现象更为严重，严重制约了点云数据的后续应用。本书是作者专注在三维测量点云质量智能优化领域内多年的研究积累，重点围绕三维测量点云质量智能优化的核心理论与方法，包括传统数据优化算法、基于点表征学习和图表征学习的测量数据优化算法、基于特征描述子的测量数据优化算法、基于多源表征的测量数据优化算法等进行系统性阐述，最后结合航空航天实例介绍测量数据优化软件平台与工程应用方案，为点云的智能优化处理与工程应用提供基础性理论方法指导。

本书可作为研究机构、高科技企业科技人员及相关领域业余爱好者的参考用书，也可作为计算机视觉、计算机图形学、三维机器视觉检测等专业的研究生教材。

图书在版编目(CIP)数据

三维测量数据智能优化技术 / 汪俊，魏明强，陈红华著. —北京：科学出版社，2024.6

ISBN 978-7-03-074133-2

Ⅰ. ①三… Ⅱ. ①汪… ②魏… ③陈… Ⅲ. ①三维-测量技术 Ⅳ. ①P228.4

中国版本图书馆 CIP 数据核字(2022)第 243928 号

责任编辑：胡文治 / 责任校对：谭宏宇
责任印制：黄晓鸣 / 封面设计：殷 靓

科学出版社 出版
北京东黄城根北街 16 号
邮政编码：100717
http：//www.sciencep.com

南京展望文化发展有限公司排版
广东虎彩云印刷有限公司印刷
科学出版社发行 各地新华书店经销

*

2024 年 6 月第 一 版 开本：787×1092 1/16
2024 年12月第二次印刷 印张：13
字数：285 000

定价：110.00 元

(如有印装质量问题，我社负责调换)

前　言

激光雷达等能够获取场景三维信息的传感器正日益普及，并且在工业生产、遥感测绘、无人驾驶、军事国防、元宇宙及 ChatGPT(Chat Generative Pre-trained Transformer)等领域取得了越来越广泛和深入的应用。三维描述了场景中物体重要的形状和结构信息，涉及位置、深度、体积、形状和位姿等信息。相对于二维图像，三维信息能够提供对现实世界更立体、更全面、更结构化的描述，能够实现对现实场景的全方位、立体化智能感知。因此，三维将是未来各种应用中信息采集和呈现的关键方式。

传统的 AutoCAD、三维(3D)Max、MAYA 等软件工具已逐渐无法满足人们对三维模型复杂度和精确度的要求，三维测量技术应运而生。不同于传统的几何建模手段，新型三维测量传感器一般采用非接触测量技术，快速地获取被测场景表面的大量空间坐标信息，从而高效地建立各种对象的三维数字化模型。然而，由于测量仪器自身精度和测量范围的限制、环境的干扰及物体的特殊材质(如存在镜面反射)和物体之间的遮挡等，三维测量数据往往会包含严重的噪声，充斥着无用的离群点，尖锐边角处采样少，高频细节模糊，大量的特征信息被淹。另外，由于多变场景和复杂物体的异构性、计算机辅助设计(computer aided design, CAD)零件的边角尖锐性、大场景文化遗产的细节丰富性，以及大尺寸扫描件的结构限制性，通常需要多次拼接，噪声、细节丢失等现象更为严重，这给三维测量数据优化带来了巨大挑战。

多年以来，作者带领团队围绕大尺寸部件三维测量与数据处理难题，建立了三维数据在低维子空间下的结构映射解析理论，揭示了三维数据中噪声分布的内在规律及滤波过程中的特征丢失规律，建立了多尺度特征计算模型，提出了一系列基于“数据＋知识”驱动的噪声去除与特征恢复协同几何深度学习网络模型，研究了大规模三维数据融合全局误差最小化理论，显著提高了三维测量数据质量。本书系统性地阐述了作者及其团队在三维测量数据智能优化领域的研究积累，尤其在传统几何滤波技术、“数据＋知识”驱动的三维数据表征学习、面向质量控制的制造特征多模计算等方面的研究成果，力求在三维测量数据智能优化方面作一系统性梳理，为相关科技人员提供有益参考。

在本书的撰写过程中，作者较为全面地梳理总结了三维测量数据智能优化领域的国内外最新的研究进展，如矩阵低秩恢复、图卷积神经网络、PointNet 等，力求做到内容新颖、通俗易懂。本书内容共 8 章，各章内容相对完整并层层递进，使得全书整体具有系统性，具体结构如下：第 1 章总体介绍三维测量数据获取、几何和智能优化及典型应用；第 2 章介绍各种三维测量技术；第 3 章介绍特征保持的传统数据优化技术；第 4 章介绍基于传统机器学习的数据优化技术，即基于矩阵低秩恢复的测量数据优化技术；第 5 章分别介绍基于点表征学习和图表征学习的测量数据智能优化技术；第 6 章介绍基于几何特征描述子的测量数据智能优化技术；第 7 章介绍基于混合特征的测量数据智能优化技术；第 8 章介绍测量数据优化软件平台与工程应用。

由于作者水平有限，书中难免存在不足之处，肯定各位专家、学者及读者同仁不吝指正，并告知 wjun@nuaa.edu.cn 或 mqwei@nuaa.edu.cn，在此表示感谢。

汪俊、魏明强、陈红华

2024 年 2 月于南京航空航天大学

目　录

第1章

绪　论

我们所处的世界是一个三维的世界，三维信息是我们与自然物体进行表达的媒介。随着科学技术的快速发展，三维数据在日常生活、生产制造中具有越来越重要的意义。在三维测量数据的研究与实际工程应用中，往往会存在异常噪声数据，极大影响了三维测量数据的应用。本书主要结合经典数据优化技术与本团队多年来的相关研究成果，对三维测量数据智能优化技术进行阐述，帮助相关研究工作者与工程应用人员更好地开展三维测量数据研究与应用工作。本书主要围绕三维测量数据获取、经典数据质量优化算法、三维数据智能优化技术及工程化应用案例三部分展开。

1.1　三维测量数据获取

本书将在后续章节中针对三维测量数据获取的常用手段进行介绍，包括接触式测量、激光测量、结构光测量及摄影测量等。三维扫描在国内外引起了越来越多的研究人员的关注，成为三维测量数据获取的主要方式。三维扫描技术能够测得物体表面点的三维空间坐标，从这个意义上说，它实际属于一种立体测量技术。与传统技术相比，三维扫描技术能完成复杂形体的点、型面的三维测量，能实现无接触测量，且具有速度快、精度高的优点，这些特性决定了其在很多领域可以发挥重要的作用，而且测量结果能直接作用于多种软件接口，如今已经广泛应用在各个领域。利用激光测距的原理，通过记录被测物体表面大量密集的点的三维坐标、反射率和纹理等信息，可快速复建出被测目标的三维模型及线、面、体等各种图件数据。由于三维激光扫描系统可以密集地大量获取目标对象的数据点，相对于传统的单点测量，三维激光扫描技术也称为从单点测量进化到面测量的革命性技术突破。三维扫描技术在文物古迹保护、建筑、规划、土木工程、工厂改造、室内设计、建筑监测、交通事故处理、法律证据收集、灾害评估、船舶设计、数字城市、军事分析等领域也有了很多的尝试、应用和探索。

1.2　三维测量数据几何优化技术

三维测量数据的网格化格式广泛应用于计算机图形学和计算机辅助工业设计、交互式虚拟现实，以及医疗诊断和治疗等应用中。随着三维扫描和建模技术的不断发展，几何模型已广泛应用于3D打印、虚拟穿戴、室内外场景导航、牙齿修复及虚拟血管介入手术。在众多三维模型表示方式中，使用三角网格表示离散曲面具有一定优势，其具有强大的曲面表达能力，可以表示任意复杂拓扑结构的三维物体。在网格处理中，去噪过程类似于数据平滑或整流，但是其本质上仍有差异。在消除噪声或伪信息的同时，网格去噪需要尽可能地保留网格原始几何特征。相比之下，平滑或整流则是去除曲面网格上某些特定频率的信息。理想情况下，去噪后的网格应包含低曲率的平滑特征及高曲率的尖锐特征，如边特征和角特征等。由于网格中的某些特征可能会被噪声破坏，网格去噪的最大挑战便是如何尽可能完整地保留，甚至增强网格的几何细节，尤其是边、角等尖锐特征。本章主要介绍现有的经典网格数据质量优化算法。

1.3 三维测量数据智能优化技术

近年来，基于非局部自相似性和低秩矩阵恢复的去噪方法逐渐成为当前领域的研究热点。目前，在二维域处理中，非局部相似性已经被证明比局部相似性更加优越，已经验证了受自相似性启发的非局部自相似性方法在图像处理中的有效性。非局部自相似性在处理真实世界三维测量数据时也同样有效，因为在三维测量数据的不同位置同样有相似结构，可以通过非局部算法查找具有相似结构的相似块来实现数据优化。由于非局部相似块的结构接近，这些相似图像块转化成的矩阵是低秩的，去噪问题可以转化为求解矩阵秩最小化的问题。利用矩阵的秩来约束相似块的结构性，即起到了一个非局部结构性稀疏约束的作用。同样，其能够在去噪的同时保持特征，因此开展基于低秩的数据优化技术的研究具有十分重要的意义。同时，在解决一些网格去噪的逆问题时，例如，恢复过度平滑的去噪模型丢失的几何信息，基于低秩的数据优化技术的研究也起到了关键作用。

1.4 典型应用

作者所在团队针对三维测量数据规模大、测点噪声与层叠、数据密度不均匀、复杂曲面难以分析等问题，依托在三维测量数据处理算法上的多年积累，研制了大规模三维测量数据处理与分析软件 AeroInspector，系统聚焦于行业前沿的三维测量算法，在航空航天、机械重工等众多行业进行了应用验证，可根据用户现场检测需求定制开发功能模块。

第2章

三维测量数据获取与数据优化

2.1　引言

我们的世界是一个三维的世界，三维信息是人类与自然物体进行表达的媒介。随着科学技术的快速发展，三维数据在我们的日常生活和生产制造中具有越来越重要的意义，与此同时，对产品加工与测量精度要求也愈发严格。基于三维数据的三维扫描技术迅速发展，成为当下主流的测量和检测方法。三维扫描技术最重要的意义在于实现了“实物的数字化”，通过三维扫描可快速、方便地将真实世界的立体信息转化为计算机可直接处理的数字信号，为真实世界的数字化提供了一种高速有效的手段。如果说我们这个时代的特征是数字化生存，三维扫描技术无疑是这种生存的必要条件之一。

2.2　三维测量数据获取

2.2.1　概述

三维扫描技术能够测得物体表面点的三维空间坐标，与传统技术相比，其能完成复杂形体的点、型面的三维测量，能实现无接触测量，且具有速度快、精度高的优点，这些特性决定了该技术在很多领域可以发挥重要的作用，而且测量结果能直接作用于多种软件接口，如今三维测量已经广泛应用在各个领域。

时至今日，三维数据的获取测量方法已经发展得相对成熟，针对各种应用场景，也衍生出了很多相应的设备，本章主要介绍一些相对通用的测量方法和设备，从四个大方面对三维数据获取方法和设备进行介绍，分别是接触式测量、激光测量、结构光测量及摄影测量。

2.2.2　接触式测量

在人类文明发展过程中，对测量的使用和应用具有深远的历史，早期的测量方法大多都是接触式的，当时，人们将人体作为计量的仪器，利用步长、指宽、掌宽等进行测量。后来，发明绳子之后，人们通过绳子来度量长度。随着科学技术的不断发展，人类又发明了卡尺、卷尺等，这些测量工具在今天仍然很常见，在测绘计量领域有一席之地。然而，传统的接触式测量往往只能在二维平面信息内进行检测。为了应对更复杂的测量场景，三维测量的概念随之兴起，三维测量增加了一个记录深度的 z 轴信息，能更准确地描述一个三维世界的物体形貌。20 世纪 50 年代，世界上出现了第一台三坐标测量机(coordinate measuring machine, CMM)。

CMM 的核心部件是一个可以沿着空间三个方向进行移动的探测器，有三个自由度，在测量时，探测器通过接触待测物体表面的方式传送信号，在探测器移动到物体表面发生接触的时候，探测器记录此时在三个轴上的高精度传感器的数值，将信号发送给数据处理器或者计算机进行处理，进而计算出此时传感器在工件上触摸到的点的精确坐标(x, y, z)。

CMM 的工作过程描述如下。首先需要待测工件及数据处理器或者计算机，此外还需要为待测工件设计工装夹具。测量时，首先需要将待测物体固定到工装夹具上，这样可以保证待测物体每次测量的位置是固定的，同时也可以将激光跟踪仪的全局坐标系通过工装的安装位置进行工装局部坐标系的计算和匹配，得到工件在工装全局坐标系下的坐标。其次，在测量过程中，测头可以进行多次测量，通过计算机数据处理器，快速准确地计算出测量值，配合示教方程使三坐标测量机测量过程自动化，将这些测量结果结合。随后，将这些测量值与参数规格进行对比，检查零件是否在可接受的范围。使用 CMM 不仅保证了测量精确度，同时也大幅度减少了检测时间、人力、财力等，提高了检测效率。图 2-1 描述的是 CMM 的测量过程。

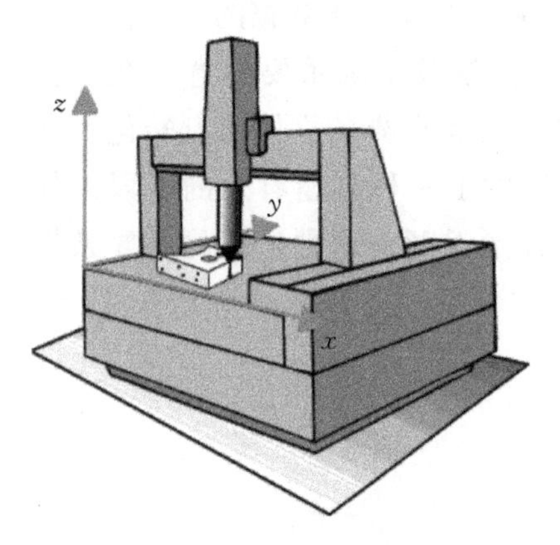

图 2-1　CMM 测量过程示意图

CMM 的测量精度按照《坐标测量机校准规范》(JJF 1064—2004)确定，按照精度可将其分为 A、B、C 三类，A 类：综合误差不大于$(1.5+L/300)\mu m$；B 类：综合误差不大于$(3+L/200)\mu m$；C 类：综合误差不大于$(5+L/150)\mu m$。

随着 CMM 技术的不断发展和完善，在三坐标跟踪仪的基础上，关节测量臂得到了发展。关节臂式测量机是类似于机械臂的结构，有一些固定长度的臂通过转轴关节进行相互连接，在最后一个转轴的末端设有和 CMM 相同的测头。两者的最本质区别在于，CMM 通过改变轨道位置进行运动，关节臂式测量机通过控制轴的转动进行运动，但是两者的核心测量理念是相同的，都属于接触式测量的范围。

接触式测量的优点如下：① 测量机的机械结构与电子系统目前已经相对完善而且成熟，具有高的准确性和可靠性；② 测量过程是采用红宝石实际接触零件的方式，因此受工件表面的反射特性、颜色及曲率的影响较小；③ 被测量零件有专门的测量支架，配合测量软件可以精确地测量出物体的几何特征；④ 可以实现自动化测量，缩短检测时间和降低人工成本，有很高的测量效率。

接触式测量的缺点如下：① 为了确定测量基准点需使用测量支架，需要单独设计工装，会产生较高的费用；② 测针球头在测量过程中频繁接触零件，易造成磨损，需定期进行测针校正；③ 需要一定的专业知识，且需要花费大量时间进行前期的检测示教工作；④ CMM作为接触式测量装置，可能会对待测物体表面性状产生潜在的影响。

2.2.3 激光测量

激光测量技术与以下介绍的其他的测量技术均属于非接触式测量的领域。近年来，随着相机及传感器水平的不断发展，非接触传感器在三维测量中占据越来越大的比重。由于激光技术和激光器件的快速发展，在军用及民用领域的应用范围日趋广泛，特别是在军事技术中，在激光雷达、激光制导、激光测距、激光模拟、强激光武器、激光陀螺、激光通信等多个领域得到了广泛的应用。

与激光测量技术相近的测量方法还有人们熟知的基于红外光的测距和基于微波的测距。相比之下，由于激光具有单色性强、相干性好、方向性好的特性，与红外测距及微波测距相比，激光测距有诸多优点，主要有体积小、重量轻、测量速度快、分辨率高、抗干扰能力强及测量精度高等。

激光测距的原理是通过测量光脉冲的飞行时间来测量其与目标之间的距离。具体地说，就是激光测距仪向目标发射一个光脉冲，其经目标反射后由测距仪的回波接收通道接收，并测量光脉冲从发射到返回测距仪所经过的时间，测距仪和被测量物体之间的距离就是光速和往返时间的乘积的一半。

激光测距按照测量原理可以大致分成两类：脉冲式激光测距和相位式激光测距，这里简单介绍一下两者的区别。

1. 脉冲式激光测距原理

脉冲激光测距原理是用激光器向被测目标发射单个或一串脉冲宽度很宽的激光脉冲，激光脉冲到达被测目标后反射回来，通过测量脉冲从发射到返回所经过的飞行时间，可计算出测距机与目标之间的距离，其测量原理如图2-2所示，优点是扫描速度快、精度高，而缺点是扫描距离相对较近，通常是几十米至几百米。

2. 相位式激光测距原理

相位式激光测距是利用正弦调幅的激光来实现距离测量的，通过测定调制光信号在被测距离上往返所产生的相位差，间接测定激光的往返时间，进一步计算出距离。相位式激光测距原理如图2-3所示。

相位式激光测距是通过测量调制的激光信号在待测距离上往返传播所形成的相位差，间接测出激光传播时间，再根据激光传播速度，求出待测距离。相位式激光测距的优点是扫描距离远，可以达到数千米，其缺点是扫描速度较慢。

相位式激光测距的应用如下。

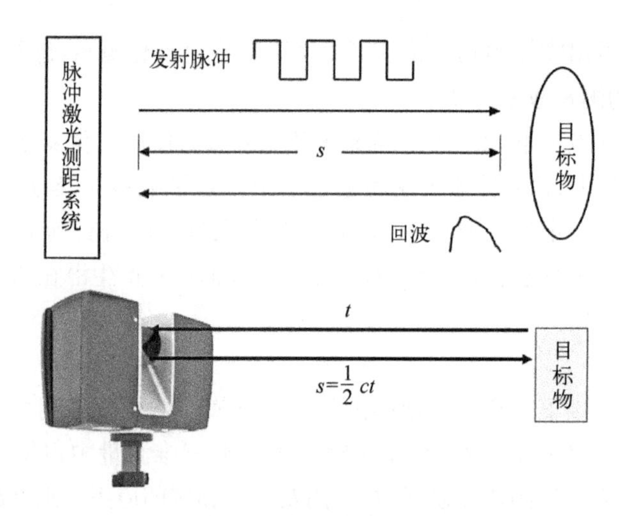

图 2-2 脉冲式激光测距原理

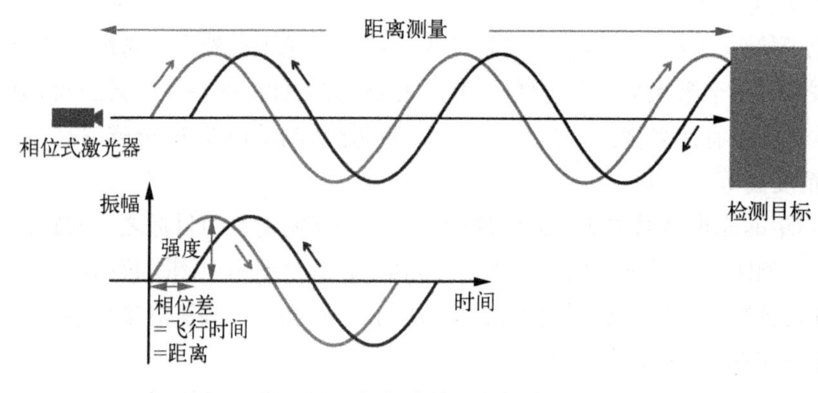

图 2-3 相位式激光测距原理

(1) 激光干涉仪：激光干涉仪是将波长视为已知长度，采用干涉系统测量位移的测量工具，利用激光具有的高强度、高度方向性、空间同调性、窄带宽和高度单色性等优点。目前，最常用的激光干涉仪是美国物理学家迈克尔逊发明的迈克尔逊干涉仪，其原理如下：一束入射光分为两束后各自被对应的平面镜反射回来，反射回来的两束光能够发生干涉，干涉中两束光的不同光程可以通过调节干涉臂长度及改变介质的折射率来实现，从而能够形成不同的干涉图样。激光干涉仪可配合各种折射镜、反射镜等来进行线性位置、速度、角度、真平度、真直度、平行度和垂直度等测量工作，并可作为精密工具机，完成测量仪器的校正工作。

(2) 激光跟踪仪：激光跟踪测量系统是工业测量系统中的一种高精度大尺寸测量仪器，它集合了激光干涉测距技术、光电探测技术、精密机械技术、计算机及控制技术、现代数值计算理论等各种先进技术，对空间运动目标进行跟踪并实时测量目标的空间三维坐标。激光跟踪测量系统具有高精度、高效率、实时跟踪测量、安装快捷、操作简便等特点，适用于大尺寸工件配装测量，基本都是由激光跟踪头(跟踪仪)、控制器、用户计算机、反射器(靶镜)及测量附件等组成。

激光跟踪测量系统的工作基本原理是在目标点上安置一个反射器,跟踪头发出的激光射到反射器上,又返回到跟踪头,当目标移动时,跟踪头调整光束方向来对准目标。同时,返回光束为检测系统所接收,用来测算目标的空间位置。简单地说,激光跟踪测量系统所要解决的问题是静态或动态地跟踪一个在空间中运动的点,同时确定目标点的空间坐标,如图 2-4 所示。

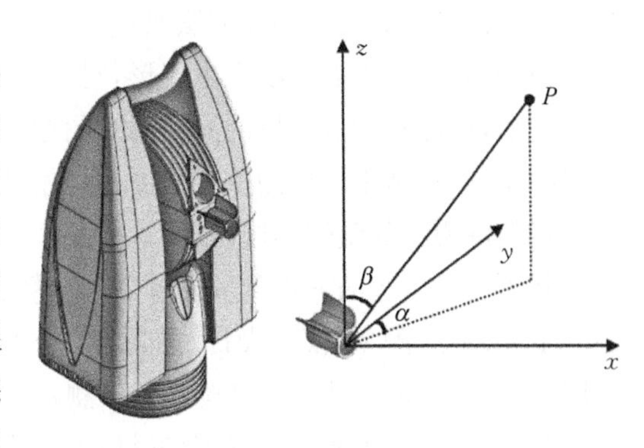

图 2-4　激光跟踪仪

(3) 激光雷达:激光雷达是利用光学遥感技术,通过向目标照射一束脉冲激光来探测目标的位置、速度等特征量的雷达系统,其工作原理是向目标发射探测信号(激光束),然后将接收到的从目标反射回来的信号(目标回波)与发射信号进行比较,作适当处理后,就可获得目标的有关信息,如目标距离、方位、高度、速度、姿态,甚至形状等参数,从而对飞机、导弹等目标进行探测、跟踪和识别。激光雷达由激光发射机、光学接收机、转台和信息处理系统等组成,激光器将电脉冲变成光脉冲发射出去,光接收机再把从目标反射回来的光脉冲还原成电脉冲,送到显示器。

(4) 室内全球定位系统(global positioning system, GPS):属于坐标测量技术,通常应用于大尺寸几何量计量,其原理与 GPS 一样,利用三角测量原理建立坐标系,不同的是室内 GPS 采用红外激光代替了卫星信号,它利用发射器发出红外信号,众多接收器能够独立计算它们的当前位置,发射器通常又称为基站。室内 GPS 为大尺寸精密测量及定位提供了全新的思路,因此在航空航天、飞机制造、汽车工业等领域有着广泛应用。

三维激光测量技术的优势有:① 速度快且精度高,三维扫描仪扫描速度能达到百万点/秒;数据采集精度高,精度能达到±1 mm;② 直观性强,采集的点云数据,不仅仅有空间信息(x, y, z),还具有红、绿、蓝(red, green, blue, RGB)颜色信息及反射率值 I,给人一种场景再现的感觉;③ 适用性强,受外界影响较小,无光条件下亦可测量;④ 非接触测量,远离危险区域,充分保障设备和操作人员的安全。

2.2.4　结构光测量

结构光三维测量是一种基于三角测量技术的三维形貌测量方法,使用人为规定的特殊主动光源,照射待测物的表面形成对应的光场,结合三角测距原理将待测物高度调制之后的光场信息解算为待测物的深度信息,进而获得代表物体表面的三维点云数据。按照其使用的主动光源,可以将结构光三维测量方法分为线扫描结构光方法和面结构光方法。同样,根据其投影光源的类型,面结构光方法也可以分为随机结构光方法和编码结构光方法。其中,随机结构光方法比较简单,通过投影设备向待测物投射随机分布、亮度不同的点状结构光,结合双目成像原理,利用极线校正对所得的双目影像进行匹配,重建出待测物的形貌信息。编码结构光方法通过向被测物投影光栅条纹图案，条纹图案受高度的影响而被调制，导致光栅条纹发生变形，对应的相位发生变化。变形的光栅条纹包含物体的高度信息，通过对相机拍摄的光栅条纹图像进行解相位和相位展开等操作，得到对应像素位置的相位差，基于三角测量方法由相位差计算像素所代表的待测物的部分高度信息，进而可得到待测物的整体形貌信息。

基于面结构光的三维测量方法具有全场、非接触、稠密点云、现场测量等诸多优点，在逆向工程、工业测量、模具设计、质量控制、文物保护、医学成像等多个领域中均有广泛的应用。近年来，国内外对面结构光三维测量方法都进行了较多的研究。德国高慕(GOM)公司开发的 Atos 系列流动光学三维测量系统代表着国际先进水平，以其公司的 Atos Core 产品为例，该系统的测量点距可以达到 0.02 mm，测量范围在 45 mm×30 mm～500 mm× 380 mm，该系统使用参考点对获取的局部点云数据进行配准，可以在三维测量过程中实现待测物点云数据的自动拼接，可以极大地提高大型待测物的测量速度和测量精度。与国外相比，国内的面结构光测量方法的研究起步较晚，目前仍处于发展阶段，仅有部分公司拥有自主知识产权，国内面结构光测量设备的测量精度、测量速度等都要低于国外同类设备，北京博维恒信科技发展有限公司的 3D CaMega CP-300 便携式三维扫描仪的测量速度小于1 s，最高的测量精度可以达到 0.02 mm。

1. *原理介绍*

结构光法测量待测物的基本原理是根据三角测量法进行计算，根据其使用的主动光源，其具体的技术细节也有所不同，以格雷码辅助相移技术为例，其主要工作流程如图 2-5 所示。相移技术利用精确的相移装置将正弦条纹能在一个周期内移动 $N(N \geqslant 3)$ 次，每次移动$(2\pi/N)$个相位。投影条纹的正弦函数表达式如式(2-1)所示：

$$I_n = A(x,\ y) + B(x,\ y)\cos[\phi(x,\ y) + 2\pi n/N], \quad n = 1,\ 2,\ \cdots,\ N \tag{2-1}$$

式中，I_n为相位图的灰度值；$A(x,\ y)$ 为条纹光强的背景值；$B(x,\ y)$ 为条纹光强的调制强度；$\phi(x,\ y)$ 为待求相位，$(x,\ y)$ 即相机拍摄到图像的像素坐标。

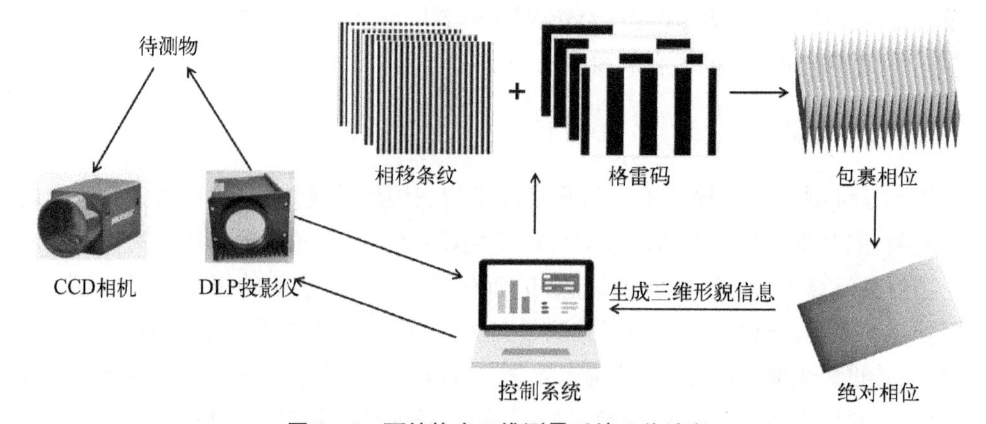

图 2-5 面结构光三维测量系统工作流程

CCD 表示电荷耦合器件(charge-coupled device)；DLP 表示数字光处理(digital light processing)

其中，使用三步相移时，每张图片的相移量为$\frac{2\pi}{3}$；当使用四步相移时，每张图片的相移量为$\frac{\pi}{2}$。最终要提取的相位便是 $\phi(x, y)$，通过式(2-2)求取各个像素对应的截断相位 $\phi(x, y)$：

$$\phi(x, y) = -\arctan\left[\frac{\sum_{n=1}^{N} I_n(x, y)\sin(2\pi n/N)}{\sum_{n=1}^{N} I_n(x, y)\cos(2\pi n/N)}\right] \tag{2-2}$$

由于反正切的存在，相位会发生截断，其值范围处在$\pm\pi$之间，呈周期性分布。因此，使用 m 幅格雷码图案进行截断相位解包裹，即标记有 2^m 次截断的相位级次 k，并利用式(2-3)计算相位级次 k：

$$\phi(x, y) = \phi(x, y) + 2\pi k(x, y) \tag{2-3}$$

在得到经过高度调制的光栅图像像素的展开相位 $\phi(x, y)$ 后，同时计算参考平面上未经过高度调制的光栅图像像素的展开相位 $\phi'(x, y)$，计算两者之间的相位差 $\Delta\phi$，最终将相位信息转换对应像素之间的高度信息，可通过式(2-4)计算：

$$\Delta\phi = \frac{2\pi}{T}h\,\frac{d}{l} \tag{2-4}$$

式中，T 为参考平面条纹周期(该参数为设定值)；h 即所求像素代表物体的高度信息；d 即投影仪与 CCD 相机的距离，l 为探测仪到参考平面的距离，l 和 d 两个参数可通过系统标定获得。

2. 特点分析

在众多结构光三维测量方法中最早发展起来的是点式结构光，投影设备通过向待测物的多个位置投影单束光，解算代表待测物体表面形貌的三维坐标，进而获得待测物的三维数据。点式结构光方法虽然可以对待测物进行三维测量，满足一般的测量要求，但是其测量速度较慢、扫描时间比较久、效率较低。20 世纪 80 年代，基于线激光的线结构光设备在工业测量场景中得到了应用，线结构光利用投影设备向待测物投影激光面，该激光面会与待测物表面相交，形成细线，线结构光无须在多个方向上进行运动，仅在单个方向上运动即可完成对待测物表面信息的采集。相比点式结构光设备，虽然线结构光设备的精度略低，但是其效率得到极大的提高。线结构光的运动方式不仅仅局限于手持扫描，随着自动化设备的不断发展，其运动扫描方式也得到极大的拓展，例如，可以使用机械臂携带线结构光设备进行测量。为了提高结构光设备的测量精度和测量速度，编码结构光设备得到了发展，其投影的光场变成编码结构光，通过对变形后的编码结构光进行分析，可以对待测物进行连续扫描测量，在获得高精度点云数据的同时拥有较高的测量速度。

2.2.5 摄影测量

随着高新技术的发展,尤其是制造业的飞速发展和产品质量控制体系的完善,人们对几何尺寸、形状及位置的检测精度和效率提出了越来越高的要求。数字化工业摄影测量以数码相机为传感器,对测量目标进行拍摄,通过像片处理及数据处理后,得到测量目标的精确空间位置、几何尺寸等信息。基于数码相机为核心载体的数字工业摄影测量技术,因其测量精度高、环境适应能力强的优点,在工业测量中也不断发挥着特殊的作用,并广泛应用于工业生产、国防建设、科学研究等领域。

近年来,商业化的数字工业摄影测量系统已经广泛应用于工业测量领域,比较典型的有美国大地测量服务公司(Geodetic Service Inc., GSI)的 V-STARS 系统和德国 GOM 公司的 TRITOP 系统。V-STARS 系统的典型配置有 V-STARS/S8、V-STARS/M8。其中,V-STARS/S8 采用 INCA3(INCA 表示 intelligent camera)量测型相机作为影像采集装置,配合回光反射标志进行测量,测量精度可达 5 μm+5 μm/m。V-STARS/M8 系统使用两台 INCA3 连接计算机组成固定基线的联机测量系统,在使用手持式测量笔的情况下,该系统的典型测量精度为 10 μm+10 μm/m。目前,国内部分测量公司也相继推出了国产化的字工业摄影测量系统,其典型测量精度可达 10 μm/m。

1. *原理介绍*

数字工业摄影测量示意图如图 2-6 所示,包括测量相机、人工测量标志、待测量物体及数据处理计算机等。其中数码相机用于采集被测量物体的图像;人工测量标志用于标记、凸显被测量物体的特征,保证特征点在后续的图像处理过程能被准确地提取。

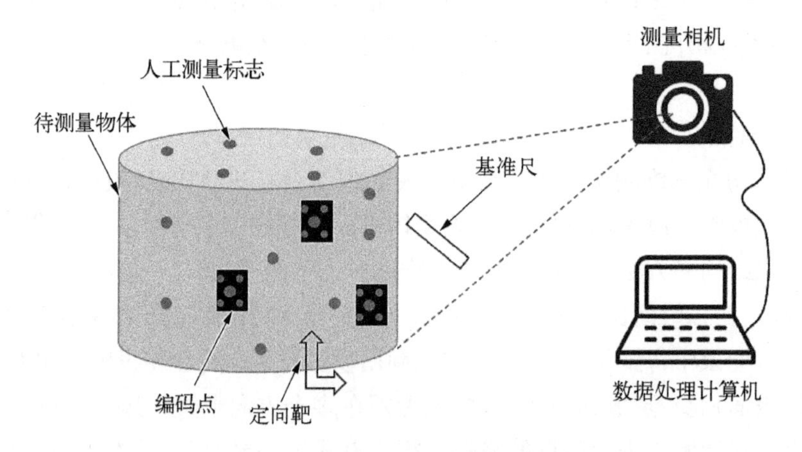

图 2-6 数字工业摄影测量示意图

常用的人工测量标志主要有发光二极管、投影激光、回光反射标志、彩色标志等。其中,回光反射标志是数字工业摄影测量系统中常用的人工测量标志,如图 2-7(a)所示,其采用回光反射材料加工而成,能将特定波段入射线按原路反射回光源处,从而在辅助光源照射下形成灰度反差明显的“准二值”图像,便于人工测量标志在后续得到准确提取。

测量附件包括定向靶、编码点标志、基准尺。其中，定向靶的作用是为测量系统建立坐标系原点。编码点标志的作用是解决像片概略定向和标志点匹配问题。典型的编码标志如图 2-7(b)和(c)所示。基准尺的作用是为测量系统提供长度基准。

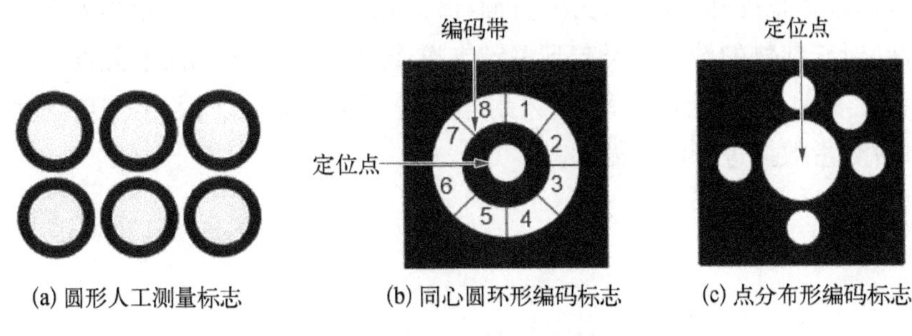

图 2-7　典型摄影测量标志

数字工业摄影测量系统的测量原理是三角形交会法，其完整的工作流程一般包含以下步骤。

(1) 在待测量物体上布设适量的人工测量标志及编码点标志，并放置定向靶和基准尺。

(2) 用数模相机对待测量物体拍摄像片。

(3) 采用设计图像处理算法对采集到的像片进行处理，包括标志边缘提取、像点中心定位、编码点识别，计算出编码标志像素坐标。

(4) 基于编码标志像素位置，识别出相邻两张像片中的同名像点，通过多组同名像点计算出两张像片的空间相对位置姿态，实现相对定向。随后，基于像片之间的空间相对位置姿态进行像片拼接，建立立体模型。

(5) 基于定向靶的位置及基准尺，对相对定向建立的立体模型进行缩放、旋转和平移，使其达到绝对位置，得到所有人工标志的三维坐标，实现绝对定向。

(6) 随着像片数量增多，通过局部像片拼接的方式，会导致测量误差的不断累积。此时，需要采用光束法进行平差，消除累积误差，获取到经过精度优化后的三维坐标，完成摄影测量。光束法平差的思想是每一条光束(光心到像点的射线)都可以列共线方程作为观测方程，把所有坐标点坐标和像片的外参(位姿)一起作为未知数，进行平差解算。

2. 特点分析

数字工业摄影测量系统具有以下优点，能同时精确获取被测目标上的多个测量点坐标；可实现非接触测量，测量精度高，精度可达 5 μm/m；单相机不需要固定的测量平台，携带使用非常便利；可在非常规环境(如水下、高低温、高低压等)下工作；通过多台相机组网能够对目标点进行运动跟踪。但是，数字工业摄影测量系统中的测量点依赖于测量标志的数量，无法用于全型面的测量。

2.3　本章小结

综上所述，通过各种设备和测量方法，可以获得被测物体表面的原始三维数据。然而只获得数据结果是远远不够的，对于获得的三维扫描数据，需要对点云质量进行几何改正和强度校正。一方面，由于测距系统、环境及定位定姿等因素的影响，点云的几何位置存在误差，且其分布存在不确定性，利用标定场、已知控制点进行点云几何位置改正，能够提高扫描点云的位置精度和可用性；另一方面，激光点云的反射强度一定程度上反映了地物的物理特性，对于地物的精细分类起到关键支撑作用，然而点云的反射强度不仅与地物表面的物理特性有关，还受到扫描距离、入射角度等因素的影响。因此，需要一些三维数据优化算法，对测量数据进行优化处理。

第3章

特征保持的传统数据优化技术

3.1 引言

在数据优化中，优化过程类似于数据平滑或整流，但是其本质上仍有差异。在消除噪声或伪信息的同时，数据去噪需要尽可能地保留网格原始几何特征。相比之下，平滑或整流则是去除数据上某些特定频率的信息。理想情况下，去噪后的数据应包含低曲率的平滑特征及高曲率的尖锐特征，如边特征和角特征等。由于原始数据中的某些特征可能会被噪声破坏，数据优化的最大挑战便是如何尽可能完整地保留甚至增强数据的几何细节，尤其是边、角等尖锐特征。因此，本章主要介绍两种特征保持的传统数据优化技术。

本章主要对两种特征保持的传统数据优化技术进行介绍，其主要包括以下两部分内容。

第一部分，介绍一种经典的用于保特征的表面网格去噪级联方法。现有的一些方法仅适用于网格数据的一阶属性，如法线特征，不足以获取网格模型的详细信息，却忽略了网格的高阶属性信息，而这些信息对于网格去噪，尤其是对高度不规则采样的网格去噪，具有至关重要的作用。此算法首先对网格特征进行检测并将网格顶点分为特征顶点和非特征顶点。然后，通过构建加权对偶图，并在其上对双二次贝塞尔(Bezier)曲面块进行拟合和投影，来检索每个顶点对应的各向异性邻域。算法采用迭代收敛策略，即当两次迭代处理的去噪网格间的豪斯多夫(Hausdorff)距离小于预设阈值时，算法停止迭代，输出最终去噪结果。

第二部分，对经典的针对网格去噪的双法线滤波方法进行介绍，此方法利用顶点和三角面片的法线场的分段一致特性，并提出了一种新方法对其进行滤波和整合，以指导去噪过程。此方法具体包括三个步骤：顶点分类、双法线滤波和顶点位置更新。顶点分类步骤中，允许在分段平滑的表面而不是处处平滑的表面上对两个法线场进行滤波。基于两个法线场的分段一致性，使用分段平滑区域聚类策略对其进行滤波。最后，设计一种用于顶点位置更新的二次优化算法，实现最终的网格滤波。

3.2 特征保持的表面网格去噪的级联算法

3.2.1 算法概述

采用此算法创新性地提出了一种保特征的网格去噪方法,该方法结合了特征识别、各向异性邻域检索及曲面拟合等算法。通过依次应用上述算法,构成本节所述的级联算法。首先,针对法线估计问题,本节提出了一种新的双边滤波策略,并对输入网格模型的所有特征区域进行检测和分类。对于非特征区域中的网格顶点,本节选择一个邻域面片作为种子面片,该面片具有与网格顶点最相近的法线量。然后,本节对该种子面片的各向异性邻域进行检索,将其邻域中的网格顶点集合作为该顶点的邻域。在邻域中,本节通过使用双二次 Bezier 曲面拟合和投影方法对网格顶点进行更新。对于特征区域中的网格顶点,本节将所有与该顶点相连的网格面片作为种子面片,然后为每一个种子面片检索对应的各向异性邻域。在每一个邻域内,拟合 Bezier 曲面并将网格顶点投影到该曲面上。然后,将该网格顶点在所有曲面上的投影点坐标进行加权平均,作为网格顶点更新后的位置。重复上述步骤,直至算法收敛,即第 i 次和第 $i+1$ 次的去噪结果间的 Hausdorff 距离小于预设阈值。图 3-1 展示了该算法的框架图。

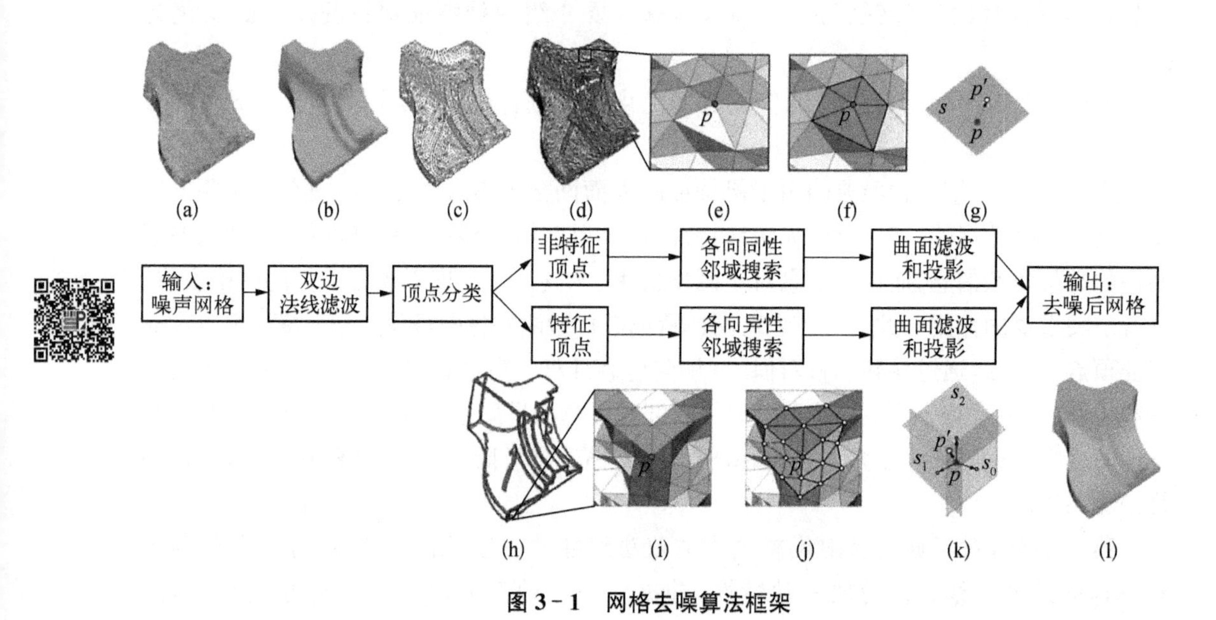

图 3-1　网格去噪算法框架

其中,图 3-1(a)为原始噪声网格,图 3-1(b)为法线滤波后的网格渲染结果,图 3-1(c)为网格顶点分类结果。其中,红色顶点为非特征顶点,而蓝色顶点为特征顶点。图 3-1(d)为所有非特征顶点的三角面片。图 3-1(h)为所有特征顶点的三角面片。对于图 3-1(e)中的非特征顶点 p 而言,图 3-1(f)中表示其各向同性邻域(绿色区域),并在

图 3-1(g)中将其拟合为曲面块 s。将 p 投影至 s 上，得到一个新的投影点 p'，作为点 p 的新位置坐标。对于图 3-1(i)中的特征顶点 p 而言，图 3-1(j)中表示其多个各向异性邻域(粉色、绿色和浅绿色区域)，并将其分别拟合为曲面块 s_0、s_1 和 s_2。则可以通过将点 p 在上述三个拟合曲面块上的投影点位置坐标进行平均而得到点 p 更新后的位置 p'。图 3-1(l)为最终去噪模型。

综上所述，其主要贡献如下。

(1) 创新性地引入了一种双边滤波算法，用于平滑曲面网格的法线特征，相比现有算法，该算法对网格噪声更具鲁棒性。

(2) 设计了一种对噪声网格中的特征区域和非特征区域进行高效检测与分类的算法。

(3) 基于输入网格模型的加权对偶图，提出了一种检索各向异性邻域的通用算法，该算法可以将网格区域划分为具有一致几何特性邻域集合。

(4) 提出了一种多面片的 Bezier 曲面拟合和投影算法来对网格进行去噪，该算法可在平滑网格的同时保留其几何特征。

3.2.2　双边法线滤波

本节将介绍一种新的双边滤波算法，用来处理输入网格中三角面片的法线特征。Tomasi 等(Tomasi et al., 1998)最先在二维图像处理领域对双边滤波进行了定义。根据定义，图像的双边滤波可以表示为

$$\hat{I}=\frac{\sum\limits_{p\in N(u)} W_c(\| p-u \|)W_s[| I(p)-I(u) |]I(p)}{\sum\limits_{p\in N(u)} W_c(\| p-u \|)W_s[| I(p)-I(u) |]} \tag{3-1}$$

式中，$N(u)$ 为 u 的邻域集合，定义为 $\{p: \| p-u \| < p=[2\sigma_c]\}$；空间平滑函数 W_c 是一种标准高斯滤波器，其标准差为 σ_c；类似地，权重函数 W_s 也是一种标准高斯滤波器；u 的强度值 I 主要是由其邻近像素点的距离和强度值确定的，因此具有较大强度差的区域往往被定义为图像的特征区域，会受到权重函数 W_s 的惩罚，从而保持图像特征。

由于上述非线性及保特征的特性，如今很多学者都将双边滤波扩展到了网格去噪领域。Lee 等(Lee et al., 2005)将双边滤波应用于处理网格三角面片的法线特征。给定一个带有单位法线 n_i 和中心点 c_i 的三角面片 f_i，其双边滤波后的法线 n_i 可定义为

$$\overline{n}_i=\frac{\sum\limits_{j\in N(j)} W_c(\| c_j-c_i \|)W_s[n_i\cdot(n_i-n_j)]n_j}{\sum\limits_{j\in N(j)} W_c(\| c_j-c_i \|)W_s[n_i\cdot(n_i-n_j)]} \tag{3-2}$$

式中，$N(i)=\{j: \| c_i-c_j \| < \rho=[2\sigma_c]\}$，为 n_i 的邻域面片集合，且 $N(i)$ 中邻域面片 f_j 的单位法线为 n_j。

类似地，Zheng 等(Zheng et al.，2010a)将双边滤波表示为

$$\overline{n_i}=\frac{\sum_{j\in N(j)}\xi_{ij}W_c(\|c_i-c_j\|)W_s(\|n_i-n_j\|)n_j}{\sum_{j\in N(j)}\xi_{ij}W_c(\|c_i-c_j\|)W_s(\|n_i-n_j\|)} \tag{3-3}$$

式中，$N(i)$ 为 f_i 的一环邻域面片；ξ_{ij} 为平衡表面采样率的权重系数；W_c 和 W_s 分别为作用在几何距离及法线差异方面的标准高斯函数。

令 n_i 为待滤波面片 f_i 的标准法线，N_i 为 f_i 的邻域面片 f_j 的集合，且 n_j 是对应邻域面片 f_j 的单位法线。本节将所有法线投影至高斯球上，并将 n_i 作为高斯球空间的 z 轴，这样就可获得邻域面片法线的分布情况，如图 3-2 所示。进一步地，本节将高斯球中的所有法线投影至 yOz 平面，从而获得法线的二维分布情况，如图 3-2 所示。式(3-2)和式(3-3)使用了相同的高斯函数 W_c，两者的区别在于式(3-2)和式(3-3)中 W_s 的定义不同。仅对 W_s 进行分析：

$$\begin{cases}W_{s_1}(j)=\mathrm{e}^{\frac{-[(n_i-n_j)n_i]}{2\sigma^2}}\\W_{s_2}(j)=\mathrm{e}^{\frac{-(n_i-n_j)}{2\sigma^2}}\end{cases} \tag{3-4}$$

式中，$W_{s_1}(j)$ 和 $W_{s_2}(j)$ 分别为式(3-2)和式(3-3)中法线差异项的高斯函数；且 σ 为标准差。

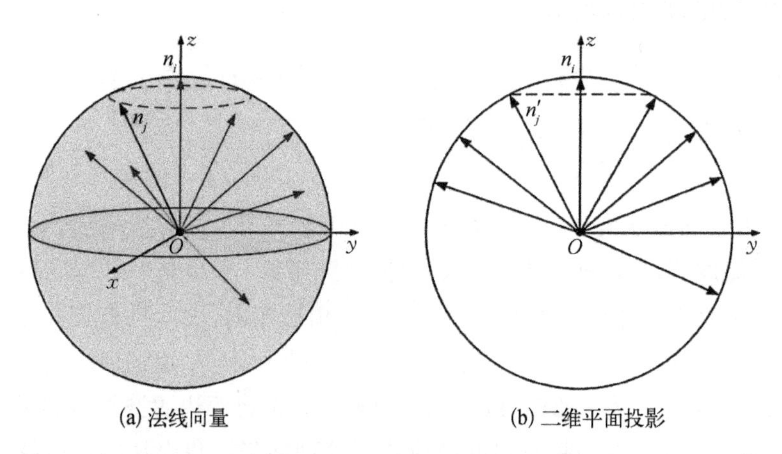

(a) 法线向量　　(b) 二维平面投影

图 3-2　高斯球内的法线向量及其在二维平面的投影

本节将 n_i 作为 yOz 坐标系统中的 z 轴，从而可获取 $W_{s_1}(j)$ 和 $W_{s_2}(j)$ 随向量 n_j 的分布变化，对应的分布曲线 $cs_1(j)$ 如图 3-3 所示。给定任意 n_j，本节均可得 $W_s(j)\leqslant W_{s_2}(j)\leqslant W_{s_1}(j)$。特别地，当法线向量与 n_i 相差较大时(如 nk)，$W_s(k)=0$。对于每个 n_j，W_s 的数值由原点 O 到 n_j 的直线和 c_s 曲线的交点确定。从图 3-3 中可知，在 n_j 相同的情况下，$W_{s_1}(j)$ 比 $W_{s_2}(j)$ 的数值大，这意味着对于 n_i 的滤波结果 $\bar{n}_i$，$W_{s_1}(j)$ 下的 n_j 具有更大的权重。因此，相比于式(3-3)，式(3-2)对噪声扰动更加敏

感。另外，$W_{s_1}(j)$ 和 $W_{s_2}(j)$ 的权重均随着 f_i 和 f_j 法线量差异的增大而减小，说明较高程度的噪声对滤波结果的影响较小。然而，这种影响尽管小，但仍然存在。因此，这两种方法均对高水平噪声有一定程度的敏感。为了解决这个问题，本节提出了一个新的双边滤波公式：

$$\bar{n}_i = \frac{\sum_{j \in N(i)} W_c(\| c_i - c_j \|) W_s(n_i, n_j) n_j}{\sum_{j \in N(i)} W_c(\| c_i - c_j \|) W_s(n_i, n_j)} \tag{3-5}$$

其中，$W_s(n_i, n_j)$ 可表示为

$$W_s(n_i, n_j) = \begin{cases} 0, & (n_i - n_j) n_i \geqslant \bar{\mu} \\ [(n_i - n_j) n_i - \bar{\mu}]^2, & \text{其他} \end{cases} \tag{3-6}$$

式中，$\bar{\mu} = \frac{\sqrt{\sum_{j \in N(i)} [(n_i - n_j) n_i]^2}}{\| N(i) \|}$，且 $\| N(i) \|$ 为 $N(i)$ 集合中的元素个数。

本质上，如果法线量与 n_i 之间的差异大于平均法线差 $\bar{\mu}$，本节方法将对这些法线量进行截断，如式(3-6)的上半部分所示。因此，该法线滤波算法会排除掉严重噪声对法线计算的干扰，从而具有更低的噪声敏感性。特别地，当 $\bar{\mu}=0$ 时，即 $N(i)$ 中所有的邻域面片均具有与 f_i 相同的法线，则 n_i 保持不变。为了进一步对比，本节对 $W_s(n_i, n_j)$ 的分布进行归一化处理，如图 3-3 所示。图 3-4 展示了使用目前现有的双边滤波算法及本节所述的滤波算法的网格滤波结果对比。

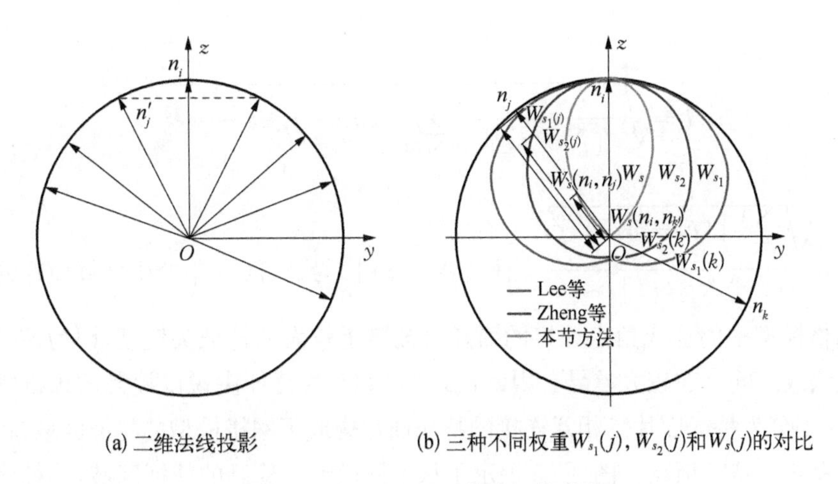

(a) 二维法线投影　　(b) 三种不同权重 $W_{s_1}(j)$，$W_{s_2}(j)$ 和 $W_s(j)$ 的对比

图 3-3　$W_s(n_i, n_j)$ 的归一化处理

本节分别应用了这三种双边滤波算法实现法线滤波，并使用后续的去噪算法获取最终去噪结果，其中保持算法参数一致。图 3-4 中的第二行是模型的平均曲率对比，从结果中可以看出，滤波算法优于其他算法。

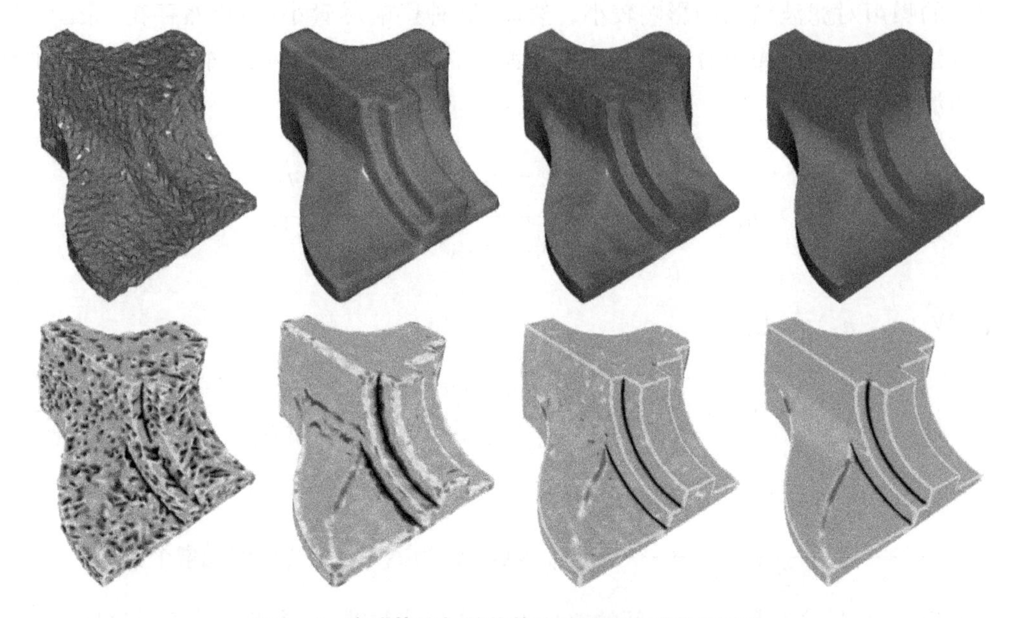

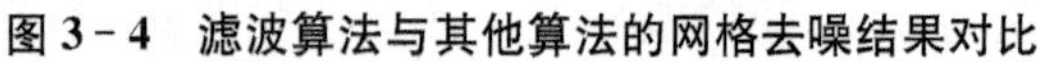

图 3-4 滤波算法与其他算法的网格去噪结果对比

3.2.3 特征检测

对网格面片法线进行滤波后，本节对网格中的特征区域进行检测和分类。给定一个三角面片 f_i，令 $N_{FI}(i)$ 为与面片 f_i 存在公共边或公共顶点的面片集合。本节定义特征检测算子如下：

$$I=\sqrt{\frac{1}{\| N_{FI}(i) \|}\sum_{j\in N_{FI}(i)}[(n_i-n_j)n_i-\bar{\mu}]^2} \tag{3-7}$$

式中，$\bar{\mu}=\dfrac{\sqrt{\sum_{j\in N(i)}[(n_i-n_j)n_i]^2}}{\| N_{FI}(i) \|}$，且 $\| N_{FI}(i) \|$ 为 $N_{FI}(i)$ 集合中邻域面片的数量。

与网格模型中的边或角点邻接的面片会被赋予较大的特征尖锐度，因为该类面片法线与邻域法线之间存在较大差异。因此，当 $\tau < I$（τ 为特征尖锐度评判的预设阈值）时，本节将 f_i 划分为特征面片。相互连接的特征面片构成了网格模型的特征区域，将其中每一个顶点命名为特征顶点。图 3-5 展示了从不同模型中检测的特征区域，特征区域的三角面片用灰色表示，非特征区域用黄绿色表示。

3.2.4 加权对偶图构建

本节讨论网格模型加权对偶图的构建，下一节将详细介绍加权对偶图的应用。

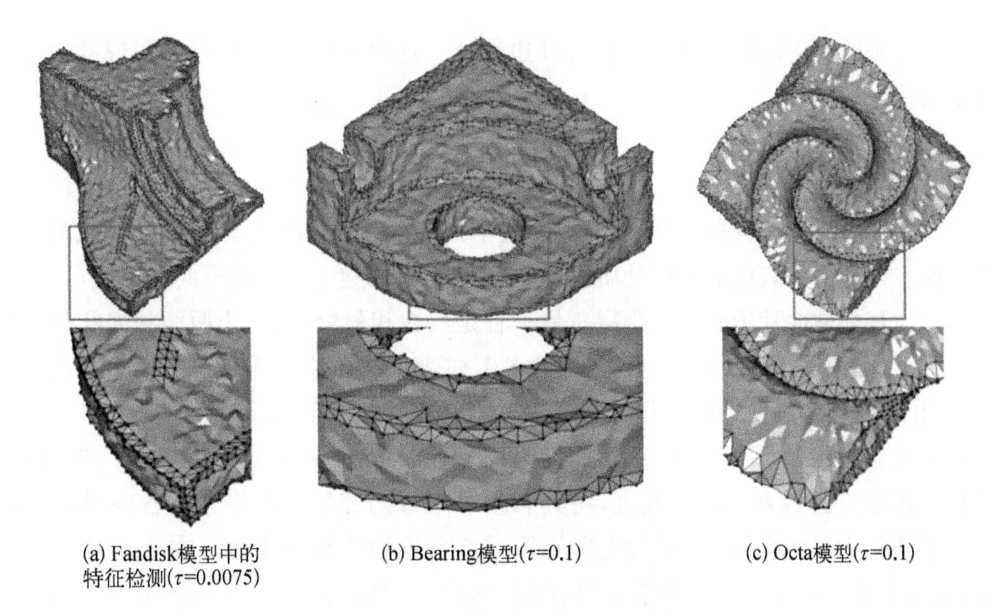

(a) Fandisk模型中的特征检测(τ=0.0075)　(b) Bearing模型(τ=0.1)　(c) Octa模型(τ=0.1)

图 3-5　不同模型中检测的特征区域

每个网格模型都可以用其加权对偶图进行等价表示，其中每个节点与原始网格中的三角面片对应，每条边代表了不同面片之间的邻接关系，由该边所连接的两个三角面片的中心点间的测地距离计算得出。同时，对偶图中的每个节点可表示为 (v, n)，其中 v 是面片中心点，n 是对应三角面片的法线。

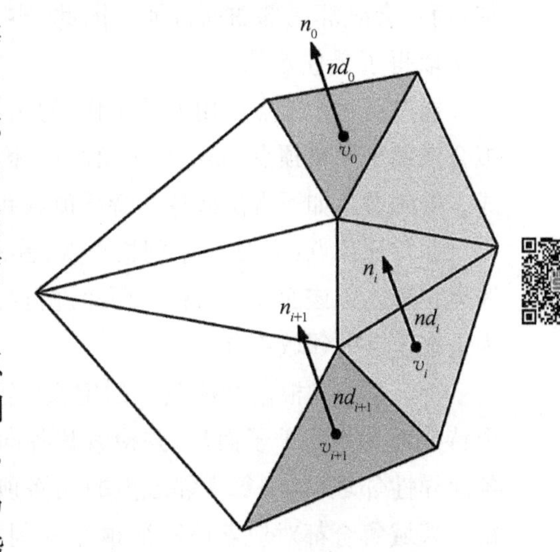

图 3-6　基于法线的距离指标

接着，本节设计了一种算法来计算每个节点的边特征。令 $nd_0\langle v_0, n_0\rangle$ 为种子节点，则 $nd_1\langle v_1, n_1\rangle$, …, $nd_i\langle v_i, n_i\rangle$, $nd_{i+1}\langle v_{i+1}, n_{i+1}\rangle$ 为 nd_0 的邻域节点，如图 3-6 所示。另外，本节对从 nd_{i+1} 到 nd_0 的基于法线的距离指标进行了定义：

$$\begin{aligned}\mathrm{Dist}_{nd_0}(nd_{i+1}) = {} & \mathrm{Dist}_{nd_0}(nd_i) + w_1(n_0 - n_{i+1})n_0\sum_{k=0}^{i} d_{k,\,k+1} \\ & + w_2(n_i - n_{i+1})n_i d_{i,\,i+1}\end{aligned} \tag{3-8}$$

式中，$d_{i,\,i+1}$ 为 v_i 和 v_{i+1} 之间的测地距离；w_1 和 w_2 为(0, 1)的非负权重。

实验中，w_1 设为 1/2，w_2 设为 1/6 时效果最优。该指标不仅考虑了节点之间的几何空间差距，同时也引入了法线特征差异。因此，基于该指标进行邻域检索，可生成各向异性邻域，避免引入法线突变的网格面片。本质上，使用该指标旨在将各向异性邻域面片进行聚类，其中所有的网格顶点均具有空间(距离)和属性(法线)相似性。然后，本节将上述指标计算结果赋给对应的邻域节点作为其边特征。选取的种子节点不同，对应的边特征也随之变化。

3.2.5 各向异性邻域检索

本质上，三角面片（种子面片）的邻域应位于其潜在曲面上，并与该种子面片之间有几何相似性。根据网格表面的几何性质，可以定义两种相似度：一种是空间相似度（或称为种子面片与其邻域面片中心点的距离）；另一种是属性相似度（或称为两面片之间的法线夹角）。由于前面提出的距离指标已经包含了上述两项相似度，本节便可基于网格面片的加权对偶图，使用迪杰斯特拉（Dijkstra）算法对三角面片进行邻域检索。

对于对偶图中的每个节点，将其设置为种子点，并为其初始化一个邻域。然后，计算所有邻接节点到该种子点的权重，将具有最小权重的邻域节点作为其各向异性邻域元素。不断扩大检索范围，直至检索到的邻域点数量到达预设阈值。本节选用双二次Bezier曲面进行曲面拟合（后续章节将详细介绍），该算法要求节点邻域中至少包含9个节点。尽管邻域点越多，曲面拟合质量越高，但是过多的邻域点将导致计算时间增加，而且会破坏局部曲面特征。因此，本节选择邻域点的最大数量为9～15，在本节实验中取得了最佳效果。

通过对每个节点应用上述操作，便可检索得到相应的各向异性领域。本节中的曲面拟合依赖于网格顶点，而不是三角面片，因此将三角面片的邻域转变为相应的网格顶点形式。首先通过如下方法区分非特征顶点和特征顶点。

非特征顶点：给定一个网格顶点，首先确定一个三角面片，该面片的法线与该顶点法线最相近。以该面片作为种子面片进行各向异性邻域检索，邻域中所有的网格顶点被认为是该顶点的邻域集合。

特征顶点：根据特征顶点的定义，至少存在一个包含特征顶点的特征面片。将每个特征面片作为种子面片，并检索其各向异性邻域。因此，每个种子面片均具有各自的各向异性邻域，其中每个邻域内的网格顶点构成该特征顶点的一个邻域集合。本质上，每个邻域集合都对应着该特征顶点的周围网格区域。例如，对于立方体网格中一条边上的一个网格顶点，其具有两个相对应的网格区域；而对于立方体的角点，其具有三个网格区域。

图3-7给出了Fandisk模型中一个网格面片的加权对偶图及一个特征顶点的邻域集合。由图可知，在空间上距离特征顶点较近的网格顶点，并不一定位于其各向异性邻域集合内。图3-7(a)为Fandisk模型。图3-7(b)为三角面片f_i的二环各向同性邻域面片，f_i是v_i的邻接面片之一。图3-7(c)为f_i在其各向同性邻域上的加权对偶图，其中每个节点（f_i的邻域面片之一）的线段代表该节点与f_i之间的加权距离。为保证一致性，图中所有距离归一化至单位尺度。图3-7(d)所示为v_i的邻域集合，由对偶图中最接近f_i的节点的相关顶点组成。

(a) Fandisk模型

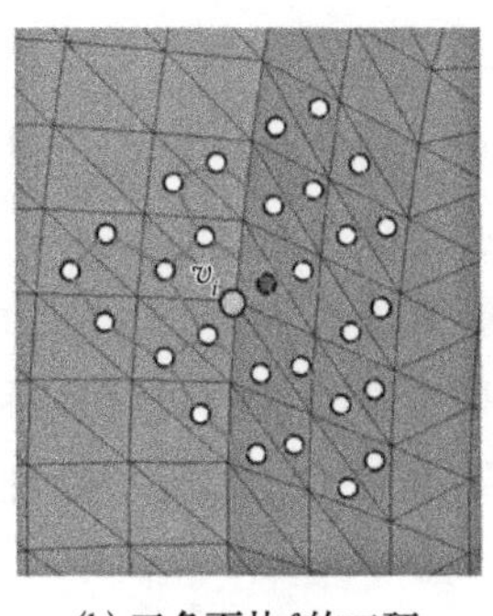

(b) 三角面片f_i的二环各向同性邻域面片

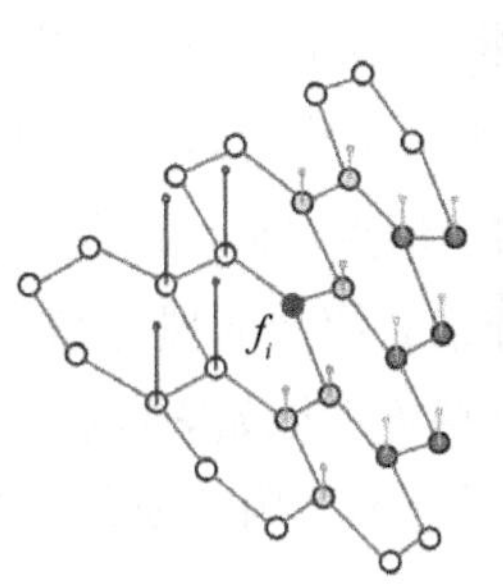

(c) f_i在其各向同性邻域上的加权对偶图

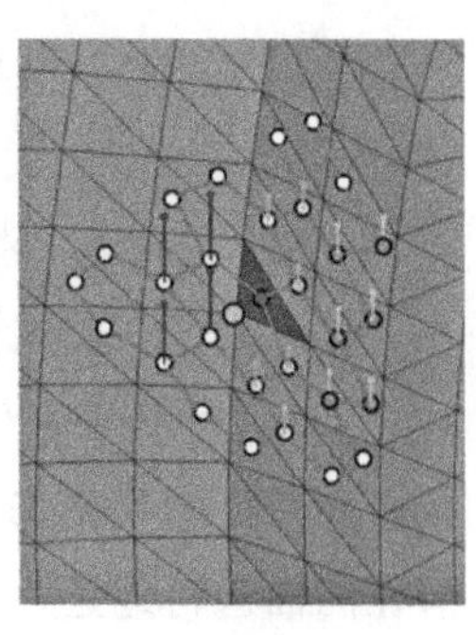

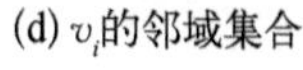

(d) v_i的邻域集合

图 3-7　基于加权对偶图的特征顶点 v_i 各向异性邻域检索

3.2.6　基于 Bezier 表面拟合的网格去噪

获取顶点邻域后，本节使用曲面拟合和投影算法来进行噪声滤波。目前，针对点云平滑问题，目前已经提出了一些基于移动最小二乘(moving least squares, MLS)算法的投影策略。MLS 投影的基本思想是将任意点投影至该点附近的潜在平面上，MLS 投影算子假设表面任意位置光滑，因此会导致局部尖锐特征被模糊掉。Pauly 等(Pauly et al., 2003)设计了基于 MLS 的投影算子，其定义了基于曲面块的平滑曲面并将给定点投影到这些平滑曲面块的相交曲线上。其中，平滑曲面块由一系列二阶二元多项式表示，且使用牛顿迭代法来求解相交曲线上的投影点。本节采用的算法中使用了更加复杂的双二次 Bezier 曲面，同时求解其相交曲线是非常简单的。因此，本节采用了一种不同的投影策略，其中分别对非特征点和特征点进行检测和投影。对于非特征点，由于其只有一个邻域集合，本节在该邻域上进曲面拟合，将顶点投影至拟合曲面上并将这些投影点作为位置更新后的网格顶点。对于特征顶点，本节对其每个邻域集合进行曲面拟合和投影，每个特征顶点都至少有一个投影点。然后，将这些投影点的平均坐标值作为该特征顶点更新后的位置。图 3-8 描述了特征点和非特征点的曲面拟合和投影过程。v_l 只有一个邻域集合且

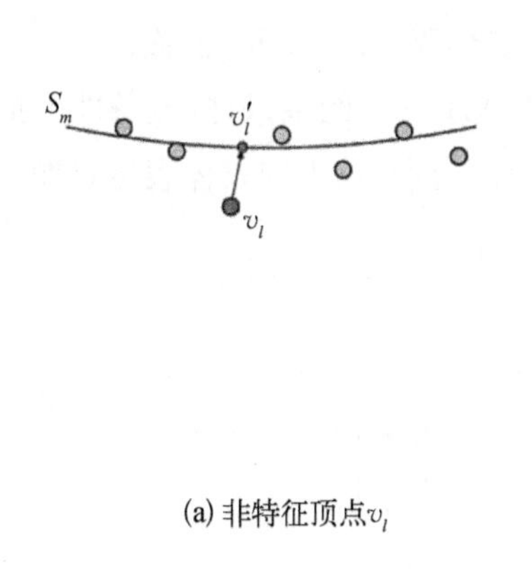

(a) 非特征顶点v_l

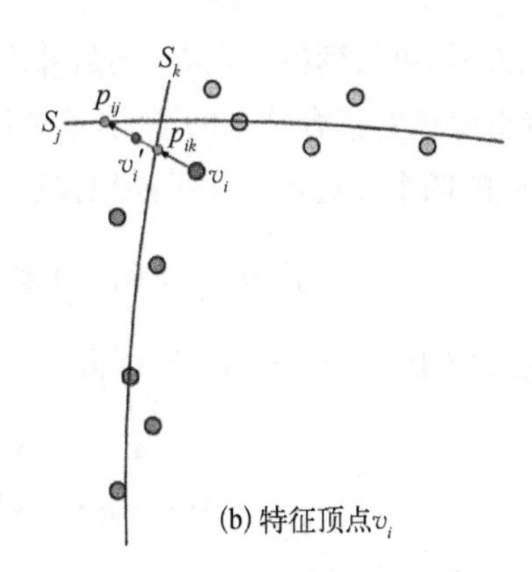

(b) 特征顶点v_i

图 3-8　非特征顶点 v_l 和特征顶点 v_i 的曲面拟合及投影算法的二维表示

S_m 为拟合后的曲面，将 v_l 投影至 S_m 上得到 v_l 的新坐标 v_l'。对于 v_i 而言，其有两个邻域集合，且 S_j、S_k 分别为两个集合拟合的曲面。p_{ij} 和 p_{ik} 为 v_i 在上述两个曲面上的投影点，v_i' 为 p_{ij} 和 p_{ik} 的均值点，即 v_i 的新坐标。

接下来，本节将详细介绍曲面拟合和投影算法。如今，二次曲面的拟合已应用于网格处理中，这对于保持网格模型原始表面特征是非常有效的，然而这种拟合算法对于具有复杂表面特征的网格来说并不适用。因此，本节通过双二次 Bezier 曲面对网格顶点邻域的潜在曲面进行逼近，可表示为

$$S(u, v)=\sum_{i=0}^{2}\sum_{i=0}^{2}b_{i,j}B_i^2(u)B_j^2(v), \quad u, v \in [0, 1] \tag{3-9}$$

式中，$B_i^2(u)$ 和 $B_j^2(v)$ 为伯恩斯坦(Bernstein)基函数；$b_{i,j}$ 为 Bezier 曲面的控制点。

本质上，通过 Bezier 曲面对网格邻域进行拟合是根据顶点邻域计算控制端 b_{ij} 的位置，这一计算过程可通过标准最小二乘算法完成。本节首先将网格邻域顶点投影至参数平面并将其缩放至单位尺度内，从而得到每个网格顶点 v 的相应参数对 (u_i, v_i)，其中参数平面的选择对结果影响不大。简单起见，本节选择了网格顶点的切平面作为投影平面，然后将网格邻域顶点投影至该平面上，并计算所有投影点构成的矩形边界范围。接下来，将该边界范围缩放至单位尺度，并将所有投影点转换到该尺度下，从而获得每个投影点在投影空间的坐标参数。

获得上述参数后，本节构建了一个线性方程：$Ax=B$，其中 A 通过每个投影点 (u_i, v_i) 的 Bernstein 基函数计算得出，x 是未知控制点 b_{ij} 向量，B 是由网格顶点 v 及其邻域顶点构成的向量。该线性方程的具体表达式如下：

$$\begin{bmatrix} B_0^2(u_0)B_0^2(v_0) & \cdots & B_2^2(u_0)B_2^2(v_0) \\ B_0^2(u_1)B_0^2(v_1) & \cdots & B_2^2(u_1)B_2^2(v_1) \\ B_0^2(u_n)B_0^2(v_n) & \cdots & B_2^2(u_n)B_2^2(v_n) \end{bmatrix} \begin{bmatrix} b_{0,0} \\ b_{0,2} \\ \vdots \\ b_{2,2} \end{bmatrix} = \begin{bmatrix} v_0 \\ v_1 \\ \vdots \\ v_n \end{bmatrix} \tag{3-10}$$

通过求解该方程，可得到控制点 b_{ij} 向量并因此求得双二次 Bezier 曲面。

为了降低噪声对拟合结果的影响，本节还引入了一个约束条件，该条件可描述为由控制点 b_{ij} 构成的四个四边形均尽可能地接近平行四边形，约束的具体表达式如下：

$$\Delta^{1,1}b_{i,j}=0, \quad 0 \leqslant i \leqslant 1, \quad 0 \leqslant j \leqslant 1 \tag{3-11}$$

将该约束应用至式(3-10)中，可得

$$\begin{bmatrix} \alpha & A \\ (1-\alpha) & S \end{bmatrix} [x] = \begin{bmatrix} \alpha B \\ 0 \end{bmatrix} \tag{3-12}$$

其中，A、x 和 B 由上述定义给出，且 S 设为

$$S=\begin{bmatrix}1 & -1 & 0 & -1 & 1 & 0 & 0 & 0 & 0\\0 & 1 & -1 & 0 & -1 & 1 & 0 & 0 & 0\\0 & 0 & 0 & 1 & -1 & 0 & -1 & 1 & 0\\0 & 0 & 0 & 0 & 1 & -1 & 0 & -1 & 1\end{bmatrix} \tag{3-13}$$

α 影响着拟合曲面的形状，其取值受噪声水平影响，取值范围是[0, 1]。对于高噪声模型，α 取值较小；反之，α 取值较大。本节仍然采用最小二乘算法求解上述方程，得到控制点及最终的拟合曲面。根据参数曲面的特性，该双二次形式的曲面很容易扩展至三次甚至更高维度的形式。本节也对双三次 Bezier 曲面进行了测试，但结果与双二次曲面相差不大。因此，本节采取双二次曲面拟合算法。网格表面拟合完成后，将网格顶点沿其法线方向进行投影，投影至拟合的双二次曲面上，投影完成后，更新后的网格顶点可表示为其邻域顶点的投影点的平均坐标。

3.2.7　实验结果与分析

上述算法均由 C++和 OpenGL 实现，运行设备为 1.8 GHz，2 GB RAM 工作站。本节在大量合成模型和真实三维网格模型上测试了所提出的算法，并展示了算法结果。

1. 参数设置

在接下来的实验中，尽可能地为每种对比算法调试参数，力求达到最优效果。在本节方法中，参数主要包括迭代次数 n_1、曲面拟合过程中各向异性邻域内的顶点个数 n_2、特征顶点判断阈值 τ，以及收敛阈值 d。其中，n_1 的取值与噪声程度相关，对于高噪声模型，n_1 取值较大，即迭代次数较多。n_2 的选择取决于网格的曲率，当顶点处的曲率较小时，说明该点附近区域较为平坦，则 n_2 取值较大。特征顶点判断阈值 τ 与网格特征的尖锐度及噪声程度相关，当网格包含非常尖锐的特征时，该阈值应取较小值。例如，对于 Fandisk 模型，其包含大量的尖锐特征，其特征顶点判断阈值应取较小值。同时，当模型存在大量噪声时，该阈值应取较大值。通过大量的实验，本小节确定了上述参数的取值范围：n_1 为[5～10]，n_2 为[5～15]，τ 为[0.001, 0.1]，d 取值为 0.05×网格模型的平均边长。

2. 算法对比

为展示该算法的优越性，本小节与 8 个相关算法进行了对比，包括 Ohtake 等(Ohtake et al., 2002)、Yagou 等(Yagou et al., 2002)、Fleishman 等(Fleishman et al., 2005)、Jones 等(Jones et al., 2003)、Hildebrandt 等(Hildebrandt et al., 2004)、Nealen 等(Nealen et al., 2006)、Sun 等(Sun et al., 2007)和 Zheng 等(Zheng et al., 2010a)的算法。

图 3-9 展示了上述几种算法与本节方法在 Fandisk 模型上的去噪结果，从左到右依次为原始噪声模型、高斯噪声模型(0.2×平均边长)、Hildebrandt 等(Hildebrandt et al., 2004)算法结果($n=70$)、Sun 等(Sun et al., 2007)算法结果($n_1=10$, $n_2=20$, $T=0.4$)、Zheng 等(Zheng et al., 2010a)算法结果($n_1=5$, $\sigma_s=0.3$, $n_2=10$)和本节方法结果($n_1=6$, $\tau=0.01$, $n_2=9$)，图中最后一行为去噪模型的平均曲率分布，从曲线图中可以看出，本节方法在尖锐边界区域取得了更好的去噪效果。图 3-10～图 3-12 展示了更多网格模型的对比结果，这

些模型均具有很多尖锐特征，由图 3-10 可知，本节方法生成的去噪结果中，三角面片更加平滑，且几何特征保持得很好。由图 3-11 可知，在模型的触点附近，本节方法生成的去噪结果要优于其他算法。本节方法在模型的尖锐边特征附近的效果仍然优于其他方法。从结果中可以看出，本节方法可以在去除网格噪声的同时有效保留网格的尖锐特征。

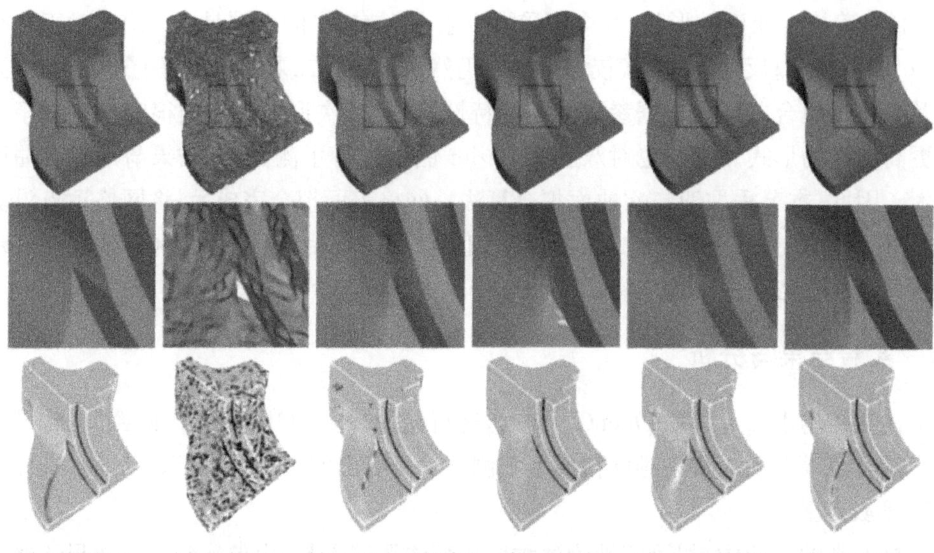

(a) 原始模型 (b) 噪声模型 (c) Hildebrandt等算法 (d) Sun等算法 (e) Zheng等算法 (f) 本节方法

图 3-9 Fandisk 模型的网格去噪结果

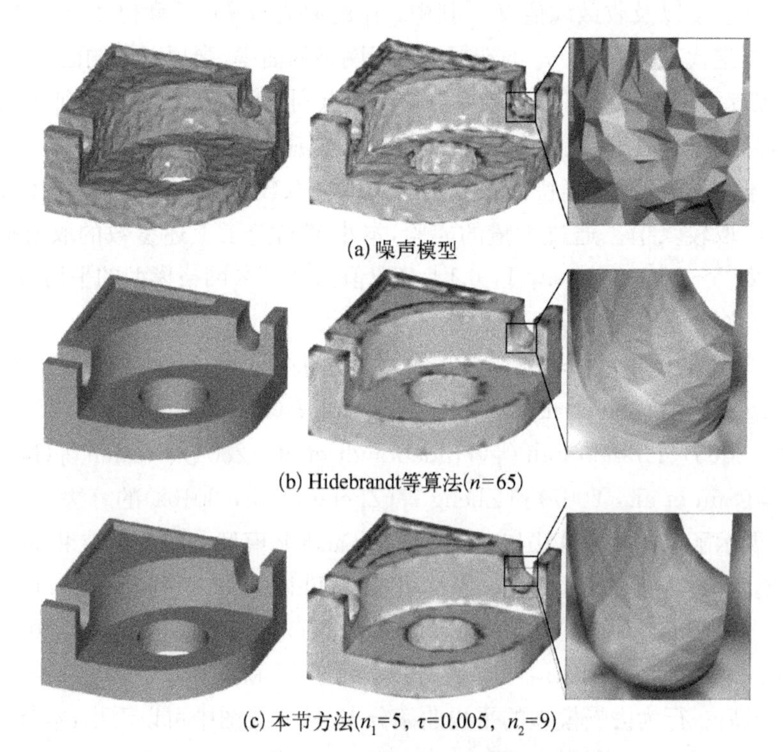

(a) 噪声模型

(b) Hidebrandt等算法(n=65)

(c) 本节方法(n_1=5, τ=0.005, n_2=9)

图 3-10 Bearing 模型的网格去噪结果

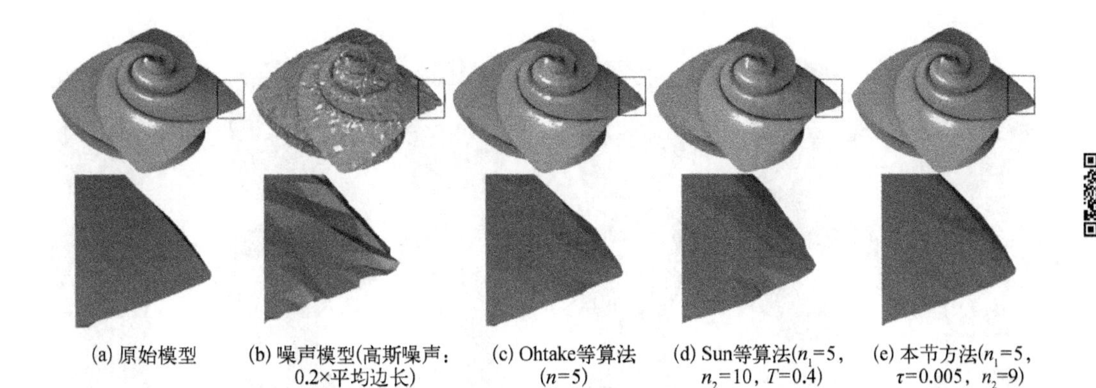

(a) 原始模型　(b) 噪声模型(高斯噪声：0.2×平均边长)　(c) Ohtake等算法(n=5)　(d) Sun等算法(n_1=5, n_2=10, T=0.4)　(e) 本节方法(n_1=5, τ=0.005, n_2=9)

图 3-11　Octa 模型的网格去噪结果

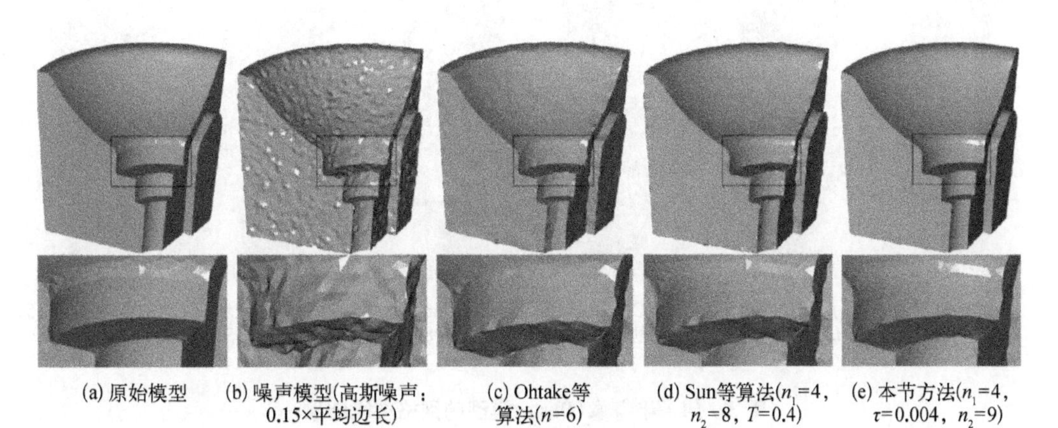

(a) 原始模型　(b) 噪声模型(高斯噪声：0.15×平均边长)　(c) Ohtake等算法(n=6)　(d) Sun等算法(n_1=4, n_2=8, T=0.4)　(e) 本节方法(n_1=4, τ=0.004, n_2=9)

图 3-12　机械模型的网格去噪结果

图 3-13～图 3-16 展示了更加复杂的网格模型的去噪结果，这些模型具有大量的尖锐特征，同时也具有尺寸较小的平滑特征。从图中可以看出，本节方法在去除噪声和保持模型几何特征方面均达到了最佳效果。从细节上看，本节方法对细小特征的去噪和特征保持的

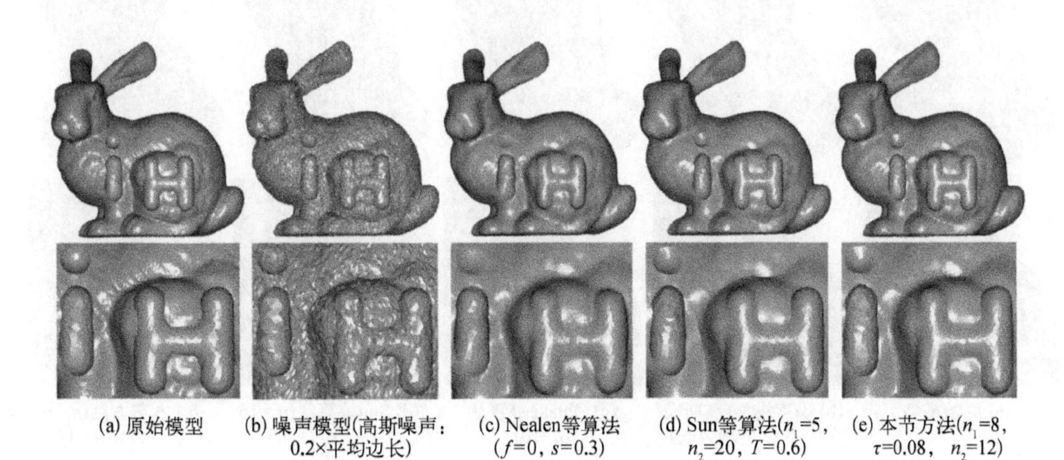

(a) 原始模型　(b) 噪声模型(高斯噪声：0.2×平均边长)　(c) Nealen等算法(f=0, s=0.3)　(d) Sun等算法(n_1=5, n_2=20, T=0.6)　(e) 本节方法(n_1=8, τ=0.08, n_2=12)

图 3-13　兔子(Bunny)模型的网格去噪结果

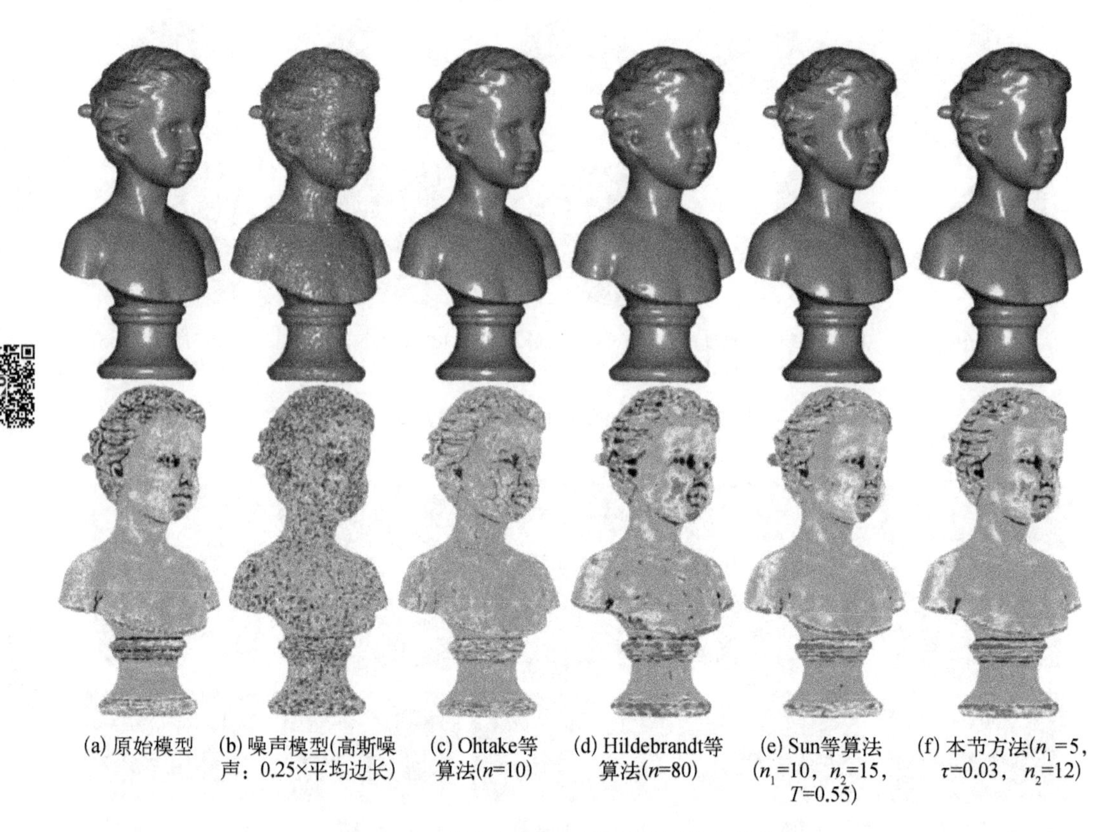

(a) 原始模型　(b) 噪声模型(高斯噪声：0.25×平均边长)　(c) Ohtake等算法(n=10)　(d) Hildebrandt等算法(n=80)　(e) Sun等算法(n_1=10，n_2=15，T=0.55)　(f) 本节方法(n_1=5，τ=0.03，n_2=12)

图 3-14　半身像(Buste)模型的网格去噪结果

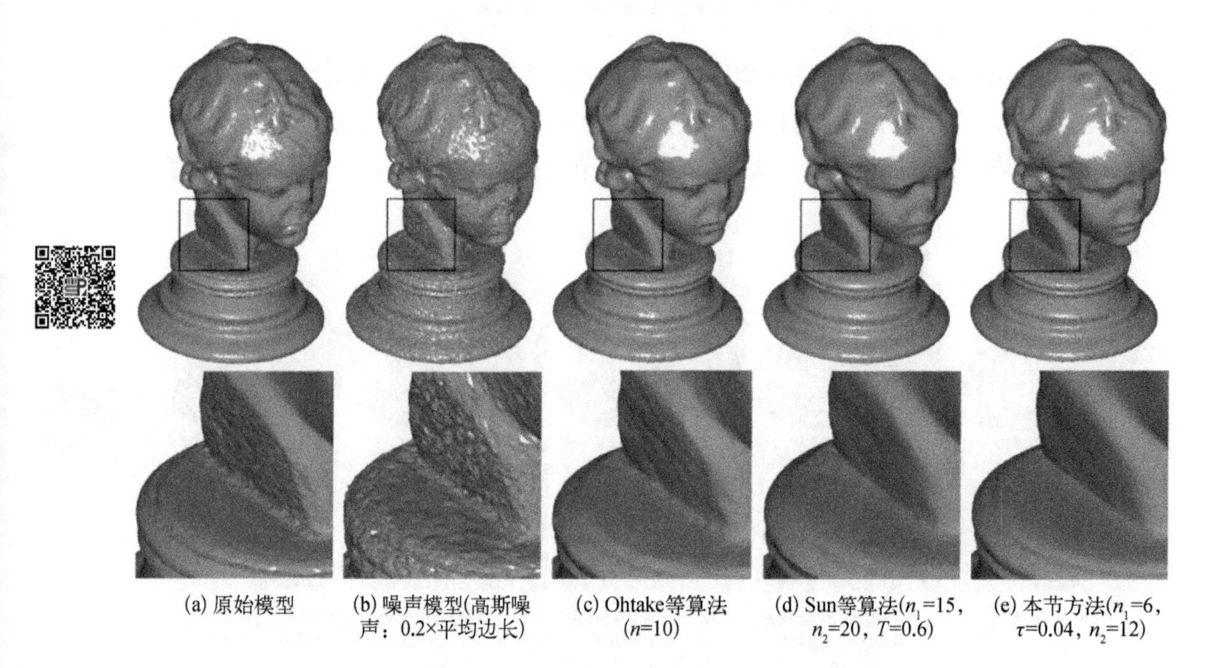

(a) 原始模型　(b) 噪声模型(高斯噪声：0.2×平均边长)　(c) Ohtake等算法(n=10)　(d) Sun等算法(n_1=15，n_2=20，T=0.6)　(e) 本节方法(n_1=6，τ=0.04，n_2=12)

图 3-15　厄洛斯(Eros)模型的网格去噪结果

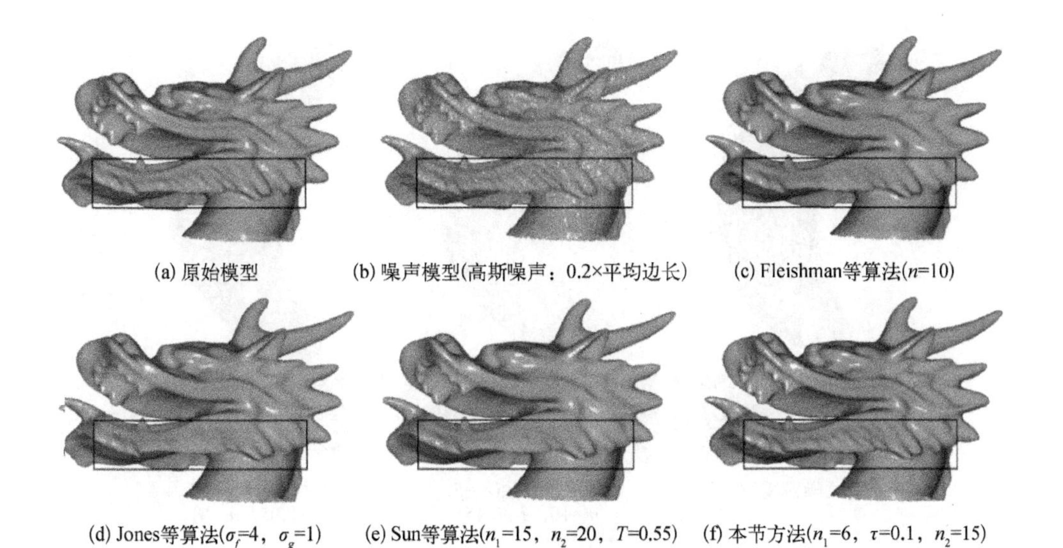

(a) 原始模型　(b) 噪声模型(高斯噪声：0.2×平均边长)　(c) Fleishman等算法(n=10)

(d) Jones等算法(σ_f=4，σ_g=1)　(e) Sun等算法(n_1=15，n_2=20，T=0.55)　(f) 本节方法(n_1=6，τ=0.1，n_2=15)

图 3－16　龙头(Dragon)模型的网格去噪结果

效果更优(如头发、面部及基座部位)。由图 3－15 可知,从模型的尖锐边界特征中可以看出,本节方法取得了相对较好的去噪效果。由图 3－16 可知,与其他算法相比,在龙头的下颚部分,本节方法保持了更多的细节特征。从去噪结果可以看出,现有算法容易将尖锐特征模糊掉,同时一些原本平滑的特征会被过度锐化。然而,本节方法可以在去除噪声的同时很好地保持模型原有特征。

上述所有噪声模型均以人工添加高斯噪声的方式生成。为了进一步验证算法的鲁棒性,本小节也对带有噪声的真实网格模型进行了测试。图 3－17 和图 3－18 展示了由扫描设备获取的噪声模型的去噪结果。从去噪模型的尖锐边界特征可以看出,本节方法相比于其他算法取得了更好的效果。模型中的眼睛部位在 Sun 等(Sun et al., 2007)的算法中被模糊掉,而本节方法将其很好地保存了下来。从图 3－17 和图 3－18 中可以看出,与

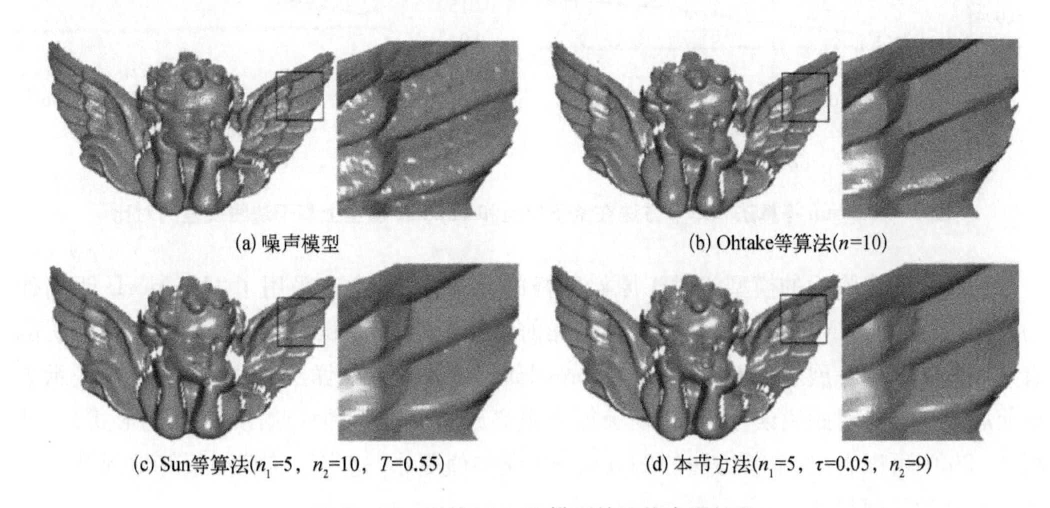

(a) 噪声模型　(b) Ohtake等算法(n=10)

(c) Sun等算法(n_1=5，n_2=10，T=0.55)　(d) 本节方法(n_1=5，τ=0.05，n_2=9)

图 3－17　天使(Angel)模型的网格去噪结果

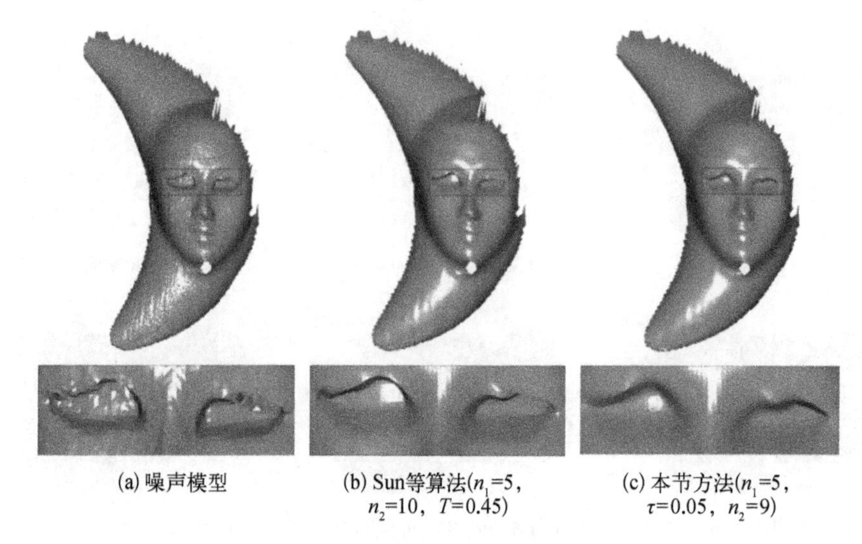

(a) 噪声模型　(b) Sun等算法(n_1=5, n_2=10, T=0.45)　(c) 本节方法(n_1=5, τ=0.05, n_2=9)

图 3-18　月亮模型的网格去噪结果

已有算法相比，本节方法在保持真实模型特征方面仍然取得了最优结果。

上述结果从视觉方面证明了本节方法的优越性，接下来将提供与目前已有算法对比的相关定量分析。本节方法本质上是在网格模型法线上进行操作，因此首先引入平均角度误差作为评价指标，对去噪网格和原始网格的法线差异进行定量分析。本节在兔子模型和 Fandisk 模型上与 Sun 等(Sun et al., 2007)算法进行对比，对法线角度误差进行计算。如图3-19所示，相比之下，本节方法的法线误差更小。

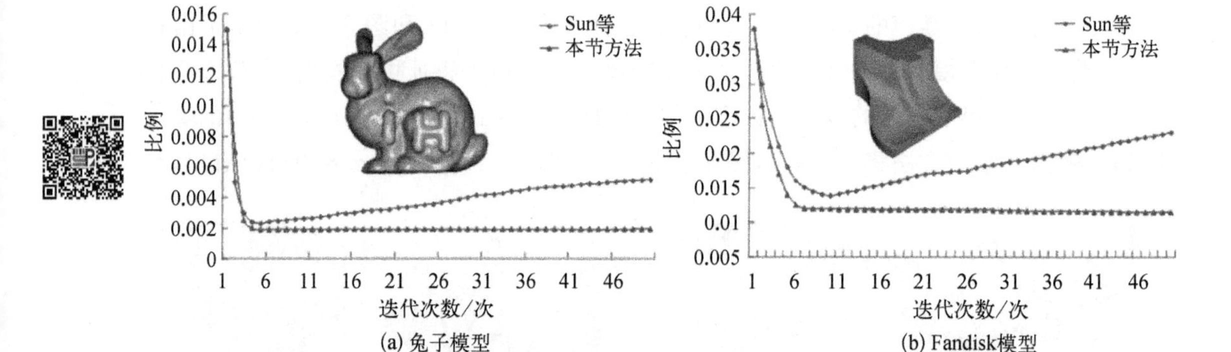

(a) 兔子模型　(b) Fandisk模型

图 3-19　Sun 等算法和本节方法在兔子模型和 Fandisk 模型上基于法线误差的对比

为了验证去噪后的模型相对于原始网格的几何差异，本节采用了 Hausdorff 距离作为评价指标，通过 Metro 软件工具计算去噪前后模型的 Hausdorff 距离，判断去噪算法的有效性。图 3-20 展示了不同算法的 Hausdorff 距离结果的详细对比，其中横轴表示去噪前后模型的绝对距离误差，纵轴表示每个距离误差值对应的柱状图(百分比形式)。从图 3-20 中可以看出，本节方法的 Hausdorff 误差值更小，这表示该算法很好地保持了去噪后模型的几何尺寸。

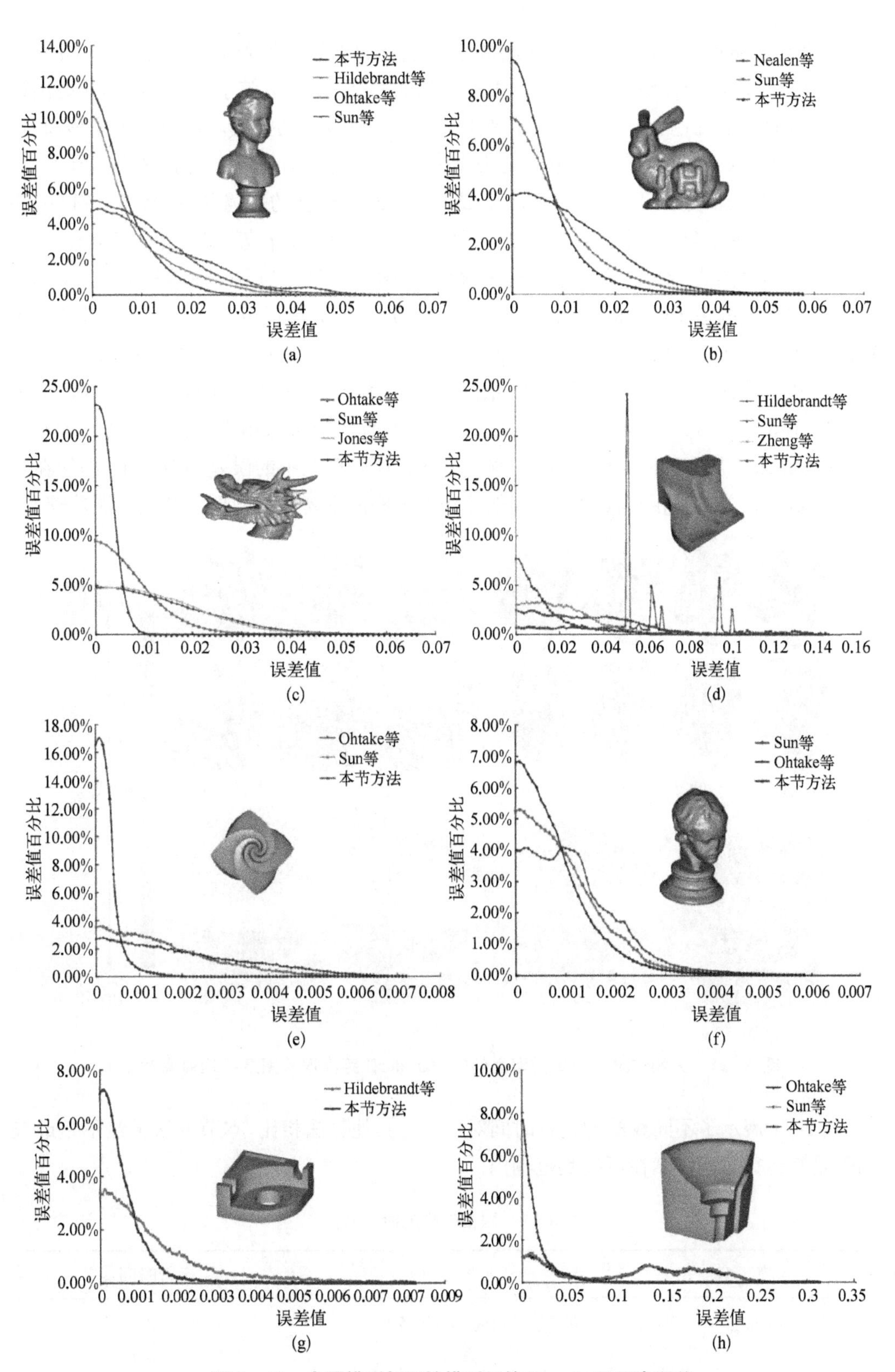

图 3-20　去噪模型与原始模型间的 Hausdorff 距离误差

图 3-21 展示了通过 Hausdorff 距离进行渲染的去噪模型及对应的平均曲率图，其中 HD 表示 Hausdorff 距离误差，MC 表示平均曲率，绿色表示较小的 Hausdorff 距离误差和平均曲率，而红色和蓝色分别表示在正负方向上有较大的数值。对应每个模型而言，第一行包括 Hausdorff 距离误差渲染的去噪模型，第二行为对应的平均曲率图。图 3-21(a)为 Zhao 等(Zhao et al., 2005)算法生成的 Fandisk 模型的去噪结果，图 3-21(b)为 Sun 等(Sun et al., 2007)算法的去噪结果，图 3-21(c)为 Zheng 等(Zheng et al., 2017)算法的去噪结果，图 3-21(d)为本节方法去噪结果；图 3-21(e)为 Nealen 等(Nealen et al., 2006)算法生成的兔子模型的去噪结果，图 3-21(f)为 Sun 等(Sun et al., 2007)算法的去噪结果，图 3-21(g)为本节方法去噪结果；图 3-21(h)为 Ohtake 等(Ohtake et al., 2002)算法生成的龙头模型的去噪结果，图 3-21(i)为 Sun 等(Sun et al., 2007)算法的去噪结果，图 3-21(j)为 Jones 等(Jones et al., 2003)算法的去噪结果，图 3-21(k)为本节方法去噪结果。从上述图中可以看出，本节方法在所有模型中的误差相对稳定，即使在高曲率区域，其误差仍然相对较小。而其他算法在某些曲率高的模型部位产生的误差较大。

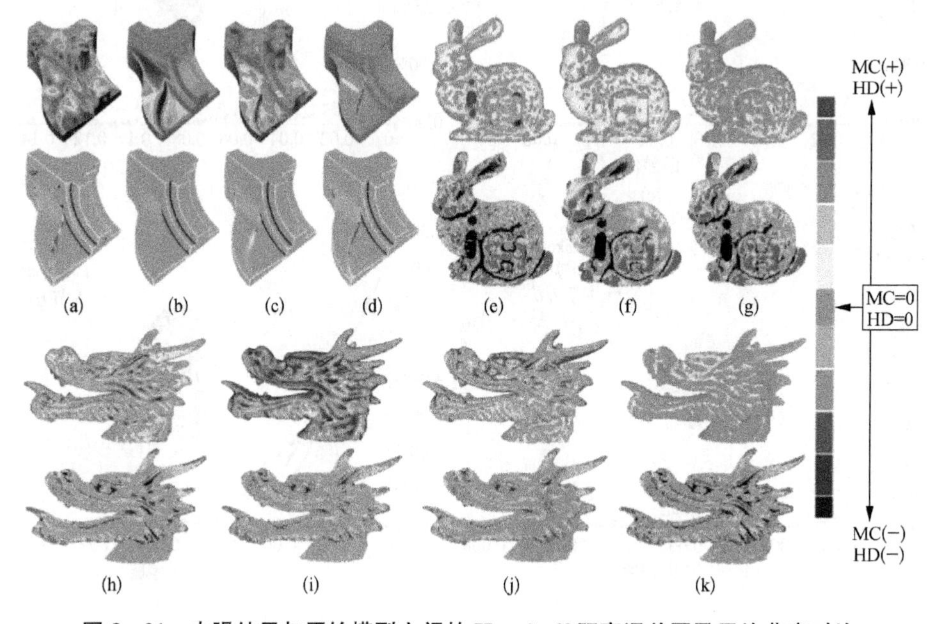

图 3-21　去噪结果与原始模型之间的 Hausdorff 距离误差图及平均曲率对比

表 3-1 展示了不同算法的运行时间对比。与其他算法相比，本节方法虽然不是最快的，但是其运行时间仍然在可接受范围内。

表 3-1　网格去噪的时间对比

模　型	方　　法	运行时间/s
Bearing	Hildebrandt 等	2.415
	本节方法	0.484

续　表

模　型	方　法	运行时间/s
Bunny	Sun 等	0.515
	Nealen 等	3.045
	本节方法	5.937
Buste	Ohtake 等	5.462
	Hildebrandt 等	11.251
	Sun 等	1.217
	本节方法	9.362
Dragon	Jones 等	69.237
	Ohtake 等	10.725
	Sun 等	2.218
	本节方法	21.261
Eros	Ohtake 等	2.27
	Sun 等	0.776
	本节方法	4.622
Fandisk	Hildebrandt 等	3.528
	Sun 等	0.443
	Zheng 等	0.645
	本节方法	1.138
Octa	Ohtake 等	0.821
	Sun 等	0.561
	本节方法	1.215

3.3 双法线滤波方法

3.3.1 算法概述

双法线滤波方法着重探索如何在相互优化下获取两个精度更高的法线场进行网格去噪。对两个法线场采用级联操作，且本节的方法建立在几何假设噪声网格的底层表面是分段平滑的前提下，并且一个特征位于多个平滑表面曲面片的交集上。图 3－22 为本节提出的算法框架，它由三个步骤组成：顶点分类、双法线滤波和顶点位置更新。首先采用顶点分类技术将网格顶点标记为特征顶点和非特征顶点。在双法线滤波中，首先通过局部三角面片法线滤波获得相对准确的初始三角面片法线场，以减少噪声对以下步骤的影响。然后，根据其三角面片法线的相似性将每个特征顶点的三角面片邻域聚类为不同的分段平滑曲面片，图 3－22 中具有不同的颜色。接下来，根据聚类结果估算顶点法线场。详细地说，就是将不同分段平滑曲面片的聚类结果拟合到不同的平面中以确定特征顶点的法线。因此，相比不加选择地平均所有顶点的顶点一环三角面片法线的传统方法，可以获得更准确的顶点法线场。同时，将这些一致曲面片的代表性法线作为约束添加到全局方程系统中，以进一步优化三角面片法线场。最后，基于两个法线场求解二次优化方程，将噪声顶点调整到最终滤波后的位置。

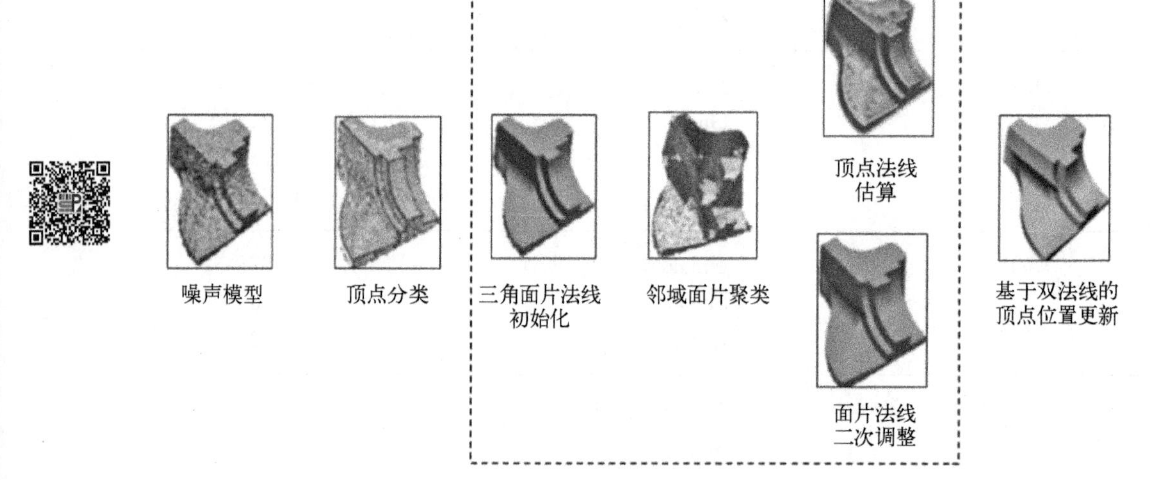

图 3－22 双法线滤波算法框架

3.3.2 顶点分类

采用法线张量投票算法根据分段平滑假设对输入噪声网格的顶点进行分类。具体来说，根据投票张量的特征值，可以将顶点分为角点、边缘点和平面上的点三种类型，其中边缘点认为是两个分段平滑曲面片的交点，角点认为是三个或更多分段平滑的曲面片的交点。将边缘点和角点称为特征顶点，将平面上的点称为非特征顶点。由于噪声的存在，普通张量投票算法在某些情况下可能会引起错误分类。例如，非特征顶点可能被错误地分类为边缘点或角点。幸运的是，这不会影响算法的性能，因为在下面的双法线滤波中，可以消除这些误分类结果。

3.3.3 双法线滤波

如果网格的底层表面处处都是平滑的，则两个法线场彼此一致。具体来说，可以通过加权插值直接从另一个法线场中恢复一个法线场。但是，如果下表面是分段平滑的，则在特征周围的邻域中存在多个平滑表面区域的两个场不一致。为了在去噪过程中更好地恢复特征，本节提出了一种双法线滤波方法，通过细致地处理特征区域的不一致性，依次估算三角面片和顶点法线场。

3.3.4　三角面片法线场初始化

为了在接下来的步骤中减少噪声的影响，首先初步估算三角面片法线场。选择从三角面片法线场开始的另一个原因是，顶点法线通常不太准确，甚至在原始数据中缺失。许多现有的滤波器可用于初始化，以获得相对准确的三角面片法线场，通过实验也验证了其稳定性。在这里，采用了 Zheng 等(Zheng et al.，2010a)的局部双边法线滤波器，其中权重函数同时取决于空间距离、信号距离和采样率。

3.3.5　邻近三角面片聚类

为了更准确地估算顶点法线场并强化特征区域的三角面片法线场，尝试找出特征顶点周围的下表面几何形状，并利用其几何信息来估算其法线。首先将每个顶点的相邻三角面片聚类为多个组，相邻三角面片聚类的目的是试图找到围绕顶点的连接三角面片的一致分组，以便每个组中的三角面片具有相似或平滑变化的法线。换句话说，寻找顶点周围具有尽可能少的几何变化的子区域。请注意，只需将聚类应用于特征顶点，因为无特征顶点邻域面片相似性高，一般只产生一个组。

将聚类问题表述为一个优化框架，其能量函数定义为

$$E=\sum_{i=1}^{k}\int_{M_i}\rho(x)n(n-\bar{n}_t)\mathrm{d}x \tag{3-14}$$

式中，k 是聚类(组)的数量；M_i 表示任意簇；$\rho(x)$ 为密度函数(通常是一个常数函数)；n 表示簇 M_i 中任意点的法线；$\bar{n}_t$ 通常是通过归一化集群内所有三角面片法线的加权平均值计算的代表。

可以发现能量 E 将一个簇内的三角面片法线的总偏移量编码为该簇的代表法线，如果假设三角面片内任意点的法线相同，并指定三角面片 f_j 的 $s_j=\int_{f_j}\rho(x)\mathrm{d}x$，则 E 可以离散化为

$$E=\sum_{i=1}^{k}\Big[\sum_{f_j\in M_i}s_j\parallel n_j\parallel^2-\sum_{f_j\in M_i}s_jn_j\Big] \tag{3-15}$$

式中，n_j 是三角面片 f_j 的单位法线。

在本节中，设置 $\rho(x)=1$，因此 s_j 是三角面片 f_j 的面积，并提出了一个简单有效的迭代聚类程序来解决这个优化问题。

(1) 初始化。聚类的组数 k 由顶点分类的结果决定。对于边缘顶点，假设该顶点位于两个一致区域之间的交点处，k 设置为 2。对于角顶点，设置 k 为 3。为了初始化组，选择 k 个种子面，以便每个三角面片开始时被分配到不同的组。种子三角面片是从顶点的单环三角面片中选取的，其法线差最大。

(2) 优化。采用迭代策略来调整所有组中的边界边缘，使能量 E 逐渐减小。在每次

迭代中，处理所有组的每个边界边。M_i 的每个边界边 e 与 f_k 和 f_h 相关，将确定 f_k 和 f_h 是否应该聚类到 M_i 中。不失一般性，假设 f_k 已经在组 M_i 中，有两种处理三角面片 f_h 的方法：① 如果 f_h 没有被聚类到任何三角面片组中，则将其添加到 M_i；② 如果 f_h 已经属于一个三角面片组(如 M_i)，测试三角面片组的变化是否导致 E 的减少。如果测试是肯定的，将把 f_h 移动到 M_i 或 f_k 到 M_j，否则保持分组不变。

提到的边界测试涉及三个可能的 E 值的计算和比较：

$$E_1: f_k \in M_i,\ f_h \in M_j$$
$$E_2: f_k \in M_i,\ f_h \in M_i$$
$$E_3: f_k \in M_j,\ f_h \in M_j$$

通过与 $E_{\min} = \min(E_1,\ E_2,\ E_3)$ 核对，可以决定是否需要改变三角面片组。

当所有边界都测试完后，迭代结束。重复这个过程，直至没有发现 E 的进一步减少，假设 E 已经达到其最小值。E 在优化中的收敛性可以通过从等式(3-15)导出的证明来保证。

在角顶点的情况下，k 的取值范围通常在 3～6，为 k 的每个值计算 E_k，然后最小化 E_k 以找到最佳 k。k 的候选值数量很少，并且网格中角顶点的比例很小，因此所提出的求解优化的方法在计算复杂度方面是可以接受的。在求解角顶点的最佳聚类时，没有观察到计算时间的显著增加。

值得注意的是，聚类算法还可以帮助进一步区分特征的性质。事实上，由于噪声的存在，法线张量投票或其他现有分类技术出现错误分类问题是很常见的。在聚类过程中，当碰巧有空簇时，就意味着当前的顶点被错误分类了。例如，如果聚类结果在角顶点中包含一个空组，则该顶点被错误分类，应重新分类为边缘点或非特征顶点。图 3-23 显示了一个例子，可以通过相邻三角面片聚类算法对顶点分类结果进行强化，其中红点表示角顶点，蓝点表示尖锐边缘点顶点。图 3-24 显示了一个嘈杂的 Fandisk 模型的聚类结果，左列显示锐利边缘顶点的聚类结果，右列显示角顶点的聚类结果，每种颜色代表一个不同的段。据观察，产生了一组一致的三角面片组，这证明了聚类技术的有效性。

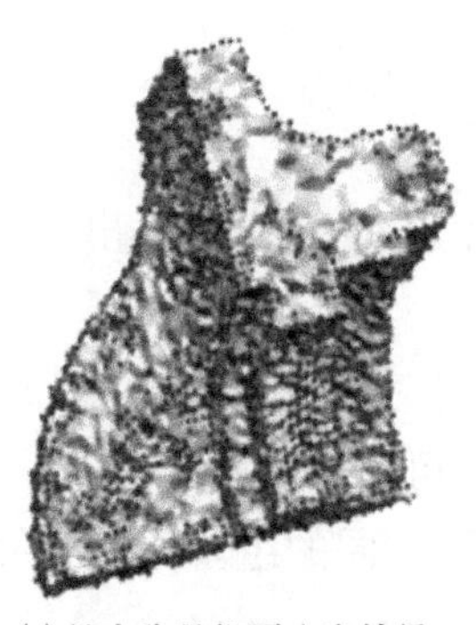

(a) 法向张量投票分类结果

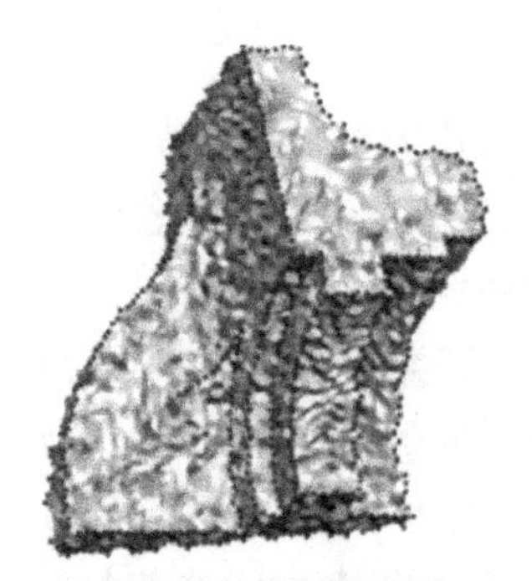

(b) 执行聚类后的结果强化

图 3-23　顶点分类结果通过相邻三角面片聚类算法进行细化

图 3 - 24　嘈杂 Fandisk 模型的相邻三角面片聚类

1. 顶点法线场估计

根据顶点分类和相邻三角面片聚类的结果可以估算顶点法线场。对于非特征顶点，由于曲面几何的变化相对较小，顶点法线和三角面片法线通常是一致的。因此，可通过加权插值从其周围的三角面片法线中简单地获得其顶点法线。本节对来自其单环相邻三角面片的所有法线的加权平均值进行估算，其中权重为每个三角面片的面积。

对于特征顶点，基于最近三角面片法线的简单平均的估算会由于不一致而产生错误结果，其顶点法线的估算是通过对其周围每个聚类三角面片组的平面拟合操作来执行的，通过最小二乘方式拟合顶点获得最佳平面。将每个最优平面的法线作为三角面片组的代表法线，通过对代表法线求平均可以很容易地计算出顶点法线，对所有特征顶点重复该过程以形成顶点法线场。而传统方法通过不加选择地平均顶点的 1 环三角面片法线来计算顶点法线，因此可以获得比传统方法更准确的顶点法线场。

准确的顶点法线场对于网格去噪非常重要，使用不准确的顶点法线场可能会导致顶点漂移。图 3 - 25 说明了由不准确的顶点法线场引起的顶点漂移问题，特别是当存在不规则的表面采样时，大多数现有的去噪方法都会导致顶点漂移。如果使用不准确的顶点法线，采用本节方法也会产生这种现象。然而，一旦获得更准确的顶点法线，就可以避免此类伪影。图 3 - 25 从左到右依次为：不规则的立方体模型(左半部分稀疏采样、右半部分密集采样)，被高斯噪声破坏的立方体模型，Sun 等(Sun et al., 2007)方法，Zheng 等(Zheng et al., 2010a)方法(局部方案)，以及本节方法的去噪结果，本节方法具有不准确的顶点法线，传统方法不加选择地平均顶点的单环三角面片法线场，以及本节方法与通过所提出的方法获得的顶点法线。从放大的视图中可以注意到，除了本节方法具有很好估算的顶点法线之外，前面的三种方法都会导致边缘漂移。

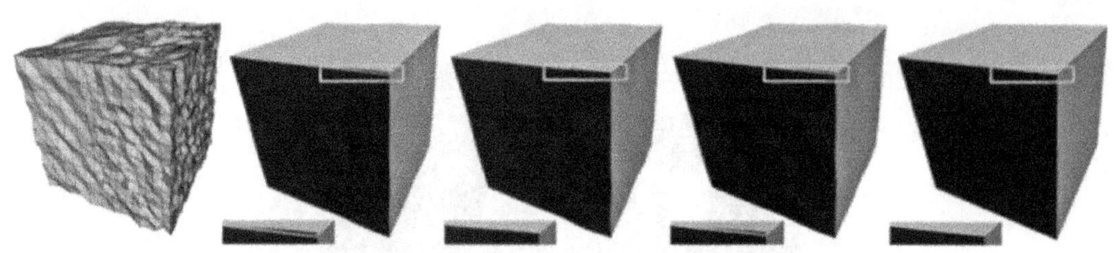

图 3-25 不准确顶点法线场引起的顶点漂移问题

2. 三角面片法线场强化

用于初始化三角面片法线场的局部双边滤波器在每个三角面片的整个邻域上执行，其中可能存在多个分段平滑区域，这将导致三角面片法线不太准确，但在去噪过程中不可避免地会导致模糊的锐利特征和浅层特征被消除。

如前所述，特征顶点处的顶点法线是通过对其三角面片邻域的聚类组的代表法线进行平均来计算的。这意味着可以将代表性法线视为顶点法线的分解成分，每个分量代表顶点周围的分段平滑区域的法线，并且在每个分段平滑区域内，两个法线场的一致性很强。为了进一步优化三角面片法线场，本节通过在特征顶点周围添加分段一致性作为约束来改进 Zheng 等(Zheng et al., 2010a)的全局双边滤波器。

为了给读者一个直观的印象，在这里简单介绍一下原来的全局方案。Zheng 等(Zheng et al., 2010a)制定了一个全局双边滤波器函数 E_s 来编码每个三角面片法线与其相邻三角面片法线的平方误差总和。为了忠于原始三角面片法线场，他们制定了另一个函数 E_d 来编码新三角面片法线场与其原始法线场的平方偏差。尽管添加了原始法线作为约束，Zheng 等(Zheng et al., 2010a)的全局方案仍然存在特征模糊的问题，因为拉普拉斯算子中的双边权重因子是在整个邻域上定义的。

因此，改进方法中增加了一个约束项：

$$E_l = \sum_{i \in T} \sum_{K \in M} A_k \left\| \sum_{j \in K} \frac{n'_j}{|K|} - n_{i,K} \right\|^2 \tag{3-16}$$

式中，T 为特征顶点的集合；M 为每个特征顶点的每个考虑邻域的簇集；A_k 为簇 K 的平均三角形面积与整个网格的平均三角形面积之比；n'_j 为集群 K 中更新的面法线；$|K|$ 为 K 中的三角形数；$n_{i,K}$ 表示簇 K 的顶点法线的分解分量；约束项 E_l 对簇中的每个三角面片法线与围绕所有特征顶点的簇的代表法线之间的总平方误差进行编码，这个新的约束项可以保证三角面片法线不会扩散到分段平滑曲面片的边界之外，因此在优化过程中可以完全避免其他分段平滑曲面片的负面影响。

最后，优化公式可写为

$$\underset{n'_i}{\operatorname{argmin}} (1-\alpha-\beta)E_s + \alpha E_d + \beta E_l \tag{3-17}$$

式中，α 和 β 是两个正变量，范围为 $\alpha + \beta \in [0, 1]$，其中 α 用于控制保留原始法线场的程度，而 β 用于更准确地恢复特征顶点周围的三角面片法线，由于三角面片法线场已经初始化，α 可以选较大值，β 也可以设置得相对较大，以保留特征，受益于修正的顶点法线场。凭经验，设置 $\alpha=0.4$ 和 $\beta=0.2$，获得的实验效果很好。

图 3-26 展示了使用一个额外能量项 E_l 的优势，图中 Fandisk 模型的平均曲率可视化，突出显示浅层特征。图 3-26 从左到右依次为原始 Fandisk 模型、噪声模型(平均边缘长度为 $\sigma=0.2$ 倍的高斯噪声)、Zheng 等(Zheng et al., 2010a)的局部方案的去噪结果 ($\sigma_S=0.3$, $n_1=10$, $n_2=12$)、Zheng 等(Zheng et al., 2010a)的全局方案 ($\lambda=0.02$, $\sigma_{S2}=0.35$, $n_2=12$), Zheng 等(Zheng et al., 2010a)的额外能量项 E_1 ($\sigma_{S2}=0.35$, $n_2=12$) 结果，从图中可知，结合额外能量项的全局滤波器更适用于恢复浅层几何。从突出浅层特征的 Fandisk 模型的平均曲率可视化可以看出，Zheng 等(Zheng et al., 2010a)的局部和全局滤波器都更严重地消除了浅层特征。当全局滤波器中结合额外的能量项时，结果得到明显改善。

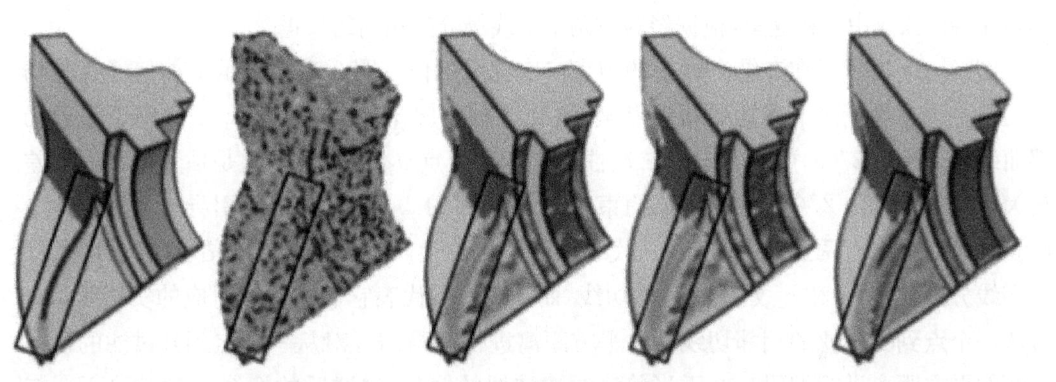

(a) 原始模型　(b) 噪声模型　(c) Zheng等的局部方案　(d) Zheng等的全局方案　(e) Zheng等的额外能量项方案

图 3-26　Fandisk 模型的平均曲率可视化

3.3.6　顶点位置更新

在双法线过滤之后，根据三角面片和顶点法线场更新顶点位置。存在一个简单的几何事实，即每个网格顶点位于其相邻三角面片的切平面内，使网格更好地近似于下表面。受这个想法的启发，将顶点更新公式化为二次优化问题。

将第一个二次方程定义为

$$E_1(v')=\sum_{j\in n_v(f)}[n_j^{\mathrm{T}}(v'-c_f)]^2 \tag{3-18}$$

式(3-18)编码了从顶点 v' 到其单环三角面片的平方距离之和，其中 n_f 是三角面片 f 的强化单位法线，而 c_f 为三角形重心。最小化方程(3-18)，若所有网格三角面片在某些点与底层表面相切，则估算值可能会更优。然而，现有的法线过滤器，包括采用将分段一致性嵌入全局双边滤波器的方法，不能保证收敛并产生与底层表面完全相切的网格面。在这方面，仅最小化从过滤的三角面片法线导出的上述二次曲线会不可避免地在一定程度上导致特征模糊和顶点漂移。因此，使用估算的顶点法线定义第二个二次曲面为

$$E_2(v')=(v'-v)^{\mathrm{T}}(v'-v)-[n_v^{\mathrm{T}}(v'-v)]^{\mathrm{T}}[n_v^{\mathrm{T}}(v'-v)] \tag{3-19}$$

式中，n_v 表示顶点 v 的单位法线；$m_v^{\mathrm{T}}(v'-v)$ 项描述了从向量 $(v'-v)$ 到顶点法线 n_v 的投影，反过来，这个二次曲线对从顶点法线到优化顶点 v' 的平方距离进行编码。鼓励顶点在优化中沿其法线方向移动，理想情况下，当向量 $(v'-v)$ 平行于 n_v 时，$E_2(v')$ 等于 0。

因此，将两个二次曲线一起最小化，以生成新的顶点位置为

$$\underset{v'}{\operatorname{argmin}}[E_1(v')+\theta E_2(v')] \tag{3-20}$$

式(3-20)只涉及一个简单的线性方程组。θ 用于平衡 $E_1(v')$ 和 $E_2(v')$ 的影响，如果 θ 相对较小，则生成的网格往往具有更平滑的曲面片，这是由 $E_1(v')$ 的定义引起的；如果 θ 比较大，则 $E_2(v')$ 在方程中的影响更大。式(3-20)更能够保留几何细节并避免顶点漂移，尤其是在特征顶点中。在这里，根据经验对两个法线场分配相同的权重。

图 3-27 展示了在二维空间中的顶点二次优化操作。图 3-27 演示了如何通过带约束的二次误差度量来准确地更新顶点坐标(在这种情况下，三个点 v、c_1、c_2用于逼近局部曲线)。图 3-27(a)中拟合出的二次曲面会导致顶点 v 偏移到 v'，这是估算的切线误差较大导致的；图 3-27(b)通过两个约束拟合出正确的二次曲面，从而引导 v 收敛到 v'。假设一条曲线上有两点 c_1 和 c_2，v' 代表 v 的优化位置，n_v 代表 v 处的估算法线，两条红色实线分别代表 c_1 和 c_2 处过滤后的切线，而红色虚线代表它们在两点对应的实切线，E_1 对从一个点到其过滤的相邻切线的总平方距离进行编码，E_2 对从一个点到其过滤的顶点法线的平方距离进行编码。由于当前法线滤波器的偏差，过滤后的切线(红实线)不会与无噪声的切线(红虚线)完全匹配。切线具有描述曲线局部结构的能力，如果无法准确估算这些线，它们可能会导致副作用，如顶点漂移和特征模糊。从图 3-27(a)中注意到，由于使用了不准确的切线，直接最小化第一个二次曲线，将获得不需要的“优化”顶点 v'。然而，从图 3-27 中可以注意到，增加了一个二次曲面作为对三角面片法线过滤丢失的信息的补偿。因此，最小化两个二次曲线可以沿法线校正优化，从而产生更好的结果。通过最小化两个二次曲线来调整顶点是这种方法的一个强大特性，它可以在很好地去除噪声的同时保留特征。

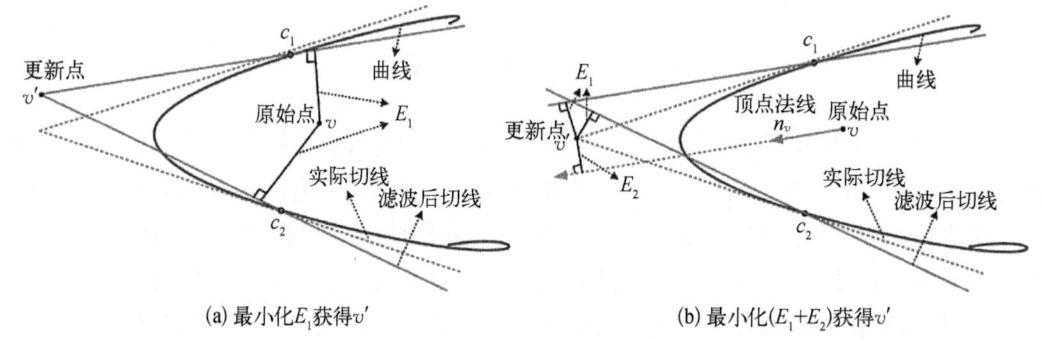

图 3-27　二次优化更新顶点位置的二维示例

图 3-28 展示了在顶点位置更新中加入顶点法线场的优势。第一行是在三个特殊区域(一个在角点,两个在尖锐边缘)处进行不规则表面采样的类 CAD 模型,第二行是真实的扫描模型,细节丰富。从第一行的例子中,可以注意到通过两个法线场的协作可以避免顶点漂移。从第二行的例子可以看出,在顶点法线场存在的情况下,可以保留更精细的细节。

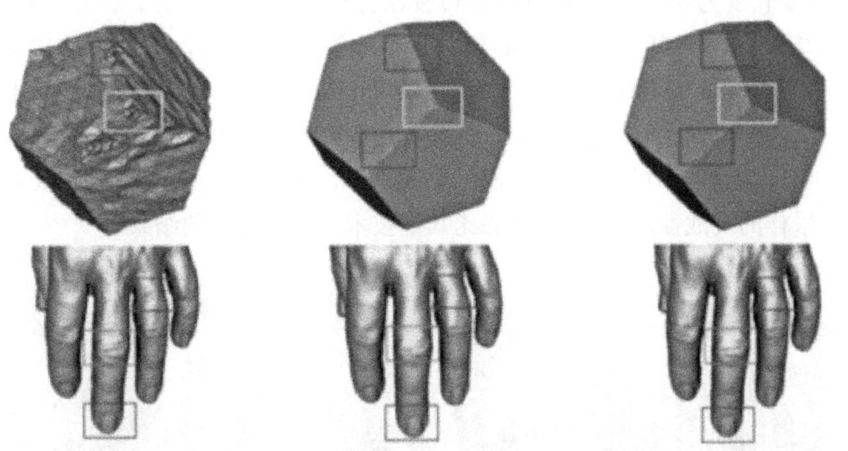

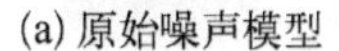

(a) 原始噪声模型　(b) 仅使用三角面片法线场的去噪结果　(c) 两个法线场协同的去噪效果

图 3-28　用于顶点位置更新的两个法线场的协作

3.3.7　实验结果与分析

已经对具有合成或原始噪声的各种网格模型执行了本节方法,其中一些甚至被人为地重新采样,以模拟不规则的表面采样,这些模型用于验证处理具有各种尺寸特征和/或不规则表面采样的具有挑战性区域的方法。本节中使用的合成噪声是由零均值高斯产生的,其标准偏差 σ 与网格的平均边长成正比。

将本节方法与六种示例性去噪技术进行了比较：Fleishman 等(Fleishman et al., 2005)的双边网状过滤器、Sun 等(Sun et al., 2007)的单边法线过滤器、Fan 等(Fan et al., 2010)的二阶双边滤波器、Zheng 等(Zheng et al., 2010a)的局部双边法线滤波器及其全局表示、Wang 等(Wang et al., 2014)的级联滤波器,以及 He 等(He et al., 2013)的基于区域的边缘滤波器。所有这些方法都是各向异性过滤器,通常比各向同性过滤器可以更好地保留特征。除了视觉比较之外,还采用了三个定量标准,即均方角误差(mean-square angle error, MSAE)、Hausdorff 距离直方图和基于 L_2 顶点的误差来评估去噪结果对真值的保真度。最后,对所提出方法的时间性能进行了评估。

为了进行公平的比较,仔细调整了每种方法的参数,以产生视觉上最好的结果。本节方法的参数包括：法线场的标准差 σ_{S1} 和三角面片法线场初始化中使用的迭代次数 n_1；三角面片法线场优化中的权重 α、β 和标准差 σ_{S2}；以及用于顶点位置更新的权重 θ 和迭代次数 n_2。在接下来的实验中,如果没有指定,设置 $\alpha=0.4$, $\beta=0.2$, $\theta=1.0$,三角面片法线滤波的局部表示中的 σ_{S1} 和全局表示中的 σ_{S2} 都为 0.2～0.6,如 Zheng 等(Zheng et al.,

2010a)的建议；n_1 为 3～20，n_2 为 1～15。

1. 两个法线场去噪

Block 模型的去噪结果如图 3-29 所示，图中从左至右分别为噪声模型[首先使用中点细分策略(两次迭代)在三个区域(突出显示)进行局部细分，以产生不规则采样，然后被噪声(平均边缘长度为 $\sigma=0.15$ 的高斯噪声)破坏]；Sun 等(Sun et al.，2007)的单边正态滤波的去噪结果 ($T=0.38$，$n_1=10$，$n_2=12$)；Fan 等(Fan et al.，2010)的二阶双边滤波结果 ($k_1=35$、$k_2=8$、Minpts$=6$)；Wang 等(Wang et al.，2014)的级联滤波结果 ($\tau=0.35$，$n_1=12$，$n_2=14$)；He 等(He et al.，2013)基于区域的边缘滤波结果 ($\sigma_{S1}=0.35$，$n_1=5$，$n_2=5$)，以及本节的双正态滤波结果 ($\sigma_{S1}=0.35$，$n_1=5$，$n_2=5$)。在具有特征和不规则表面采样的挑战性区域，本节方法比其他技术产生了更好的结果。

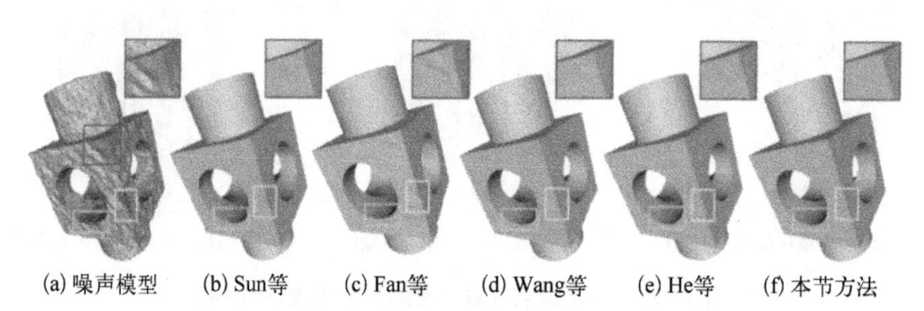

(a) 噪声模型　(b) Sun等　(c) Fan等　(d) Wang等　(e) He等　(f) 本节方法

图 3-29　Block 模型的去噪结果

图 3-30 为 Eros 模型的去噪结果，图中从左到右对应的依次为原始模型、噪声模型(平均边缘长度为 $\sigma=0.1$ 的高斯噪声)、Zheng 等(Zheng et al.，2010a)的局部方案 ($\sigma_{S1}=0.35$，$n_1=5$，$n_2=5$)、Zheng 等(Zheng et al.，2010a)的全局方案 ($\lambda=0.15$，$\sigma_{S2}=0.4$，$n_2=8$)，以及本节方法 ($\sigma_{S1}=0.35$，$n_1=5$，$\sigma_{S2}=0.3$，$n_2=4$)。由图可知，使用两个法线场，在保留弱特征方面表现更好，如中间和底部行所示的爆炸区域。

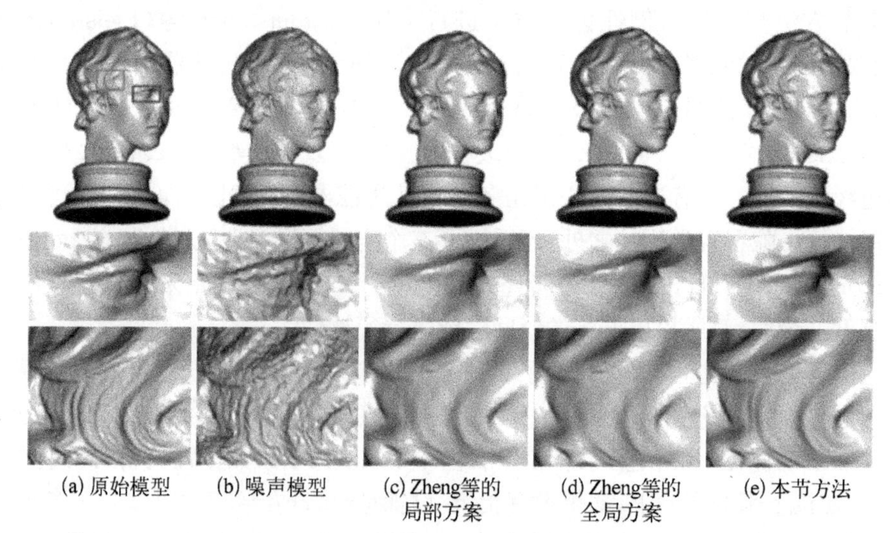

(a) 原始模型　(b) 噪声模型　(c) Zheng等的局部方案　(d) Zheng等的全局方案　(e) 本节方法

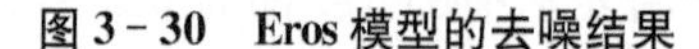

图 3-30　Eros 模型的去噪结果

为了说明在去噪中使用两个法线场的优势，首先将本节结果与 Zheng 等(Zheng et al., 2010a)的局部和全局双边滤波器的结果进行比较，后者仅使用三角面片法线场进行去噪。在 Eros 模型上进行比较，在图 3-30 的第一列中观察到，该模型具有多种特征和丰富的小细节，其被合成噪声破坏了，如图 3-30 中的第二列所示。另外，从图中可以发现 Zheng 等(Zheng et al., 2010a)的两种方案通常会过度平滑一些弱特征，如眼睛区域和头发区域的特征。相比之下，本节方法可以更好地保留这些特征，如放大图像所示。这是因为在去噪过程中同时使用了根据分段一致性估算的两个法线场。

Octa-flower 模型的去噪结果如图 3-31 所示，图中从左到右依次对应原始模型、噪声模型(平均边缘长度为 $\sigma=0.1$ 的高斯噪声)、Sun 等(Sun et al., 2007)方法的去噪结果 ($T=0.4$, $n_1=5$, $n_2=10$)、Fan 等(Fan et al., 2010)的方法 ($k_1=35$, $k_2=8$, Eps$=2$, MinPts$=6$)、Wang 等(Wang et al., 2014)的方法 ($n_1=5$, $\tau=0.008$, $n_2=9$)、He 等(He et al., 2013)的方法 ($u=\sqrt{2}$, $\alpha=0.1\bar{\gamma}$, $\lambda=0.02\ell_e^2\bar{\gamma}$)，以及本节方法 ($\sigma_{S1}=0.35$, $n_1=8$, $\sigma_{S2}=0.3$, $n_2=8$)。图中顶行为放大花瓣区域(参见蓝色矩形)，底行是螺旋区域的放大侧视图(参见红色矩形)。

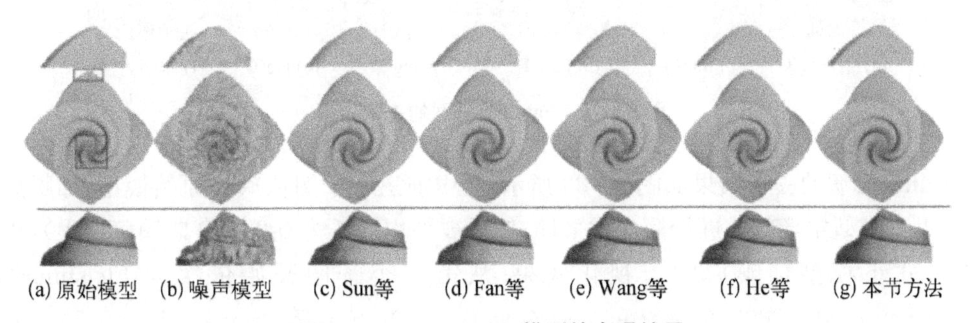

图 3-31 Octa-flower 模型的去噪结果

进一步将本节方法与广泛使用的或最先进的网格去噪方法进行比较。图 3-31 显示了类似 CAD 的 Octa-flower 模型的去噪结果，该模型具有非常尖的角(花瓣区域)和许多弯曲的边缘(螺旋区域)，在去除噪声时难以完全保留。很明显，与其他方法相比，采用本节方法得到的结果中，锐利边缘的周围的噪声被更好地消除了，角点和锐利边缘点得到了更好的保留(见放大图)。

2. 不规则采样网格去噪

对不规则采样的表面进行去噪是一项具有挑战性的任务，因为以前大多数的方法不能很好地适应网格中的可变采样密度。Fandisk 模型的去噪结果如图 3-32 所示，图中从左到右依次对应输入噪声模型(平均边缘长度为 $\sigma=0.3$ 的高斯噪声)、Sun 等(Sun et al., 2007)方法的去噪结果 ($T=0.35$, $n_1=20$, $n_2=40$)、Fan 等(Fan et al., 2010)的方法 ($k_1=30$, $k_2=8$, Eps$=2$, MinPts$=6$)、Wang 等(Wang et al., 2014)的方法 ($n_1=6$, $\tau=0.01$, $n_2=9$)、He 等(He et al., 2013)的方法 ($u=\sqrt{2}$, $\alpha=0.1\bar{\gamma}$, $\lambda=0.02\ell_e^2\bar{\gamma}$)，以及本节方法 ($\sigma_{S1}=0.35$, $n_1=20$, $\sigma_{S2}=0.3$, $n_2=14$)。底行显示模型浅层特征的放大片段，由图可知，本节方法在保留浅层特征方面优于其他技术。图 3-32 显示了 Fandisk 模型的去

噪结果，该模型首先细分为三个专门选择的区域，然后被高斯噪声破坏。第一列显示了噪声和不规则采样网格的线框，可以清楚地看到角点区域采样更密集。当对该模型应用不同的去噪方法时，观察到其他四种方法可以在一定程度上去除噪声的同时保留尖角。然而，通过对放大片段进行仔细研究，可以观察到这些方法都不可避免地在不规则和规则采样区域之间的过渡处引入了不均匀性，并引入了顶点漂移。相比之下，本节方法可以避免过渡区域的伪影，从而更好地保留角落和锐利边缘。

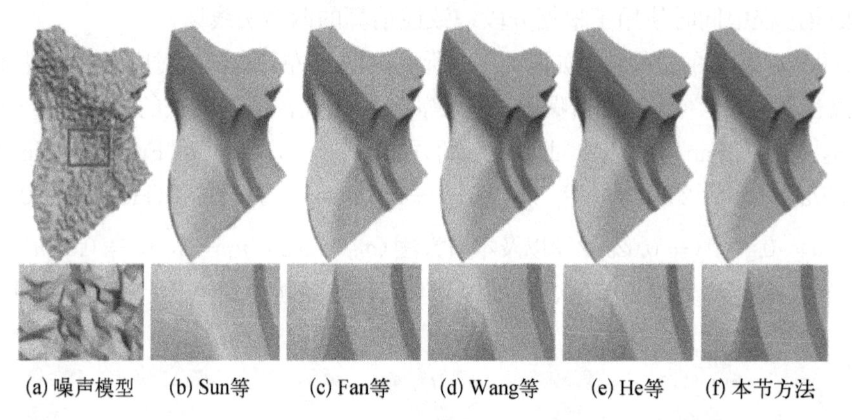

(a) 噪声模型　(b) Sun等　(c) Fan等　(d) Wang等　(e) He等　(f) 本节方法

图 3-32　Fandisk 模型的去噪结果

Julius 模型的去噪结果如图 3-33 所示，图中前三个子图依次是原始模型、加噪后的模型(先对模型左半部分进行简化重采样，然后被平均边长为 0.2 的高斯噪声加噪)，以及线框模式下模型加噪后的可视化效果；从第 4 个子图开始依次为 Fleishman 等(Fleishman et al., 2003)的方法的去噪结果 ($n=5$)、Sun 等(Sun et al., 2007)的方法 ($T=0.6$, $n_1=3$, $n_2=4$)、Wang 等(Wang et al., 2014)的方法 ($n_1=3$, $\tau=0.01$, $n_2=4$)、He 等(He et al., 2013)的方法 ($u=\sqrt{2}$, $\alpha=0.1\,\bar{\gamma}$, $\lambda=0.02\ell_e^2\,\bar{\gamma}$)，以及本节方法 ($\sigma_{S1}=0.35$, $n_1=20$, $\sigma_{S2}=0.3$, $n_2=2$)。图 3-33 显示了在具有不规则采样和更少形状角的更一般模型上执行的另一个实验。虽然所有方法都可以在一定程度上很好地去除噪声，但本节结果受模型眼睛区域(见放大图)不规则表面采样的影响较小，与真值模型更加相似。

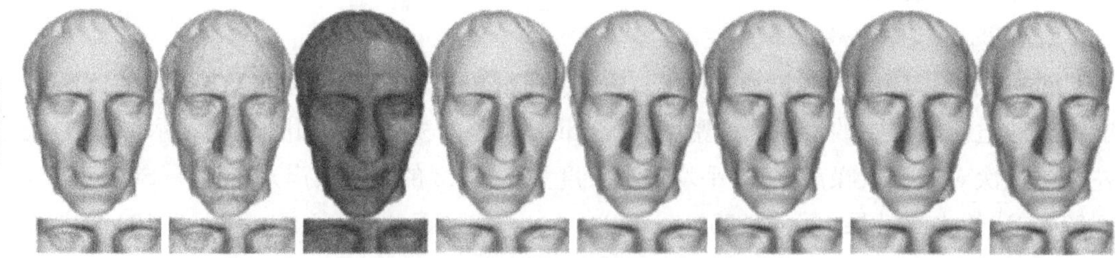

图 3-33　Julius 模型的去噪结果

3. 真实扫描数据的实验对比

除了合成案例外，还验证了本节方法在具有原始噪声的两个扫描模型上的有效性，如

图3-34和图3-35所示。Angel模型的去噪结果如图3-34所示，图中从左到右、从上到下依次为原始模型、Fleishman等(Fleishman et al., 2003)的方法($n=15$)、Sun等(Sun et al., 2007)的方法($T=0.55$, $n_1=5$, $n_2=10$)、Wang等(Wang et al., 2014)的方法($n_1=5$, $\tau=0.05$, $n_2=9$)、He等(He et al., 2013)的方法($u=\sqrt{2}$, $\alpha=0.1\,\bar{\gamma}$, $\lambda=0.02\ell_e^2\,\bar{\gamma}$)，以及本节方法($\sigma_{S1}=0.4$, $n_1=5$, $\sigma_{S2}=0.35$, $n_2=4$)。

装饰图案浮雕模型的去噪结果如图3-35所示，图中从左到右、从上到下依次为原始模型、Fleishman等(Fleishman et al., 2003)的方法($n=7$)、Sun等(Sun et al., 2007)的方法($T=0.5$, $n_1=3$, $n_2=4$)、Wang等(Wang et al., 2014)的方法($n_1=4$, $\tau=0.03$, $n_2=6$)、He等(He et al., 2013)的方法($u=\sqrt{2}$, $\alpha=0.1\,\bar{\gamma}$, $\lambda=0.02\ell_e^2\,\bar{\gamma}$)，以及本节方法($\sigma_{S1}=0.35$, $n_1=3$, $\sigma_{S2}=0.3$, $n_2=2$)。据观察，本节方法在保留原始扫描模型的精细细节和清晰特征方面也优于其他方法。例如，在Angel模型的翅膀和眼睛区域，可以看到本节方法去噪后弱特征仍然存在，但在其他方法的结果中丢失了。在装饰图案浮雕模型的去噪结果中也发现了类似的现象。

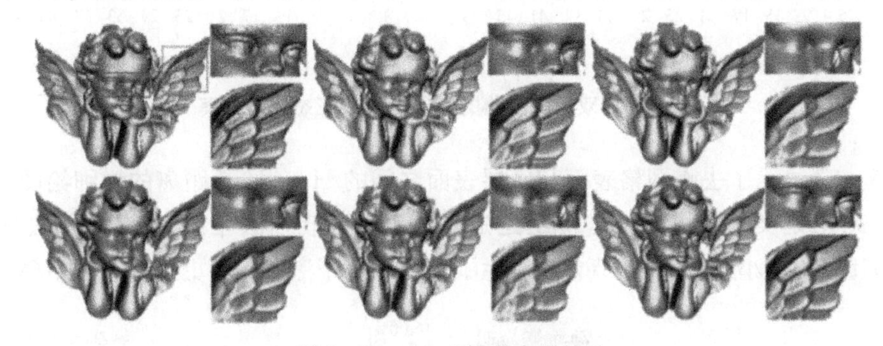

图3-34　Angel模型去噪结果

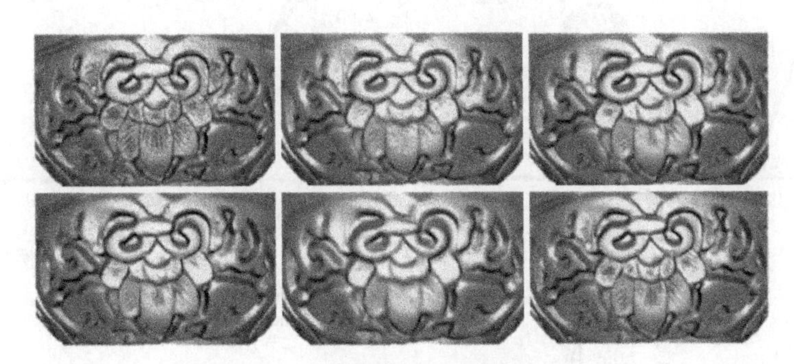

图3-35　装饰图案浮雕模型的去噪结果

4. 定量评价

从上面的比较中，可以发现本节方法在实验案例中可以产生在视觉上比一些最先进的方法更好的结果。为了进行更客观的比较，使用三个广泛使用的定量指标进一步评估这些去噪结果：第一个度量是均方角误差，用于将去噪的三角面片法线在迭代次数方面与真实模型的迭代次数进行比较；第二个度量是Hausdorff距离直方图，用于评估去噪结果(顶点位置更新后)对底层表面的保真度;第三个是基于 L_2 顶点的网格到网格误差度量,用于将顶点更新方案与传统的基于梯度下降的方法(gradient descent method, GDM)进行比较。

图 3-36 绘制了 Zheng 等(Zheng et al., 2010a)的局部和全局双边滤波器的 MSAE 及双正态滤波方案,图中横坐标 n_1 表示正常滤波迭代次数。为了清楚地观察差异,对 Zheng 等(Zheng et al., 2010a)的局部方案执行多达 50 次,尽管在实践中没有必要。Zheng 等(Zheng et al., 2010a)的全局方案和双正态滤波方案中改进的全局方案是非迭代的,也绘制在相同的图表中。因为在双法线过滤中使用了分段一致性,所以可以更好地恢复特征顶点附近的三角面片法线。因此,总的来说,受约束的全局方案可以始终如一地得到较低的 MSAE。

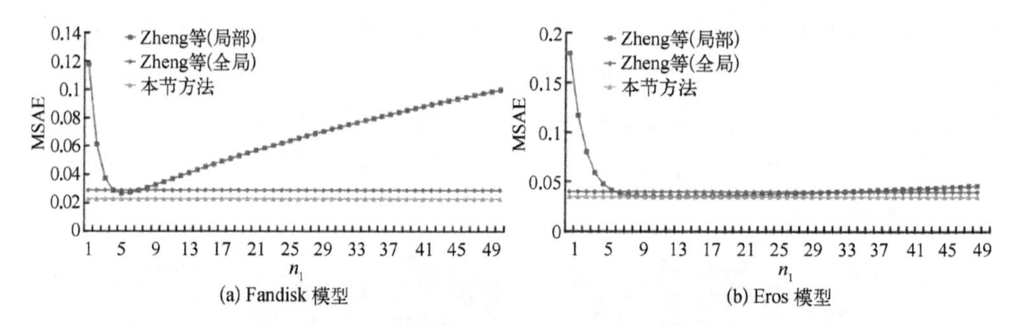

图 3-36 双边滤波器的 MSAE 及双正态滤波方案

图 3-37 显示了去噪网格表面和底层表面之间的 Hausdorff 距离的详细绘图。可以注意到,无论是类似 CAD 的模型还是通用模型,本节方法始终比其他方法导致的 Hausdorff 距离更小,这表明本节方法产生了一个相对于潜在曲面更接近的网格模型。

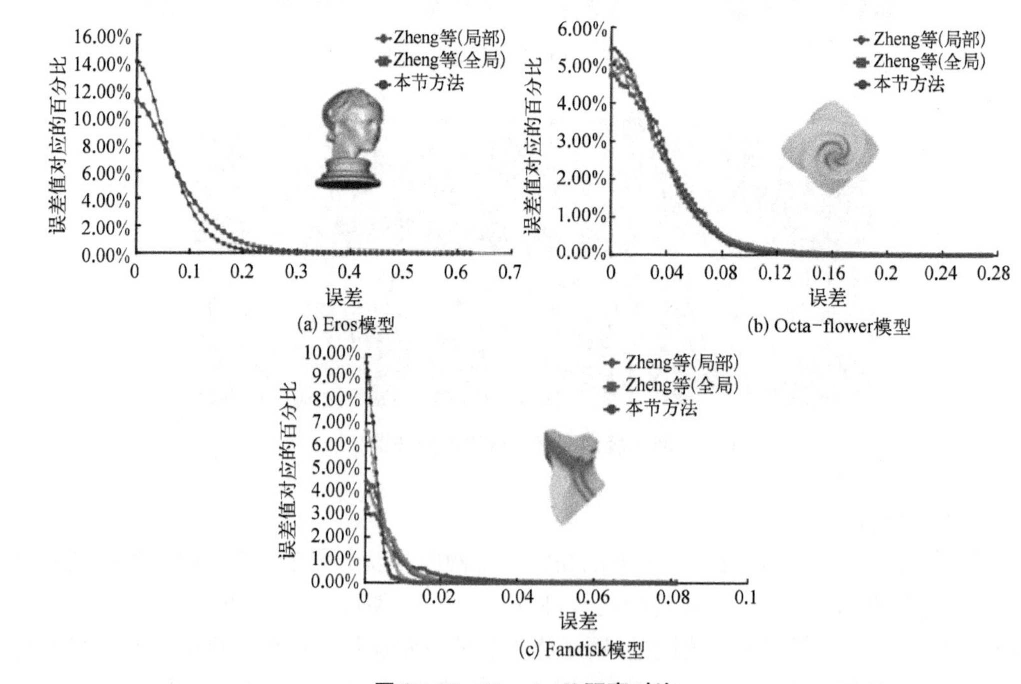

图 3-37 Hausdorff 距离对比

为了验证所提出的基于两个法线场的顶点位置更新方案的有效性，将基于二次优化的方法(quadratic optimization-based method, QOM)与基于梯度下降的方法进行了比较。GDM 旨在匹配三角面片法线场，而提议的 QOM 是同时匹配三角面片和顶点法线场。为了公平比较，采用双正态滤波方案获得的法线场作为 QOM 和 GDM 的输入，然后测量去噪网格和真值模型之间基于 L_2 顶点的误差 E_v。此外，由于 QOM 和 GDM 可能会采用不同的迭代次数来获得视觉上的最佳结果，为每个模型计算了两个不同迭代次数的 E_v，结果如表 3-2 所示。观察到 QOM 的 E_v 始终低于 GDM，表明所提出的 QOM 的结果与真值模型更加相似。

表 3-2　基于 L_2 距离的去噪网格和真值模型之间的误差对比

模　型	迭代次数	方　法	$E_v/10^{-3}$
Block	$n_2=12$	GDM	4.397
	$n_2=12$	QOM	3.425
	$n_2=-4$	GDM	2.439
	$n_2=-4$	QOM	1.746
Octa-flower	$n_2=8$	GDM	3.617
	$n_2=8$	QOM	3.069
	$n_2=10$	GDM	3.431
	$n_2=10$	QOM	3.246
Fandisk	$n_2=14$	GDM	5.483
	$n_2=14$	QOM	4.662
	$n_2=40$	GDM	4.917
	$n_2=40$	QOM	4.822

5. *运算效率*

记录实验案例中每个步骤的运算速度，结果如表 3-3 所示。本节方法是使用 C++ 实现的，实验是在具有 2.90 GHz Intel core i5 和 8.0 GB 内存的计算机上进行的。观察到顶点分类和顶点位置更新得相当快，而双正态滤波相对耗时，特别是当模型包含大量顶点和面(如 Eros 模型)时，这是因为在优化分面法线场上花费了大量时间。尽管本节方法比现有的仅应用三角面片法线场来指导去噪的方法在计算上更加密集，但时间性能仍然可以接受。例如，对具有 45 001 个顶点和 89 998 个面的复杂模型进行去噪，大约只需要 4 s 时间。未来，将对如何通过图形处理器(graphics processing unit, GPU)加速双法线过滤进行研究。

表 3-3 本节方法的运算效率

模　型	步骤 1/s	步骤 2/s	步骤 3/s	总时间/s
Block (图 3-29)	0.000 7	(0.023 5+0.006 9+0.000 1+0.020 0)	0.012 5	0.063 7
Eros (图 3-30)	0.017 4	(0.239 3+0.124 1+0.000 3+3.664 1)	0.136 2	4.181 2
Octa-flower (图 3-31)	0.003 4	(0.073 0+0.085 3+0.000 1+0.337 3)	0.076 0	0.575 1
Fandisk (图 3-32)	0.001 4	(0.077 7+0.040 0+0.000 1+0.089 8)	0.040 1	0.249 1

6. 限制

首先,采用普通张量投票算法进行顶点分类,该算法能够处理相当大的噪声,如平均边缘长度为 $\sigma=0.3$ 的高斯噪声。当添加更高级别的噪声时,会检测到大量伪特征,这会降低本节方法的性能。然而,如此大的噪声在实践中并不常见。其次,本节方法无法处理表面采样极不规则的模型,因为在这种情况下,很难从彼此恢复两个法线场。Zheng 等(Zheng et al., 2010a)的局部双边滤波和全局双边滤波,以及本节在 Fandisk 模型(上)和 Eros 模型(下)上的双正态滤波产生的 MSAE 结果对比如图 3-36 所示,图中横轴表示正常滤波迭代次数,纵轴表示对应的 MSAE。

3.4 本章小结

本章节主要对特征保持的传统数据优化技术进行介绍。首先介绍一种经典的用于保特征的表面网格去噪的级联方法,其对网格特征进行检测并将网格顶点分为特征顶点和非特征顶点,接着构建加权对偶图,对于特征顶点,其邻域可以被划分为多个各向异性邻域子集,每个子集可进行双二次 Bezier 曲面拟合,以逼近真实形状。本节将网格顶点投影至相应的双二次 Bezier 拟合曲面上,从而更新顶点位置。接着对经典的针对网格去噪的双法线滤波方法进行介绍,其利用顶点和三角面片的法线场的分段一致特性,并提出了一种新方法对其进行滤波和整合,以指导去噪过程。

第 4 章

基于矩阵低秩恢复的测量数据优化技术

4.1 引言

近年来，基于非局部自相似性和低秩矩阵恢复的去噪方法逐渐成为当前领域的研究热点。目前，在二维处理中，非局部相似性相较于局部相似性方法更为优越，在图像处理领域的应用效果显著。在三维模型中，不同的位置可能存在相似结构，因此通过非局部算法也可查找模型中的相似结构。由于非局部相似块结构接近，相似图像块可以组成低秩矩阵，从而可以将去噪问题转化为求解矩阵秩最小化的问题。本章方法利用矩阵的秩来约束相似块的结构性，保证非局部结构性稀疏约束，在去噪的同时保留模型特征。在解决网格去噪的逆问题中，例如，如何恢复过度平滑的去噪模型丢失的几何信息等，低秩数据优化技术也起到了关键作用，因此基于矩阵低秩恢复的测量数据优化技术具有重要的研究意义。

在内容分布安排上，本章的主要内容分成两个小节来阐述。

4.2 节中介绍一种基于图约束的低秩恢复实现多图块协同的点云去噪算法，也是一种基于非局部点云去噪方法，定义局部的高度图图块(height-map patch, HMP)并将所有非局部相似的高度图图块分为一组，把去噪问题转化成相似块组矩阵的低秩恢复问题，可以在有效保留点云几何特征的同时消除噪声。

4.3 节中介绍一种基于块协同法线滤波的网格保特征去噪算法，其实是一种全新的基于非局部相似块协同滤波算子的网格去噪算法，把网格噪声去除问题转化成一个相似块组矩阵的低秩恢复问题，将在二维领域得到成功应用的非局部自相似性拓展到三维网格表面，在去除表面噪声的同时尽可能准确地保持多尺度的特征信息。

4.2 基于图约束低秩恢复的多局部结构点云去噪算法

4.2.1 算法概述

本节提出了一种非局部点云去噪方法，可以有效地保留几何特征同时去除噪声。首先，在每个点的局部坐标系中定义一个方向不变的局部特征描述符，称为高度图图块，每个高度图图块编码周围点到目标点滤波切面的投影距离。其次，为每个目标图块收集相似的高度图图块，并将它们合并成一个图块组矩阵(patch group matrix, PGM)。然后，通过低秩矩阵恢复实现去噪，假设低秩矩阵图形平滑，在低秩模型中引入图形正则化项，以提高矩阵恢复效果。最后，将去噪后的高度图还原为每个点的局部坐标，更新点的信息并合成去噪点云。实验证明，该方法在高水平噪声中也取得了理想的结果。如图 4-1 所示，基于图约束低秩恢复的多局部结构点云去噪算法由以下 4 个步骤组成：① 给定一个带有噪声的输入，利用双边法线滤波平滑法线；② 为每个点估计一个高度图图块；③ 把每个点的相似图块组合构建成图块组矩阵；④ 通过图约束的低秩恢复，进一步获得去噪的高度块，将其转换为最终的去噪点云。

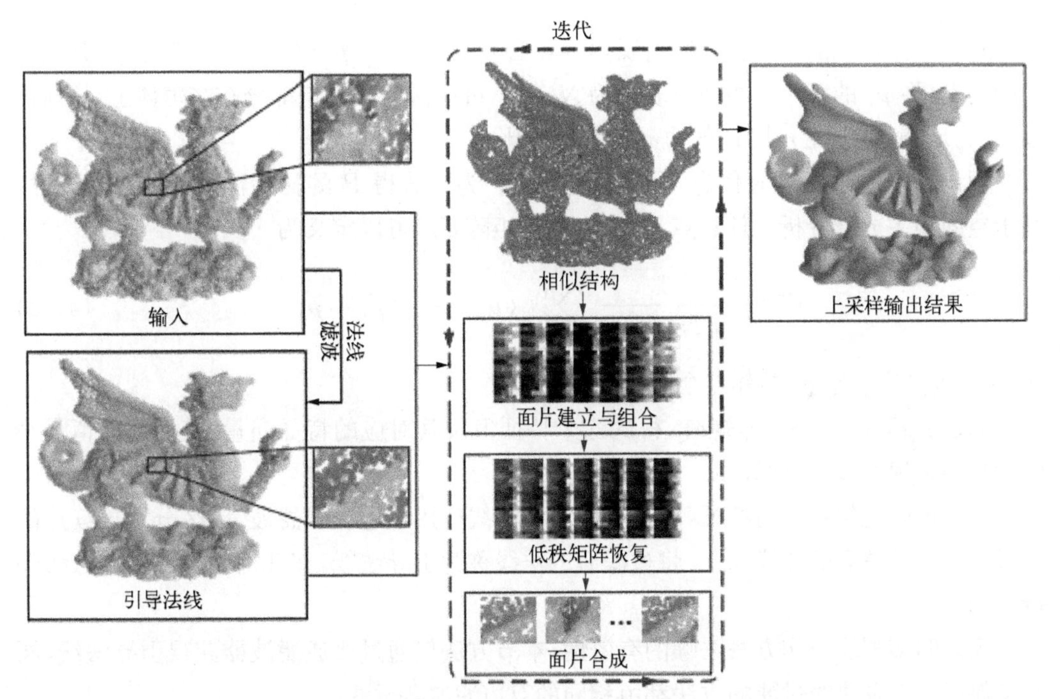

图 4-1　基于图约束低秩恢复的多局部结构点云去噪算法框架图

1. 指导法线计算

通过基于空间的主成分分析(spatial principle component analysis, S-PCA)估计输入点云的法线，并通过保留特征的滤波器得到引导法线。此外，本节方法在引导法线的基础上使用基于法线的主成分分析(normal principle component analysis, N-PCA)，以寻求一致的局部坐标系，在该局部坐标系中构建高度图图块。

2. 图块构建和分组

为了描述局部表面的变化，定义每个点周围邻域的几何描述符，即高度图图块，通过在局部坐标系对局部表面高度进行采样来定义高度图图块。最后，对于每个高度图图块，将其非局部的、几何上最相似的图块组合在一起，形成高度图图块组矩阵(height-map patch group matrix, HMPGM)。

3. 低秩矩阵的恢复

由于图块之间的相似性,图块组矩阵应当是低秩的。但是由于存在噪声,矩阵的秩较高。为此,本节提出一种通过图约束的低秩矩阵恢复方法,以保留受噪声破坏的HMPGM中的"低秩+稀疏"属性。

4. 图块合成

从恢复到低秩的高度图中计算每个点的局部坐标,将局部坐标转换为全局坐标,平均该点关联的高度图合成整个点云。

4.2.2 Bi-PCA 估计指导法线和局部坐标系

将一个无组织的、非均匀的、有噪声的点云表示为 $P=\{p_i\}_{i=1}^{N}\subset R^3$,其中 p_i 是点云 P 中的点,将 p_i 的第 k 个相邻点表示为 $N_r(i)$,可以认为相邻点都分布在球体上,该球体以 p_i 为球心,其半径 r 与 P 的边界范围成正比。

假设点云 P 具备位置信息,没有法线信息。为了获得 P 的初始法线,本节方法利用基于空间的主成分分析。任意点 p_i 的协方差矩阵 C_{p_i} 可以定义为

$$C_{p_i}=\frac{1}{|N_r(i)|}\sum_{p_j\in N_r(i)}(p_i-p_j)(p_i-p_j)^{\mathrm{T}} \tag{4-1}$$

式中,$|N_r(i)|$ 为 p_i 的邻点个数。

通过分解 3×3 协方差矩阵,得到三个特征值及其对应的特征向量,其中特征值最小的特征向量视为 p_i 的法线 n_i。

为了更好地保留几何特征,对带有噪声的法线应用双边法线滤波,以区分不连续点的法线并获得过滤后的法线 n'_i。将过滤后的法线称为引导法线,在几何处理中引导法线保持不变。

为证明多图块协作方法去噪的有效性,本节方法仅通过普通滤波器获得引导法线,同时确保所有涉及法线过滤的方法都由相同的双边滤波器过滤。

为寻找一致的局部坐标系来构建高度图图块,通过基于法线的主成分分析,采取主方向的等价方向:

$$C_{n'_i}=\frac{1}{|N'_i|}\sum_{n'_j\in N'_i}\theta(p_i-p_j)(n'_i-n'_j)(n'_i-n'_j)^{\mathrm{T}} \tag{4-2}$$

式中,n'_i 为引导法线;N'_i 为 $N_r(i)$ 中引导法线的集合,$|N'_i|=|N_r(i)|$;$\theta(r)=\mathrm{e}^{-r^2/\sigma_p^2}$,是空间高斯权重。

目标点 p_i(作为原点)和三个新的特征向量可以形成一个具有特征感知的局部坐标系。具有最大特征值的特征向量作为局部坐标系的 z 轴,将 z 轴进一步旋转与引导法线重合,获得局部坐标系。获取局部坐标系的过程称为双边滤波-主成分分析(bilateral filtering-principle component analysis, Bi-PCA)。

构建局部坐标系有四种方式：① 目标点 p_i 和使用空间主成分分析后得到的三个特征向量形成局部坐标系 LF_1(n_i 的法线方向作为 z 轴)；② 旋转 LF_1 得到局部坐标系 LF_2，旋转 LF_1 至 z 轴与引导法线 n'_i 重合；③ 目标点 p_i 和使用法线主成分分析后得到的三个特征向量形成局部坐标系 LF_3；④ 旋转 LF_3 得到 LF_4，旋转 LF_3 至 z 轴与引导法线 n'_i 重合。然而，LF_1 构建的局部坐标系有噪声且坐标系之间存在不一致，LF_2 不具备特征感知，LF_3 局部坐标系之间彼此不一致。相比之下，LF_4 坐标系更一致，且对噪声表现更稳定。四种局部坐标系的对比如图 4－2 所示。

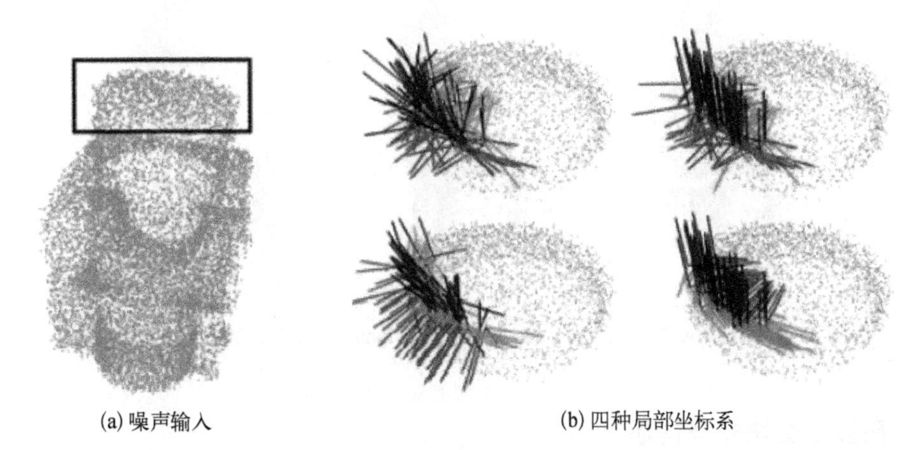

(a) 噪声输入　　(b) 四种局部坐标系

图 4－2　四种局部坐标系的对比图

给定曲线锐利边缘的噪声点云，使用 Bi-PCA 方法产生的局部坐标系更加一致，对噪声的鲁棒性好，在去除噪声时能够更好地恢复锐利特征。本节使用局部坐标系的主要目的是构建高度图，不直接用于对点云去噪。实验证明，直接使用四种局部框架的 z 轴作为点法线，采用传统基于局部的投影方法的去噪结果不佳。如图 4－3 所示，输入带有噪声的点云，第一行图从左到右分别是使用 S-PCA、S-PCA＋N-PCA、S-PCA＋双边滤波及 Bi-PCA 的去噪结果，第二行图从左到右分别是基于四个法线场的投影方法产生的去噪结果。

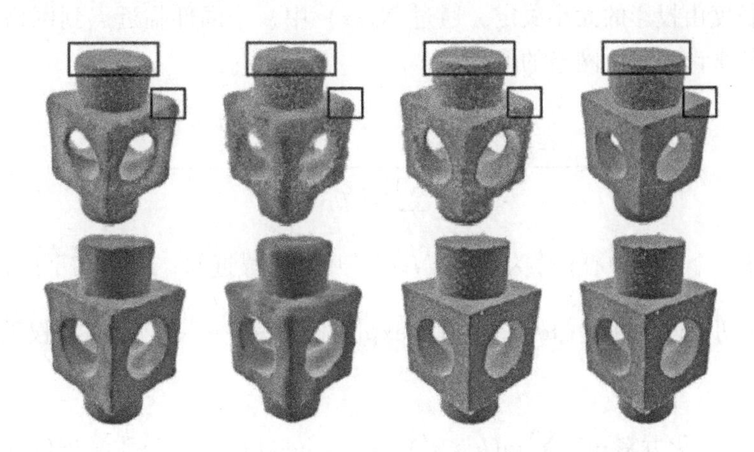

图 4－3　Bi-PCA 方法与其他局部坐标系的去噪结果对比

正交的局部探测场(local probing fields, LPFs)也具有一致的局部坐标系,本节方法还对比了 LPFs 方法获取的局部坐标系的去噪结果。LPF 的局部坐标系的方向通过最小化偏移量 L_2 的范数优化,偏移量包含特定点形变量的信息,但该方法中通过 Bi-PCA 计算方向,局部坐标系的方向取决于双边过滤的结果。Bi-PCA 的计算方向与 LPFs 作者提供的数据效果相当,图 4-4 从左到右分别为噪声输入、LPFs 和本节方法的去噪结果、Bi-PCA 和 LPFs 方法对 Brassempouy 点云模型的去噪结果对比。

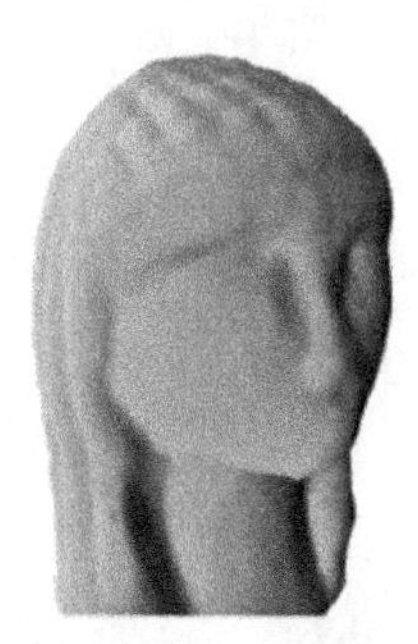

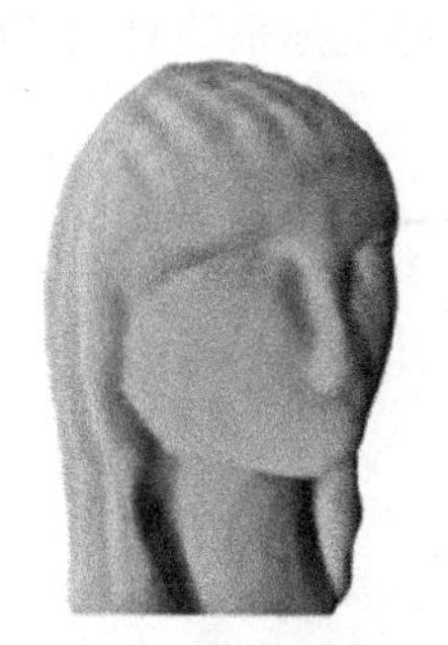

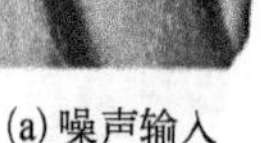

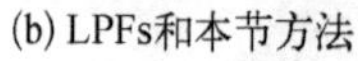

(a) 噪声输入 (b) LPFs和本节方法 (c) Bi-PCA和LPFs方法

图 4-4 Bi-PCA 方法与 LPFs 方法对 Brassempouy 点云模型的去噪结果对比

4.2.3 高度图图块矩阵构建

几何描述符(在机器学习中也称为特征向量)是非局部低秩方法的关键,几何描述符应当能够在有噪声输入的情况下稳健地表示表面几何特征。本节方法参考 Digne(Digne, 2012)和 Maximo 等(Maximo et al., 2011)的方法,使用平面参数设计几何描述符。

已知 p_i 的临近点集合 $N_r(i)$ 是 3D 且不规则的(和图像中的规则 2D 窗口不同)。对于每个 N_r,首先通过投影矩阵 M_i 将其变换到局部坐标系 LF_4(M_i 表示平移矩阵和旋转矩阵),得到 $N_r(i)'$,然后对局部坐标系中的目标点 p_i' 创建一个切平面。最后,将 $N_r(i)'$ 投影到切平面上,并用固定大小的网格(如 6×6 网格)划分投影以生成规则的图块 P_i,网格的宽度和长度由投影的大小决定。通过 $N_r(i)'$ 中 k 个局部临近点到网格中心的高度的加权平均值来计算每个网格的值:

$$h_{b_j} = \frac{\sum_{s_i' \in \mathrm{KNN}(b_j)} w(b_j, s_i') \cdot \mathrm{height}(T_i, s_i')}{\sum_{s_i'} w(b_j, s_i')} \tag{4-3}$$

式中,b_j 为第 j 个网格中心;s_i' 为 b_j 在 $N_r(i)'$ 中的 k 最近邻;T_i 为切平面;$\mathrm{height}(T_i, s_i')$ 表示 s_i' 到切平面的高度;$w(b_j, s_i') = \exp\left(-\frac{\| b_j - s_i' \|^2}{\sigma_d^2}\right)$ 是高斯权重,其中 σ_d 为空间距离带宽。

使用 L_1 最小化方案 $\min \sum_{bi} w(b_j, s_i') \| h_{b_j} - \mathrm{height}(T_i, s_i') \|_1$,能够找到更准确的

高度值，但实验证明，L_2-范数最小化方法的精度是足够的。

除了本节方法提出的方案之外，还有其他方案构建高度图：① 直接填充真实高度值，缺失数据填充零；② 填充真实高度值，对缺失数据填充插值。实验证明，所有填充方案都产生了较好效果，不同填充方案的去噪结果如图 4－5 所示，从左到右分别是噪声输入、方案 1、方案 2 和本节方法的去噪结果。

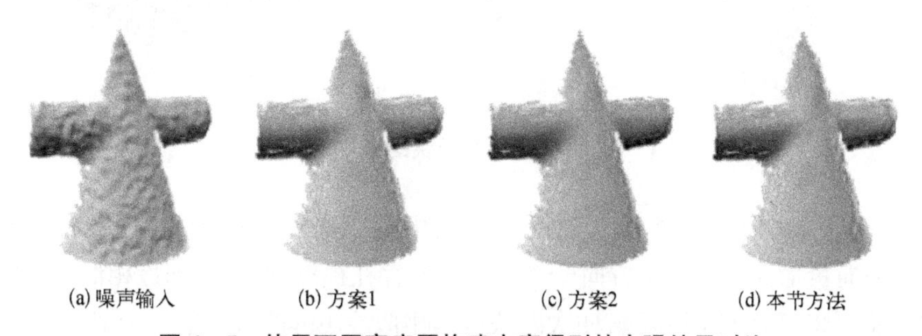

(a) 噪声输入　(b) 方案1　(c) 方案2　(d) 本节方法

图 4－5　使用不同高度图构建方案得到的去噪结果对比

如图 4－6 所示，根据高度图距离对 Welsh 龙模型的相似性进行着色，其中蓝点是参考点，颜色越深，表示该点与参考点越相似。图(a)显示了两个参考点局部相似度的颜色图，图(b)显示不同位置的局部高度图图块。

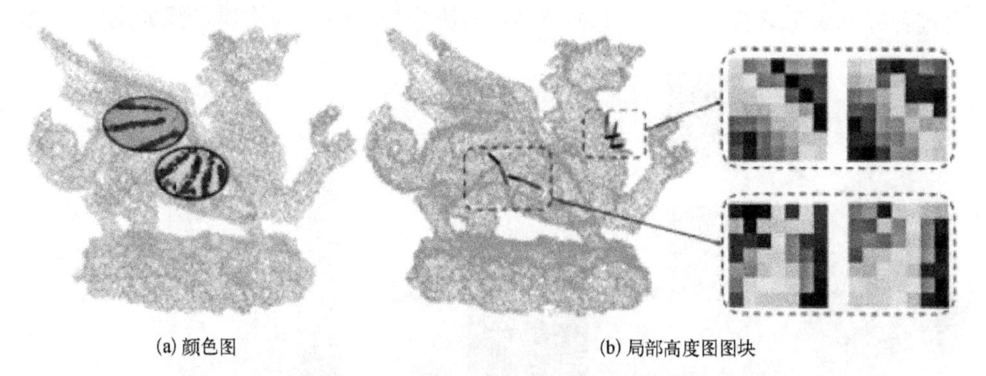

(a) 颜色图　(b) 局部高度图图块

图 4－6　局部相似度的颜色图和不同位置的局部高度图图块

P_i 称为 p_i 的 HMP，图 4－6 图(b)的示例中构建了四个 HMP。HMP 非常适合基于非局部低秩的去噪任务，有如下原因：① HMP 是一个规则的网格结构(类似图像)，容易输入当前的低秩矩阵恢复框架中；② 由于使用双边过滤的局部坐标系来构建具备特征感知的 HMP，该去噪方法不会平滑几何特征；③ HMP 具有刚性不变性，该方法能够在整个点云表面检测相似的图块。与 Desbrun 等(Desbrun et al.，1999)基于法线方向的方案不同，该方法不受刚性变换的影响。使用本节方法在角点、边缘点和光滑表面点上匹配的相似高度图图块，其中蓝色点是参考点，绿色点是 HMP 相似的点，相似高度图图块的匹配效果如图 4－7 所示。

本节方法的目标是将去噪任务定义为低秩矩阵恢复问题，因此为每个目标图块 $P = \{\mathrm{HMP}_i\}_{i=1}^{K}$ 找到 K 个几何上最相似的图块 HMP_t 并构建 HMPGM：

$$G_t = [\mathrm{HMP}_t,\ \mathrm{HMP}_1,\ \mathrm{HMP}_2,\ \cdots,\ \mathrm{HMP}_K] \tag{4-4}$$

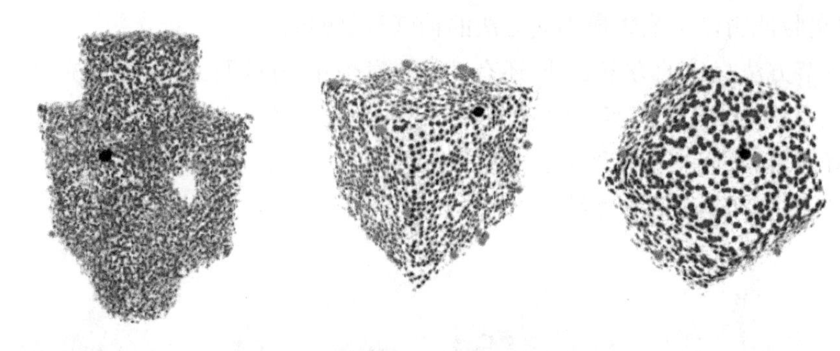

图 4-7 相似高度图图块的全局匹配结果

列出所有向量并计算两个向量之间的欧几里得距离作为衡量相似性的标准，将每个 HMP 重写为向量形式。由于主方向(x 轴和 y 轴)存在模糊性，为找到最相似 HMP，对于给定 HMP_t，需要将每个 HMP_i 旋转四次以获得其相似性矩阵的最小值。为节省算法时间，可采用以下方案：① 在较大的邻域搜索相似 HMP，或在下采样的点云上搜索相似 HMP，避免在整个输入点云中大规模搜索；② 在完整点云的小模型或 CAD 等模型中搜索相似 HMP，实验过程中，即使相似图块有限，该方法也取得了出色的结果。图块的分组和构建步骤如下：找到一组相似的图块 HMP，将其相似的 HMP 分成一组，每个 HMP 排成一列，通过合并向量最终构建为一个 HMPGM，图块分组与矩阵的构建步骤如图 4-8 所示。

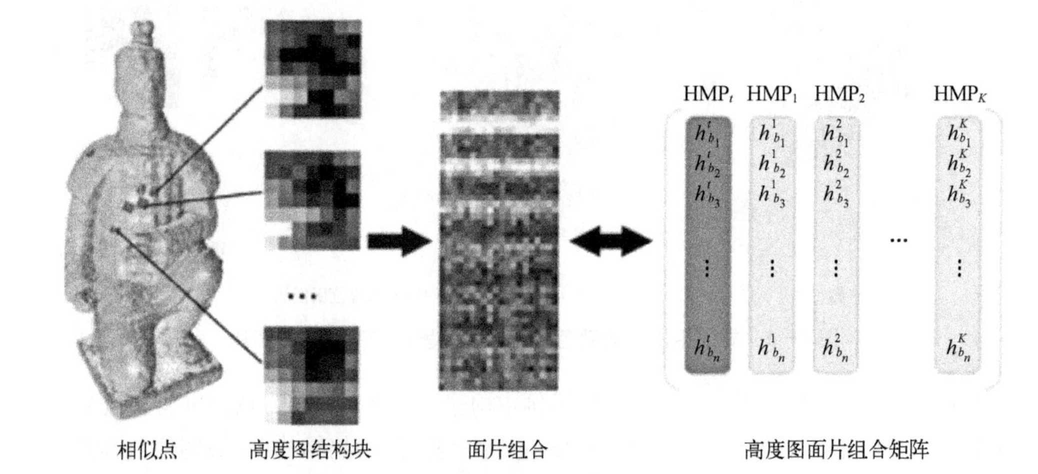

图 4-8 相似 HMP 分组与 HMPGM 构建

4.2.4 图约束低秩矩阵恢复

HMPGM 中所有的 HMP 在几何上都非常相似，虽然受到噪声影响，矩阵初始秩很高，但由于 HMP 之间的强相关性，矩阵的秩可以显著降低。本节方法提出了一种改进的低秩恢复模型，通过图约束来去除噪声。根据噪声的退化模型为 $G_t = X_t + Y_t$，其中 X_t 和 Y_t 分别为真值和噪声(残差)的矩阵。将点云去噪问题表述为

$$\min_{X_t} \lambda \operatorname{rank}(X_t) + \| X_t - G_t \|_F^2 \tag{4-5}$$

式中，第一项是 X_t 的秩；第二项是 F 范数的平方，表示数据保真度；λ 是损失函数和低秩正则化之间的平衡参数。

然而式(4－5)的秩最小化问题是一个 NP 难题，一般将其转换为凸优化问题，即将秩函数替换为核范数：

$$\min_{X_t} \lambda \| X_t \|_* + \| X_t - G_t \|_F^2 \tag{4-6}$$

式中，$\| X_t \|_* = \sum_{j=1}^{m} \sigma_i$，其中 σ_i 为 X_t 的第 i 个奇异值，m 是 X_t 中奇异值的个数。

虽然核范数最小化(nuclear norm minimization, NNM)模型具有凸性，但加权核范数最小化(weighted nuclear norm minimization, WNNM)方法中已表明该凸性松弛的恢复性能在噪声存在的情况下会降低，并且得出的解会严重偏离原始秩最小化问题的解，因此 NNM 倾向于过度缩小秩分量并平等对待不同的秩分量，限制了其在实际应用中的灵活性。鉴于此，Gu 等(Gu et al., 2014)提出了加权核范数最小化，其定义为 $\| X_t \|_* = \sum_{i=1}^{m} w_i \sigma_i$，其中 $w = [w_1, \cdots, w_m]$ 且 $w_i > 0$，是分配给 σ_i 的权重。然而，求解加权核范数是时间复杂度为 $O(n^3)$，其中 n 是输入数据矩阵的大小。因此，采用 Bi-Frobenius 作为核范数的替代，公式如下：

$$\min_{U_t, V_t: X_t = U_t V_t} \lambda \| U_t \|_F^2 + \lambda \| V_t \|_F^2 + \| U_t V_t - G_t \|_F^2 \tag{4-7}$$

真值矩阵 X_t 是低秩且自相似的，应当保持相似高度图图块原始的相关性。因此，引入图正则化保留数据的局部结构：

$$\min_{U_t, V_t: X_t = U_t V_t} \lambda \| U_t \|_F^2 + \lambda \| V_t \|_F^2 + \| U_t V_t - G_t \|_F^2 + \beta \sum_i \sum_j w_{ij} \| x_i - x_j \|^2 \tag{4-8}$$

式中，x_i 表示低秩图像(即 X_t 的第 i 列)；w_{ij} 定义为高度图图块 H_i 和 H_j 之间原始相似度的高斯权重，H_i 和 H_j 之间的几何形状越相似，高斯权重 w_{ij} 越大，使得 x_i 和 x_j 在最小化目标函数时更接近；β 是平衡参数。正则化项实质上在低维低秩结果中保留了高维局部的邻近关系。由于 $X_t = U_t V_t$，函数可以优化为

$$\min_{U_t, V_t: X_t = U_t V_t} \lambda \| U_t \|_F^2 + \lambda \| V_t \|_F^2 + \| U_t V_t - G_t \|_F^2 + \beta \operatorname{tr}(U_t V_t W V_t^{\mathrm{T}} U_t^{\mathrm{T}}) \tag{4-9}$$

为了更有效地求解该模型，利用主方向 U_t 上的正交约束，使式(4－9)等价于以下公式：

$$\begin{cases} \min\limits_{U_t, V_t: X_t = U_t V_t} \lambda \| V_t \|_F^2 + \| U_t V_t - G_t \|_F^2 + \beta \operatorname{tr}(V_t W V_t^{\mathrm{T}}) \\ \text{s.t.} \quad U_t U_t^{\mathrm{T}} = I \end{cases} \tag{4-10}$$

式中，I 是单位矩阵。使用交替最小化来解决非凸问题[式(4－10)]。

计算 V_t，取关于 V_t 的偏导数，可得

$$2\lambda V_t + 2U_t^{\mathrm{T}}(U_t V_t - G_t) + 2\beta V_t W'' = 0 \tag{4-11}$$

$$\Rightarrow V_t = U_t^{\mathrm{T}} G_t (I + \lambda I + \beta W^{\mathrm{T}})^{-1} \tag{4-12}$$

计算 U_t，固定 V_t，通过如下公式求解 U_t：

$$\min_{U_t} \| U_t V_t - G_t \|_F^2, \quad \text{s.t.} \quad U_t U_t^{\mathrm{T}} = I \tag{4-13}$$

$$\Rightarrow \min_{U_t} \operatorname{tr}(G_t^T G_t - 2G_t^{\mathrm{T}} U_t V_t + V_t^{\mathrm{T}} V_t), \quad \text{s.t.} \quad U_t U_t^{\mathrm{T}} = I \tag{4-14}$$

$$\Rightarrow \max_{U_t} \operatorname{tr}(U_t V_t G_t^{\mathrm{T}}), \quad \text{s.t.} \quad U_t U_t^{\mathrm{T}} = I \tag{4-15}$$

根据冯·诺依曼不等式，可以得到 $U_t = N_t M_t^{\mathrm{T}}$，其中 $[M_t, S_t, N_t] = \mathrm{SVD}(V_t G_t^{\mathrm{T}})$。

低秩矩阵的恢复也可以使用 WNNM 方法或对相似 HMP 进行平均的方法实现。将本节方法的低秩模型与这两种方法进行比较，给定强异常值的噪声输入，本节方法的低秩模型的去噪结果更稳健有效。WNNM 方法或对相似 HMP 直接求平均的方法更容易受到强异常值的影响。此外，本节方法中的时间复杂度为 $O(rn^2)$，对相似 HMP 直接求平均方法的时间复杂度为 $O(n^2)$，WNNM 方法的时间复杂度为 $O(n^3)$，其中 r 是输入数据矩阵的秩。如图 4-9 所示，图中从左到右分别是具有强异常值的噪声输入、直接平均相似 HMP 方法的去噪结果、WNNM 方法的去噪结果和本节方法的去噪结果。

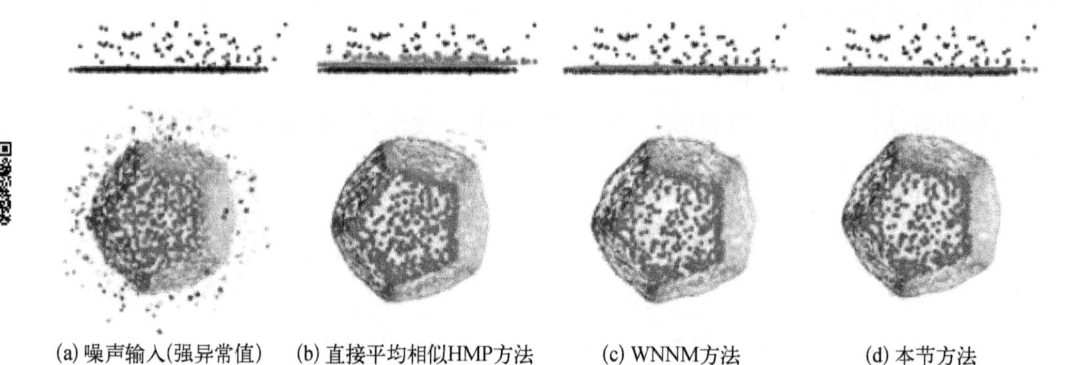

(a) 噪声输入(强异常值)　(b) 直接平均相似HMP方法　(c) WNNM方法　(d) 本节方法

图 4-9　本节方法的低秩模型、WNNM 方法与直接平均相似 HMP 方法的去噪结果对比

给定一个随机置换矩阵 P_t，得到一个新的图块组矩阵 $P_t G_t$。式(4-10)可以改写为

$$\min_{U_t, V_t;\, X_t = P_t U_t V_t} \lambda \| V_t \|_F^2 + \| P_t U_t V_t - P_t G_t \|_F^2 + \beta \operatorname{tr}(V_t W V_t^{\mathrm{T}}) \tag{4-16}$$

式中，新的约束条件 $P_t U_t (P_t U_t)^{\mathrm{T}} = I$ 等价于 $U_t U_t^{\mathrm{T}} = I$，由于 P_t 是一个置换矩阵，即 $P_t^{\mathrm{T}} = P_t^{-1}$ 通过交替最小化，可以推导出式(4-16)与式(4-10)完全相同，因此优化公式[式(4-10)]不受图块组矩阵 G_t 中图块排列的影响。

除了理论分析之外，本节方法对 3 种不同的图块排列方式进行了实验：① 根据与目标 HMP 的相似性，将 HMP 按升序排列；② 用相同的置换矩阵置换所有的 HMPGM；③ 用随机排列矩阵置换所有的 HMPGM。尽管使用了如上不同的 HMP 置换方法，低秩模型都产生了相同的结果，在不同高度图图块相似矩阵排列方式下得到的去噪结果如图 4－10 所示，从左到右依次是噪声点云输入、方案 1、方案 2 和方案 3 的去噪结果。

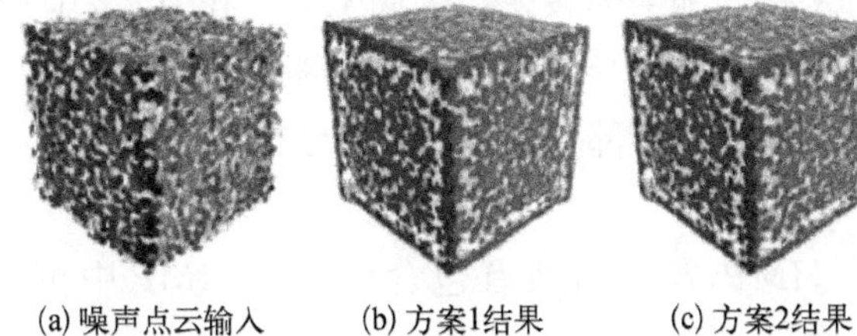

图 4－10　不同高度图图块相似矩阵的排列方式对去噪结果的影响

为了达到低秩正则性和图约束的效果，本节方法采用不同的 λ 和 β 值来控制低秩恢复。通过实验发现，当 λ 或 β 大于 100 时，实验结果没有更大的差异。模型在低秩正则或图形约束权重更高的情况下结果更好，如图 4－11 所示。

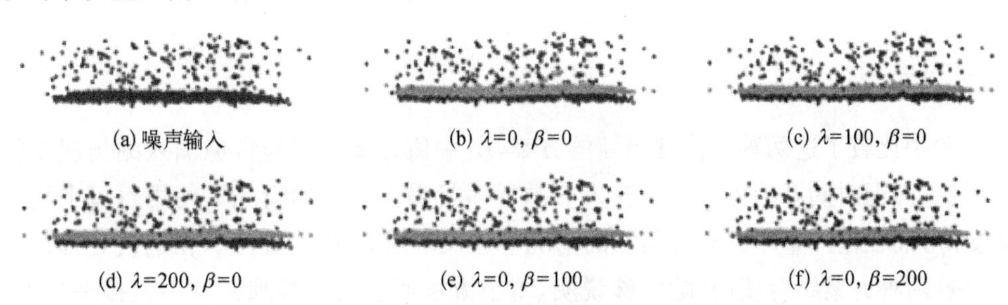

图 4－11　在具有强异常值的平面模型上的测试(侧视图)

4.2.5　图块合成

对每个高度图图块相似矩阵 G_t 的真值矩阵 X_t 进行低秩恢复后，需要合成所有更新的 HMP 以生成最终点云。图块合成主要包括三个步骤：将高度图还原为局部点坐标，将局部点坐标转换为全局坐标系，对给定点在所有局部点云中的对应点进行平均，合并成最终的去噪点云。

1. 还原局部坐标系

该步骤中从低恢复的高度图 X_t 中恢复局部点云坐标。4.2.3 节中，通过加权平均 k 个最近点到 bin 中心的高度来计算 X_t 的每个 bin 的高度值。一个 bin 值对应多个点，在低秩恢复之后，bin 值的更新会反馈到相应的 k 个点，一个点也受到多个 bin 值的影响。在本节方法的局部坐标系中，点到切平面的高度就是 z 轴的坐标值。因此，可以将点的 z 轴值公式化：

$$\text{height}(T,\ p'_i)=\frac{\sum_{b_j} w(b_j,\ p'_i)h'_{b_j}}{\sum_{b_j} w(b_j,\ p'_i)} \tag{4-17}$$

式中，h'_{b_j} 是 bin b_j 进行低秩恢复后的高度值；$\text{height}(T,\ p'_i)$ 为 p'_i 到切平面的高度，即 p'_i

的新 z 轴值。

2. 局部坐标系转换到全局坐标系

获得点的局部坐标后，接下来将局部坐标转换为全局坐标。在 4.2.2 节中，通过三个主要方向(法线协方差矩阵的三个特征向量)构造的变换矩阵将全局点云块投影到局部坐标系。因此，本节使用逆变换矩阵来实现局部坐标系到全局坐标系的转换。

3. 合并点云

由于一个点可能属于多个 HMP，需要从所有包含该点的 HMP 中更新该点的最终位置。不同 HMP 中所有指向同一个点 q_i 的点形成一个点集 $\{q_i^1, q_i^2, \cdots, q_i^J\}$。更新点有两种方案：① 直接平均方案，即 $x_i = \frac{1}{J}\sum_{j=1}^{J} q_i^j$，该方案简单有效，如 Lu 等(Lu et al., 2018)也通过这种方法获得了最终点法线；② 按照 L_1 中值方式更新最终点位置，如式(4-18)所示：

$$x_i = \underset{x_i}{\operatorname{argmin}} \sum_{j=1}^{J} \| q_i^j - x_i \| \tag{4-18}$$

实验中比较了这两种点位置更新的方案，L_1 中值方案在强异常值输入的情况下得到的结果更好，但时间开销更大。在输入点数较多且噪声不大的情况下使用直接平均方案效果更好，而在输入量小且异常值强的情况下建议使用 L_1 中值方法。在迭代处理过程中可以将这两种方案结合使用，除特殊说明，本节方法所有的结果默认使用直接平均方案。不同点位置更新方案的结果对比如图 4-12 所示：图中从左到右分别是噪声输入、使用 L_1 中值方案和平均方案的去噪结果，以及使用这两种去噪方案的均方距离误差可视化结果(最右侧两幅图)。两种方案的真值与去噪模型之间的均方距离分别如下：立方体模型为 0.023 6、0.029 1；女孩模型为 0.013 5、0.013 7。

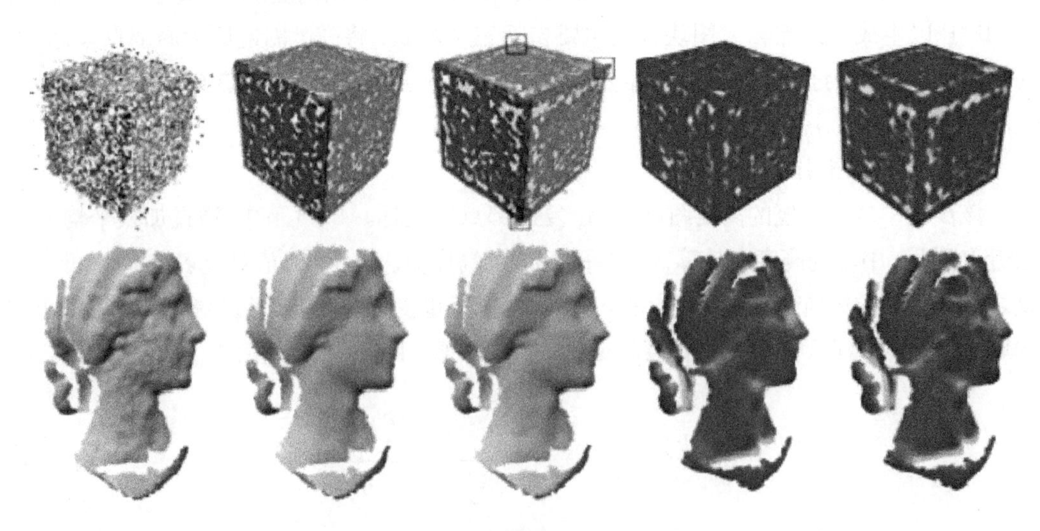

图 4-12 不同点位置更新方案的结果对比

4.2.6　实验结果分析

本节方法在各种原始和合成点云上进行了测试，并与当前最先进方法进行了比较，包括 RIMLS[1]、EAR[2]、GPF[3]、MRPCA[4]、WLOP[5]、L_1、L_0 和 Point-ProNets。对于每种方法，实验中都调整了参数以达到最佳效果。RIMLS、MRPCA、EAR、GPF、L_0 和本节方法都与法线有关。实验中确保所有方法的输入法线和双边滤波法线相同。与 Wu 等(Wu et al., 2011)采用的方法类似，本节方法也使用上采样步骤来增强渲染效果，且不同方法的所有输出的点数都大致相同。

1. 参数选择和调整

与现有的点云去噪方法相同，本节方法也涉及一些参数控制去噪效果，包括迭代次数 iters、局部邻域半径 r、网格大小 $L \times L$、几何上最相似的高度图图块的数量 K，以及低秩恢复中的平衡参数。其中，总迭代次数 iters 为[3,5]。r 值与噪声水平有关，对于高水平的噪声，需要大半径 r；对于低水平的噪声，锐边和拐角会弯曲。不同局部邻域半径 r 的去噪结果如图 4-13 所示，图中从左列到右列分别是噪声输入、大半径去噪结果和适当半径的去噪结果。大的半径会导致尖锐的特征弯曲，较为明显的部分用黑框突出显示。

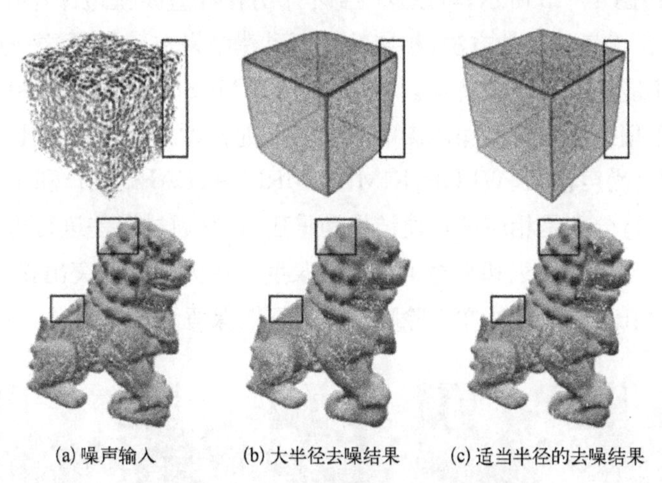

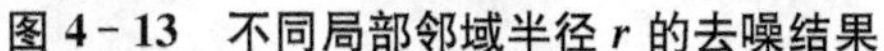

(a) 噪声输入　　(b) 大半径去噪结果　　(c) 适当半径的去噪结果

图 4-13　不同局部邻域半径 r 的去噪结果

L 通常固定为 6，如图 4-14 所示，对 L 微调时没有太大差异。如果将 L 设置为一个相对较小的值，如 $L=1$，则构建的 HMPGM 的秩等于 1，低秩矩阵的恢复就失去了意义。一般来说，构建的 HMPGM 应近似为方阵。最相似图块的数量 K 固定为 36，增加 K 值会使计算成本更高，但不会明显改善结果。本节方法的所有实验中，低秩矩阵恢复的 λ 和 β 都设置为 100。图 4-14 为不同 L 值的去噪结果对比。

---

① RIMLS 表示鲁棒隐式移动最小二乘(robust implicit moving least squares)；② EAR 表示边感知重采样(edge-aware resampling)；③ GPF 表示高斯模型启发的特征保持点云滤波(GMM-inspired feature-preserving point set filtering)；④ MRPCA 表示移动鲁棒主成分分析(moving robust principal component analysis)；⑤ WLOP 表示加权局部最优投影(weighted locally optimal projection)。

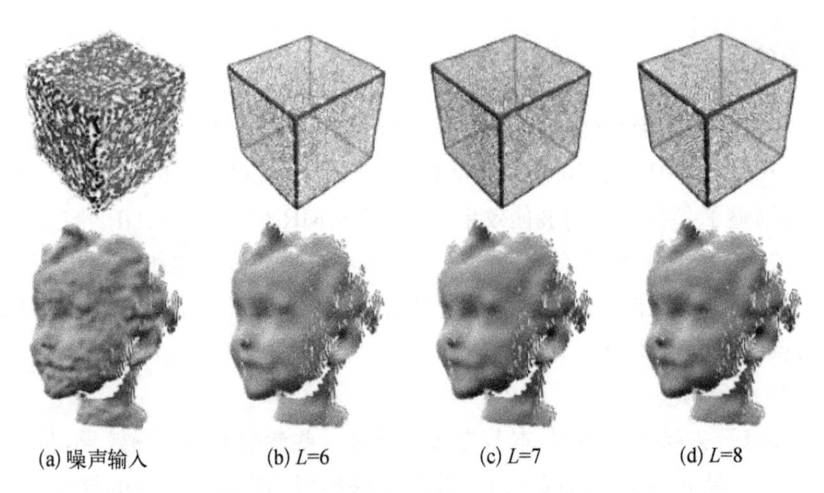

图 4-14　不同 L 值的去噪结果对比

2. 合成点云数据集

合成点云被一定的噪声所破坏，可以描述为与边界框的对角线长度成正比的随机位移。如图 4-15～图 4-18 所示，可以观察到本节方法在直线锐边保存和曲线锐边保留方面的结果都明显优于最先进的方法，相应的表面重建结果也验证了这一点。WLOP 是各向同性的，因此不能恢复尖锐的特征。相比之下，RIMLS、MRPCA、EAR 和 GPF 能够保留特征，但结果不理想。受随机噪声影响的 Welsh 龙模型去噪结果对比如图 4-15 所示：图中第一行分别是噪声输入、WLOP、RIMLS、MRPCA、EAR、GPF 和本节方法的去噪结果，第二行和第三行分别是相应的重建结果和重建精度(通过误差进行可视化)。实验中，方差 $\sigma_p=1\%l$，其中 l 是点云边界框的对角线长度。放大的片段突出显示，与这些基于单图块的去噪方法相比，本节方法在去除噪声时更好地保留了几何特征。

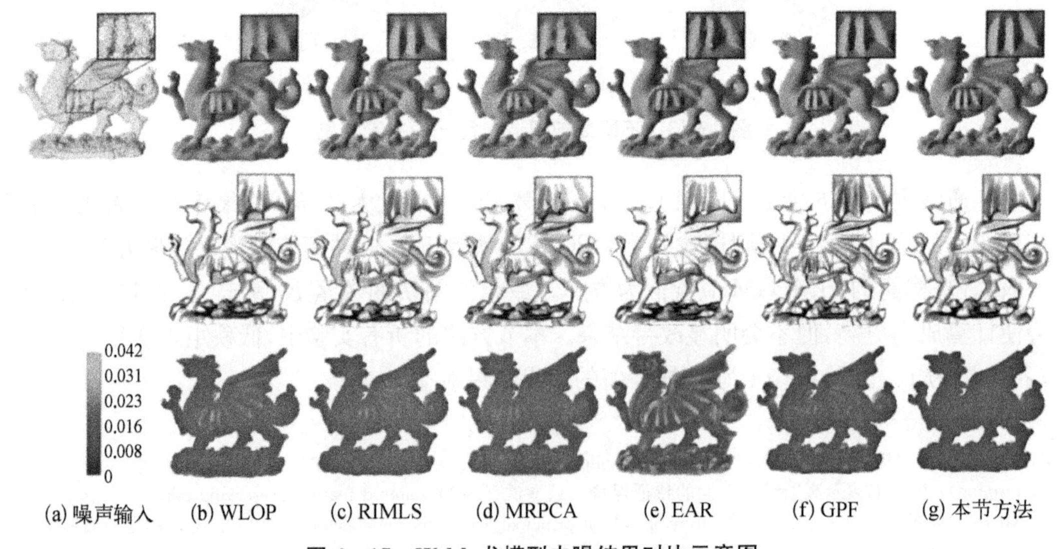

图 4-15　Welsh 龙模型去噪结果对比示意图

Block 模型(2%噪声)去噪结果对比如图 4-16 所示,以图中的 Block 模型噪声点云为例,RIMLS 的滤波尺度较大,在去除噪声时平滑了一些尖锐特征。MRPCA 在弯曲的尖锐边缘区域可能会产生过度锐化的结果。EAR 对大噪声敏感,尤其是当点云表面狭窄时。GPF 会将点吸引到边缘,尖锐特征区域周围的采样密度较高,导致边缘周围产生明显的空隙。因此,很难在保留尖锐边缘与防止空隙之间平衡。图 4-16 中的第一行分别是噪声输入、WLOP、RIMLS、MRPCA、EAR、GPF 和本节方法的去噪结果,第二行和第三行分别是相应的重建结果和重建精度。放大的区域突出表明,与现有方法相比,本节方法可更好地保留几何特征并去除噪声。

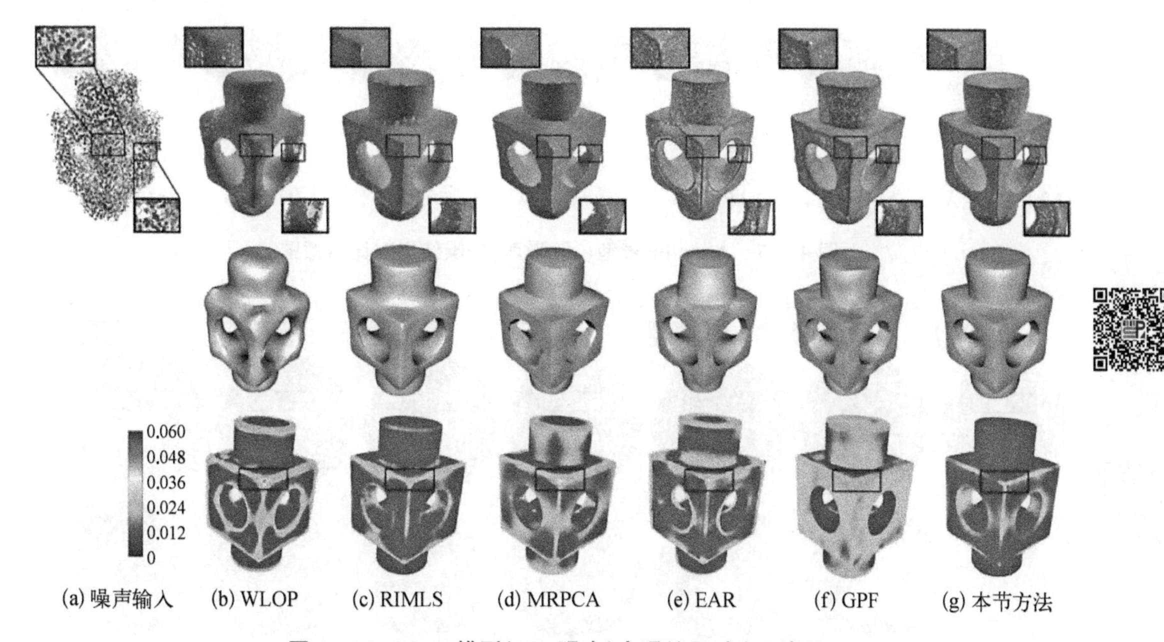

图 4-16　Block 模型(2% 噪声)去噪结果对比示意图

Armallio 模型(1%噪声)去噪结果对比如图 4-17 所示,图中的第一行分别是噪声输入、WLOP、RIMLS、MRPCA、EAR、GPF 和本节方法的去噪结果,第二行和第三行分别是相应的重建结果和重建精度。放大的区域突出表明,与现有方法相比,本节方法可更好地保留几何特征并去除噪声。

Dodecahedron 模型(2%噪声)去噪结果对比如图 4-18 所示,图中第一行分别是噪声输入、WLOP、RIMLS、MRPCA、EAR、GPF 和本节方法的去噪结果,第二行和第三行分别是相应的重建结果和重建精度。放大的区域突出表明,与现有方法相比,本节方法可更好地保留几何特征并去除噪声。

3. 扫描点云数据集

除了合成点云外,实验在带有噪声的点云扫描模型上验证了本节方法的有效性,如图 4-19～图 4-22 所示。本节方法在保留原始的点云扫描模型中的细节和锐利特征方面效果更理想,例如,在天使模型的翅膀和嘴部区域(图 4-22 中的第一行),可以

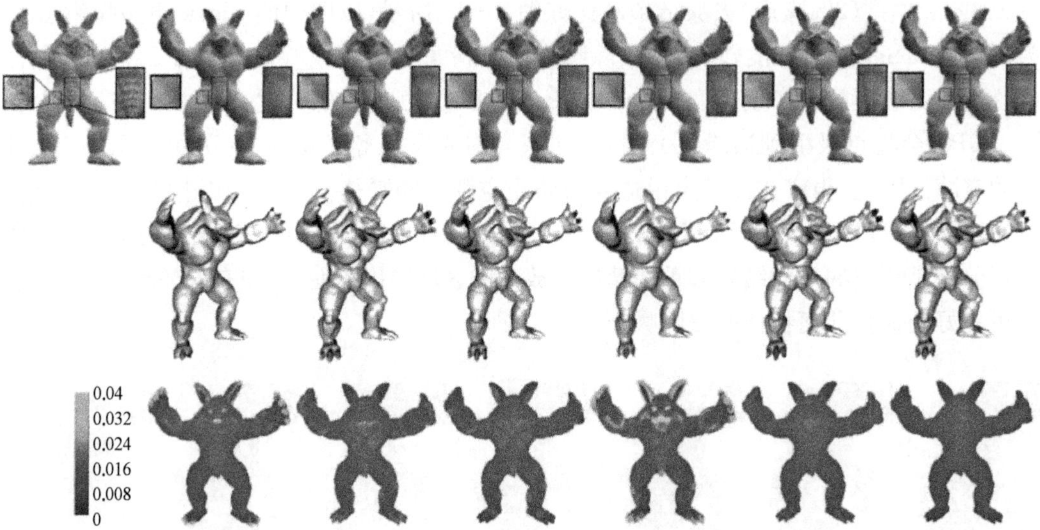

0.04
0.032
0.024
0.016
0.008
0

(a) 噪声输入　(b) WLOP　(c) RIMLS　(d) MRPCA　(e) EAR　(f) GPF　(g) 本节方法

图 4－17　Armallio 模型(1%噪声)去噪结果对比示意图

(a) 噪声输入　(b) WLOP　(c) RIMLS　(d) MRPCA　(e) EAR　(f) GPF　(g) 本节方法

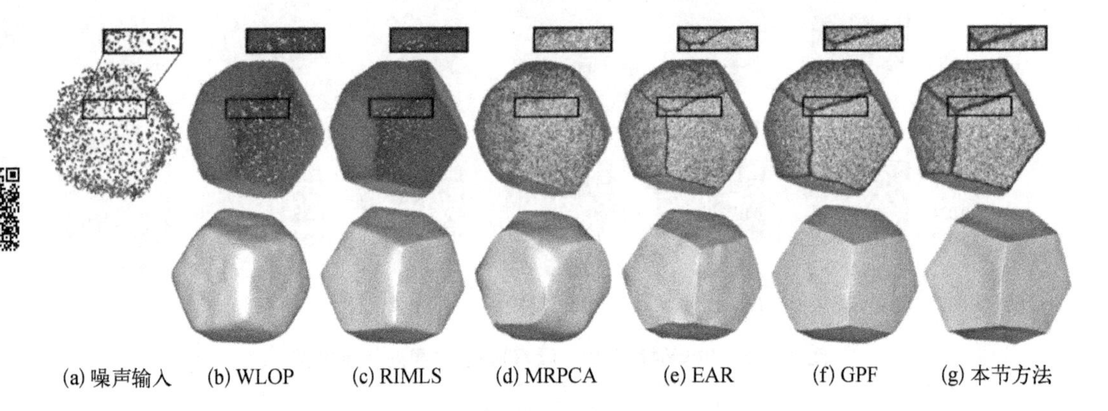

图 4－18　Dodecahedron 模型(2%噪声)去噪结果对比示意图

(a) 噪声输入　(b) WLOP　(c) RIMLS　(d) MRPCA　(e) EAR　(f) GPF　(g) 本节方法

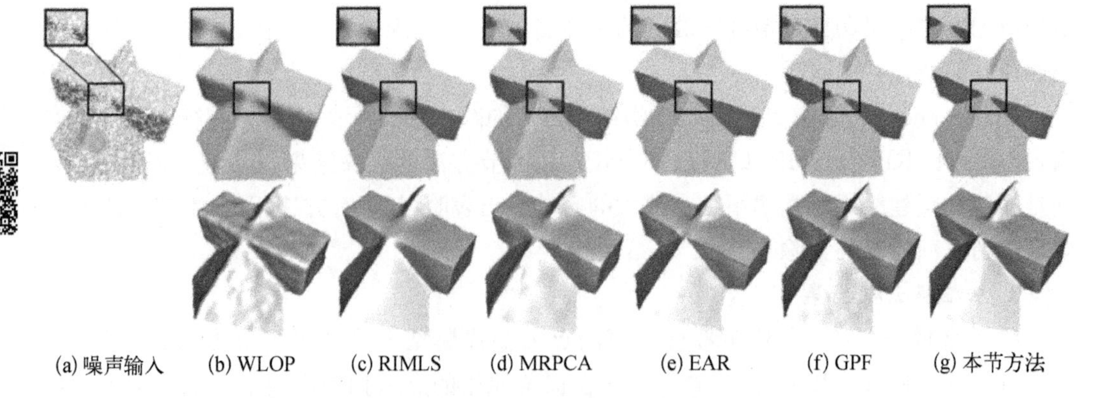

图 4－19　Kinect 获得的噪声金字塔点云模型的去噪结果对比

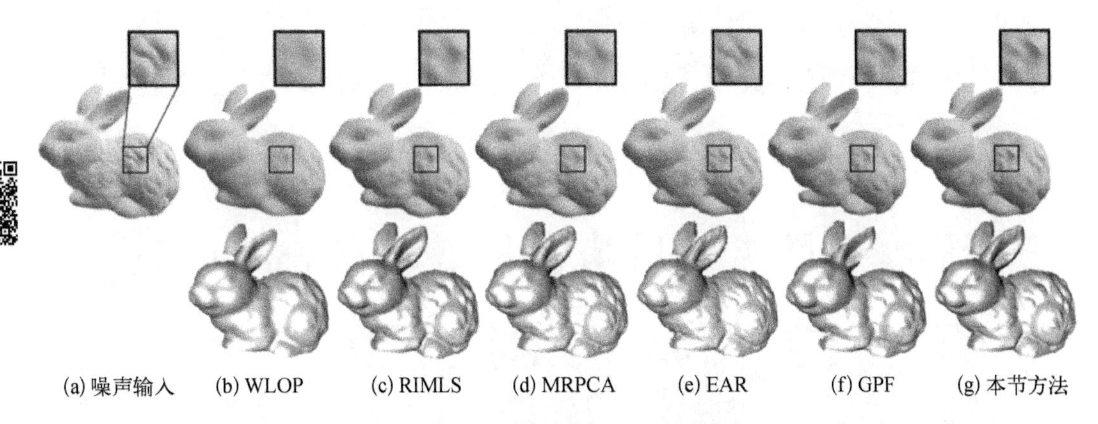

图 4-20　噪声兔子点云模型的去噪结果比较

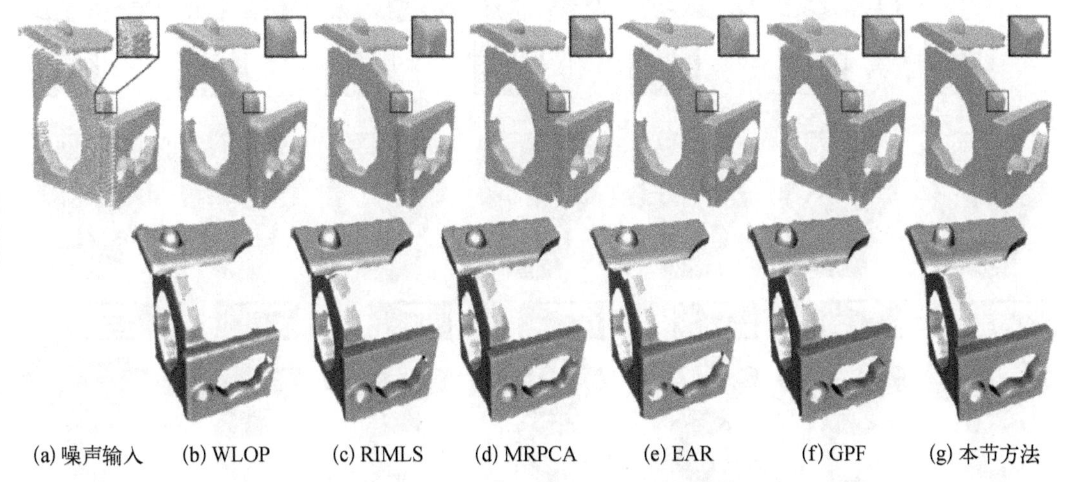

图 4-21　噪声 House 点云模型的去噪结果比较

看到使用本节方法去噪后的模型仍然保留了精细特征，而这些特征在其他方法的结果中没有保留。在我国古代模型的处理中也发现了类似的结果(图 4-22 中的第三行)，在眼睛和嘴巴的区域，本节提出的方法效果更好。图 4-19、图 4-22 中的第四行是由 Kinect 获得的点云模型，在噪声严重的情况下，本节方法仍然能够产生较好的结果。Kinect 获得的噪声金字塔点云模型的去噪结果对比如图4-19 所示。噪声兔子点云模型的去噪结果对比如图 4-20 所示。噪声 House 点云模型的去噪结果对比如图 4-21 所示。其他原始点云模型去噪结果比较见图 4-22。Kinect 数据的去噪结果如图 4-23 所示，每组模型中左边是噪声输入，右边是去噪结果。

4. 定量评价

除了上述视觉效果比较，实验通过评估重建结果与真值之间的误差来定量地评估相关方法的去噪质量。通过真值与重建结果中最接近点之间的欧几里得距离计算

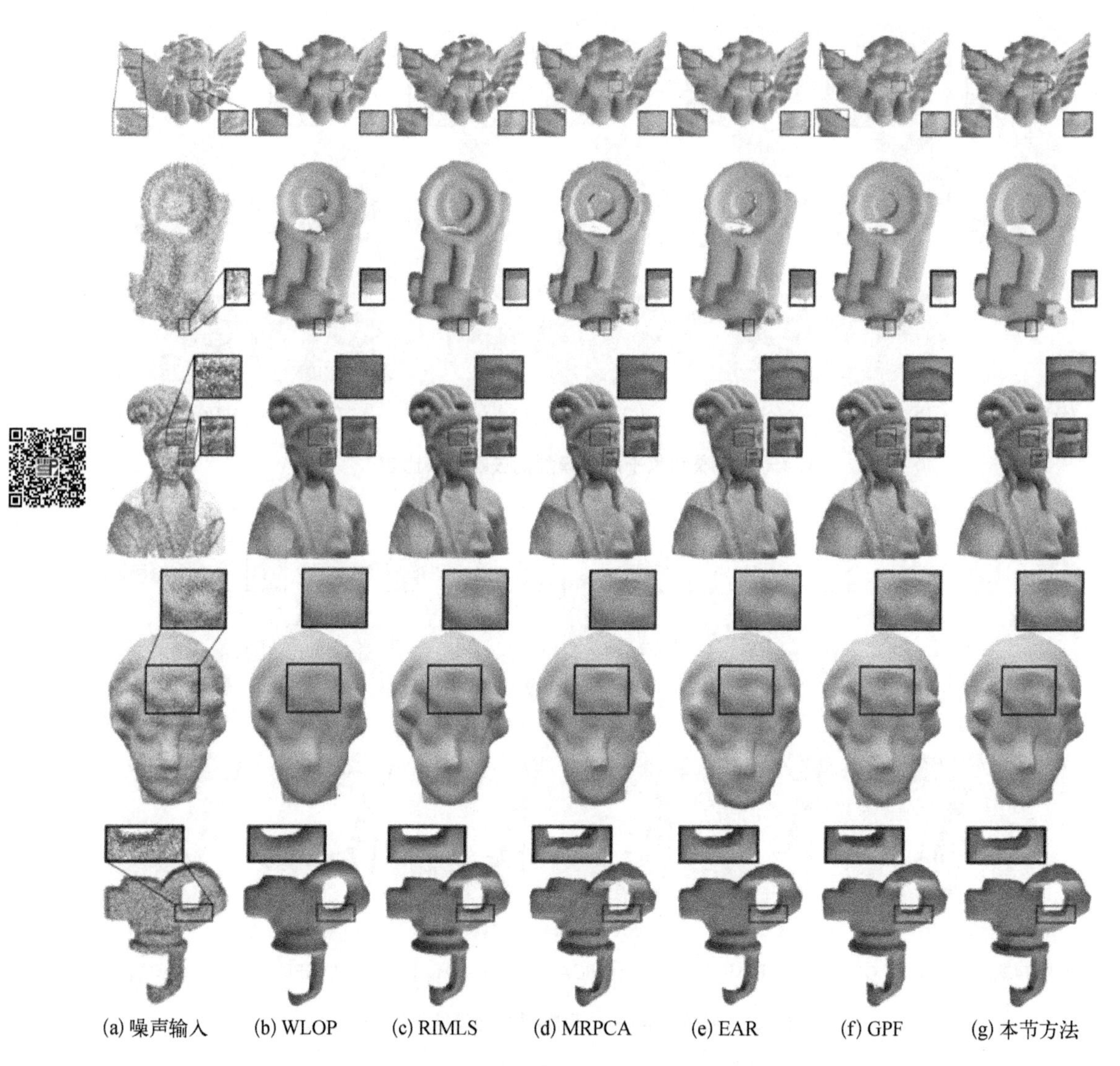

图 4-22 其他原始点云模型去噪结果比较

图 4-23 Kinect 数据的去噪结果

误差。如图 4-24 所示,本节方法与真值的小距离比例很高,而与真值的大距离比例很低,说明该方法产生的表面更接近下层表面。不同模型的误差距离分布如图 4-24 所示,图中横轴表示重建结果与相应真值之间的距离,纵轴表示相应结果的比例。

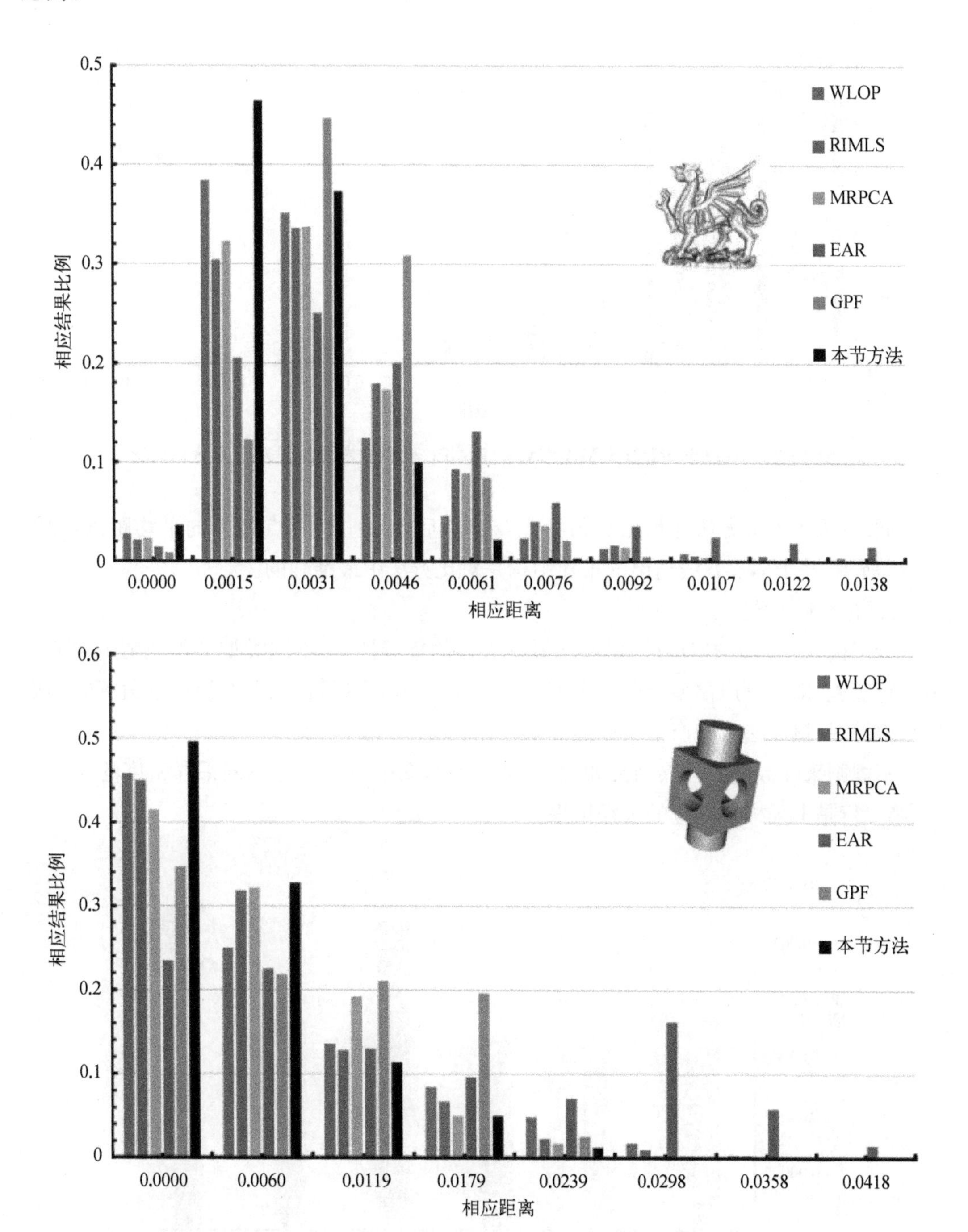

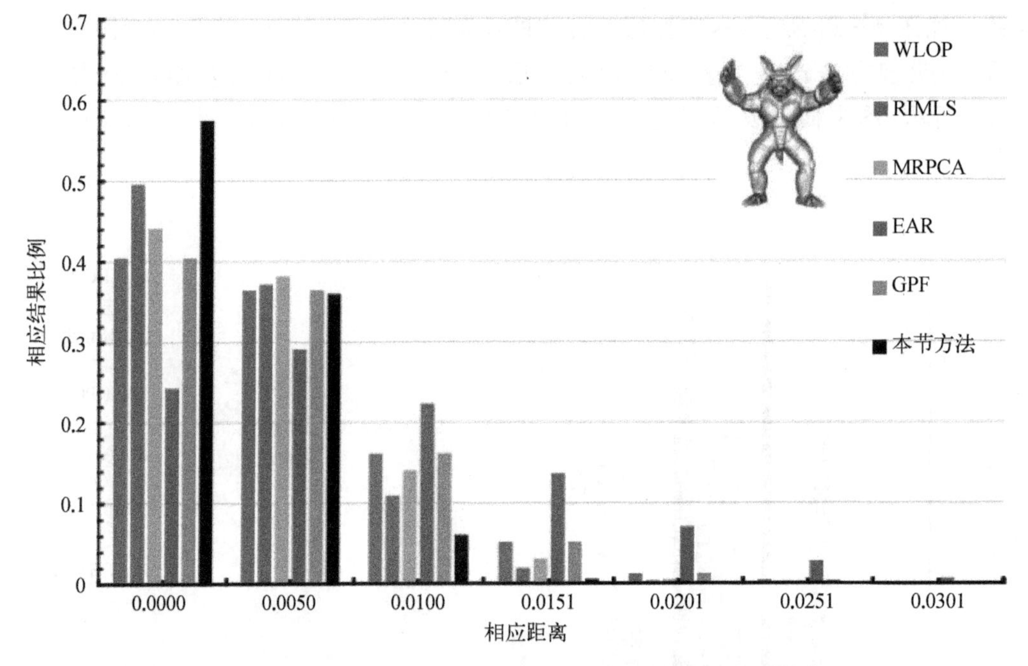

图 4-24 WLOP、RIMLS、MRPCA、EAR、GPF 和本节方法的误差距离分布对比

同时，采用本节方法计算出真值各点与重建后结果中最近点之间的平均距离，如图 4-25 所示，基于本节方法输出的重建结构是对比方法中最准确的。

5. 不规则采样

为了进一步验证本节方法对各向异性点云的鲁棒性，在不同类型的不规则采样情况下进行实验，即使噪声模型密度分布不同，如光滑平面、直线锐边、曲线锐边或角落的不规则采样情况，该方法也能产生较好的效果。

不规则采样数据的去噪结果如图 4-26 所示，图中第一行是不同采样密度的噪声输入，第二行是上采样后对应的去噪结果。

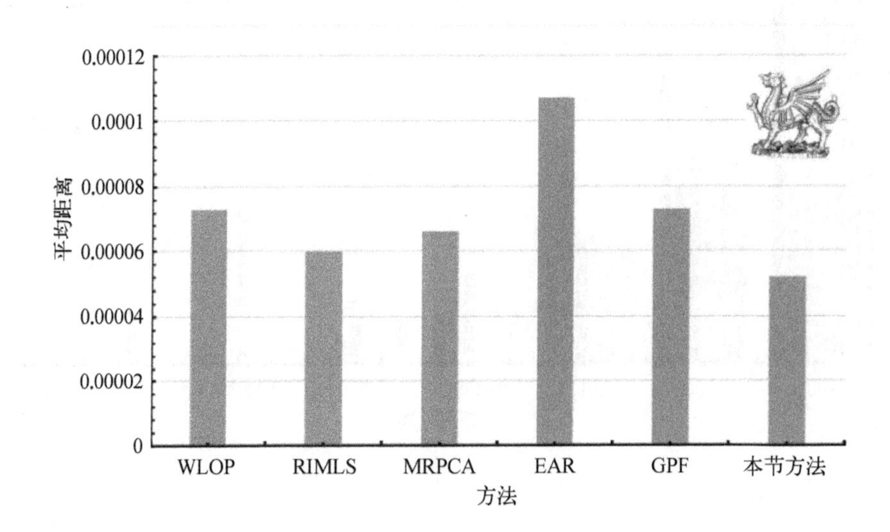

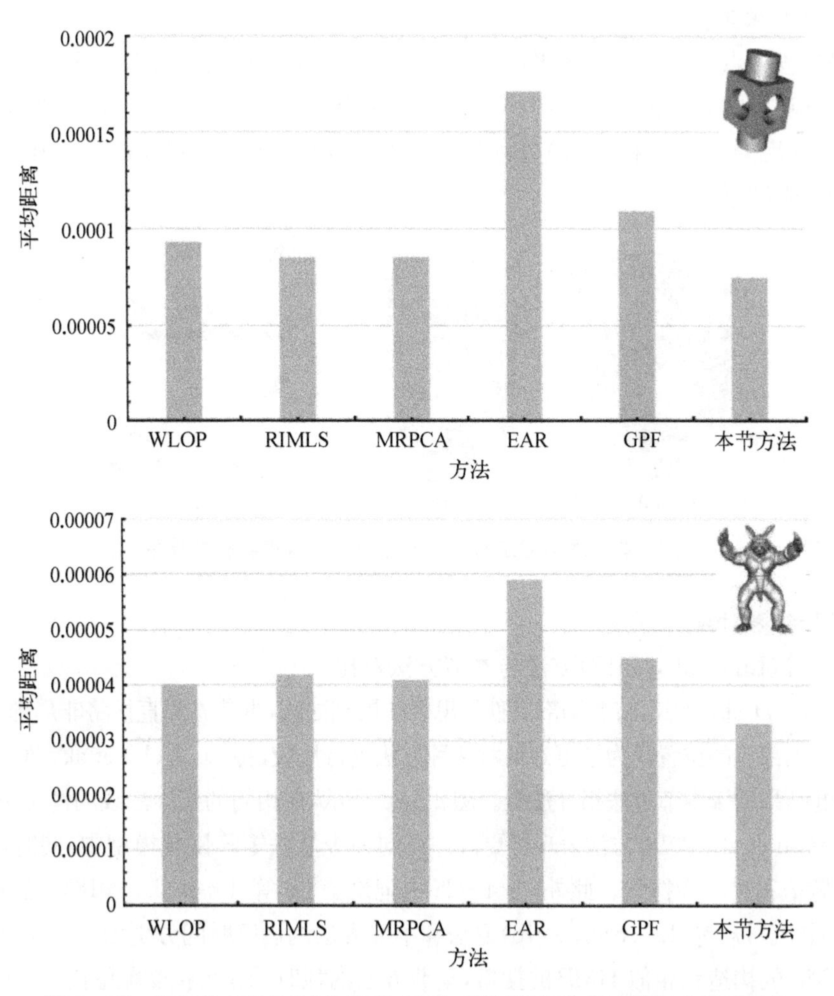

图4-25 WLOP、RIMLS、MRPCA、EAR、GPF和本节方法的平均距离对比

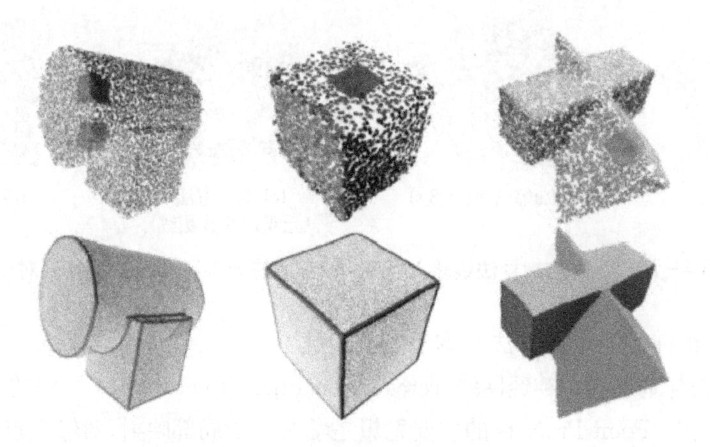

图4-26 不规则采样数据的去噪结果

6. 不规则噪声

扫描过程中点云会被不同水平的噪声或不同类型的噪声污染，图 4-27 显示，本节方法对不规则噪声的效果很理想。图(a)是不同级别噪声(0.5%和 1.0%噪声)的块模型，图(b)是上采样后的去噪结果，图(c)分别是不同类型噪声(异常值和高斯噪声)的平面模型和对应的去噪结果。

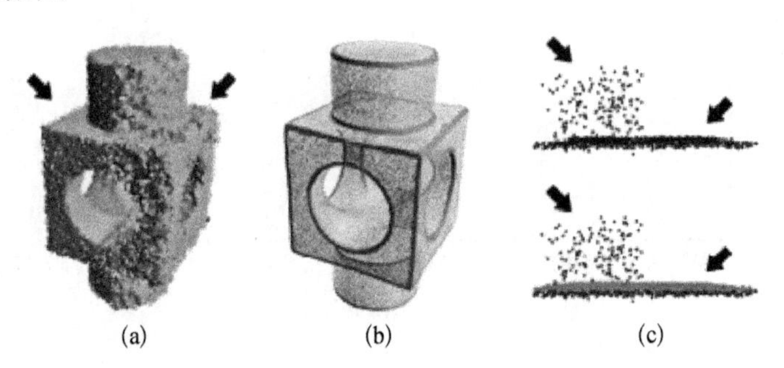

(a) (b) (c)

图 4-27　本节方法对非均匀光谱下的噪声具有鲁棒性

7. 实验结果对比

1) Lu 等(Lu et al., 2018)方法与本节方法对比

Lu 等(Lu et al., 2018)将非局部低秩的思想扩展到法线，本节方法直接将非局部低秩的思想作用于非局部点的位置。为了更好地对两种方法进行比较，将 Lu 等(Lu et al., 2018)方法中的法线过滤结果用于本节方法指导法线。图 4-28 显示，在相同的指导法线的情况下，本节方法比 Lu 等(Lu et al., 2018)方法表现得更好。在同一个低秩矩阵恢复模型中，同时恢复点的法线和位置值得进一步探索。此外，图 4-28 中记录了 Lu 等(Lu et al., 2018)方法和本节方法的计算时间。Lu 等(Lu et al., 2018)方法和本节方法的运行时间分别为 35.8 s 和 134.2 s，考虑到 HMP 的构造和相似 HMP 的搜索，本节方法的耗时仍在可接受范围内。不同的引导法线输入下，Lu 等(Lu et al., 2018)方法的结果和本节方法结果的对比如图 4-28 所示。

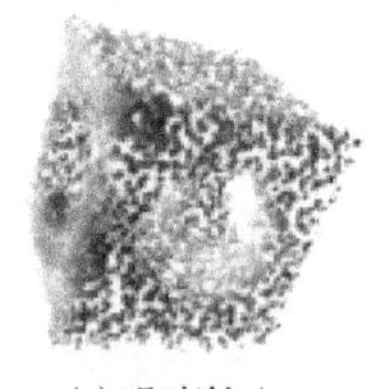

(a) 噪声输入

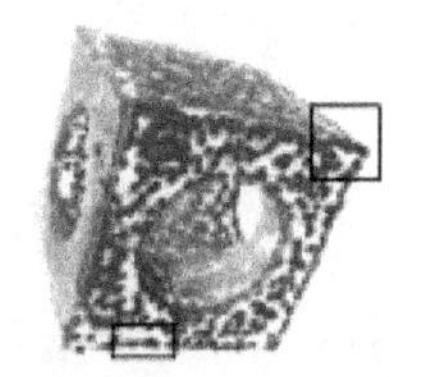

(b) Lu等结果(35.8 s)

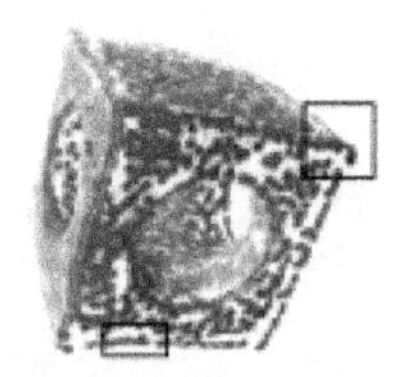

(c) 本节方法(无双边滤波法线)

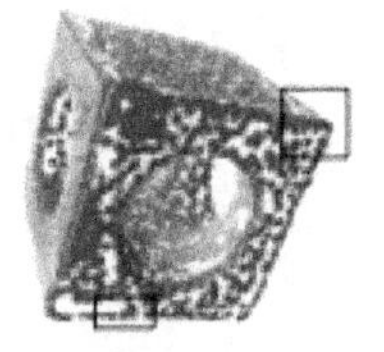

(d) 本节方法(有法线)

图 4-28　不同的指导法线输入下 Lu 等方法的结果和本节方法结果对比

2) 基于卷积神经网络的方法与本节方法对比

将本节方法与基于卷积神经网络(convolutional neural network, CNN)的方法，即 Point-ProNets 进行比较。Point-ProNets 的主要思想是学习一个局部映射，对输入点云的局部图块提取点集，并进行点云的整合。Point-ProNets 和本节方法都将局部点云块表示为高度图，两者最大的区别是 Point-ProNets 是一种基于学习的方法，它将卷积神经网络应用于规则采

样的高度图；而本节方法是一种非局部方法，利用自相似性和低秩恢复来实现去噪效果。

使用 L_0、L_1、Point-ProNets 和本节方法在两个模型上的去噪结果对比如图 4－29 所示，图中最右两列为本节方法与 Point-ProNets 在两个模型上的比较，从结果中可以看出，本节方法达到了与 Point-ProNets 近似的效果。图 4－29 中从左列到右列分别为噪声输入、L_0、L_1、Point-ProNets 和本节方法的去噪结果。本节没有应用 Lu 等（Lu et al.，2018）方法中的法线去噪，因此实现了更好的锐边保留（图 4－29 中的十二面体示例）。

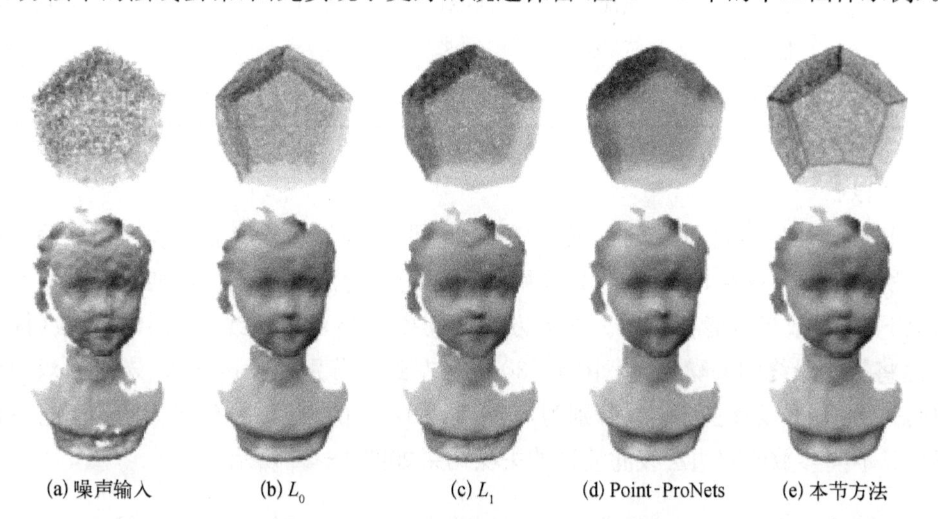

图 4－29　使用 L_0、L_1、Point-ProNets 和本节方法在两个模型上的去噪结果对比

3) $L_{0/1}$ 与本节方法对比

L_0 和 L_1 的优化最近也受到了很多关注。在两个模型上，将本节方法与 L_0（实验复现）和 L_1（由代码实现）进行比较。图 4－29 表明，本节方法能更好地去除噪声并保留几何特征。

8. 时间性

实验案例中记录了几种方法的运行时间。本节方法用 MATLAB 2016 实现，其他方法用 C++实现，所有实验均在配备 3.40 GHz Intel core i7 和 16.0 GB RAM 的计算机上运行。需要声明的是，本节方法没有利用某些阶段计算可并行化的性质以提高效率。表 4－1 给出了不同方法在几个实验性点云上的计算时间。

表 4－1　不同方法对经典模型处理时间的统计　　（单位：s）

方　法	Welsh 龙 (11 059)	Block (8 771)	Armallio (104 778)	图 4－22 第 1 行 (24 566)	图 4－22 第 2 行 (26 149)	图 4－22 第 3 行 (128 461)
WLOP	134.34	20.26	80.28	40.51	58.80	219.41
RIMLS	183.33	37.86	75.61	16.64	23.27	145.83

续 表

方　法	Welsh 龙 (11 059)	Block (8 771)	Armallio (104 778)	图 4－22 第 1 行 (24 566)	图 4－22 第 2 行 (26 149)	图 4－22 第 3 行 (128 461)
MRPCA	168.49	178.59	332.99	52.04	82.50	550.91
EAR	55.71	7.60	65.531	16.01	43.91	135.69
GPF	105.22	47.38	52.08	78.74	31.52	289.80
本节方法	1 825.01	1 368.75	9 855.00	3 285.67	3 373.89	10 842.73

9. *局限性*

与 EAR、GPF 类似，本节方法的特征保留效果依赖于法线滤波过程。为证明书中提出的低秩恢复的有效性，本节方法只采用了普通的双边法线滤波。在某些噪声极其严重的情况下，去噪效果可能会减弱。本节方法还需要调整双边法线滤波中的参数(标准差 σ_n)，这将影响最终的去噪效果。图 4－30 中从左到右分别是噪声输入、未使用双边法线滤波的去噪结果，以及去噪结果分别为 $\sigma_n=15$，30，45 的模型，σ_n 值较大的模型会平滑精细特征。不同参数的双边法线滤波器的去噪结果如图 4－30 所示。

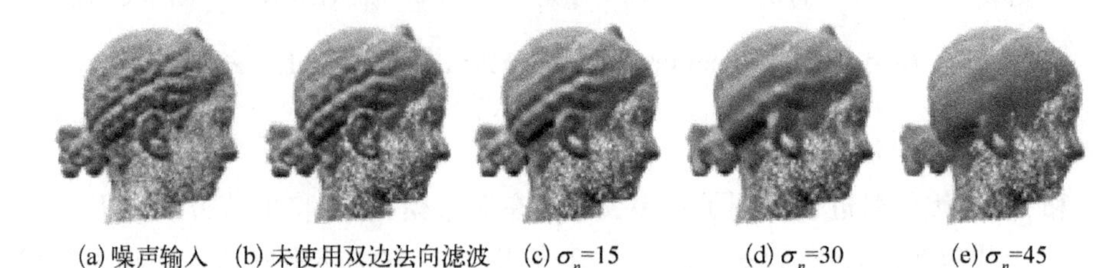

图 4－30　不同参数(标准差 σ_n)的双边法线滤波器的去噪结果

与现有的一些基于优化的方法类似，如 L_0，本节方法可能会过度锐化一些非锐化区域，如图 4－31 中的底部。本节方法在处理噪声表面的尖锐边界方面效果有待提高，这可能与当前实现方法有关，目前使用简单的球状邻近面来定义局部坐标系，基于距离定义邻近点可能会得出更好的结果。L_0 和本节方法的过度锐化情况如图 4－31 所示。

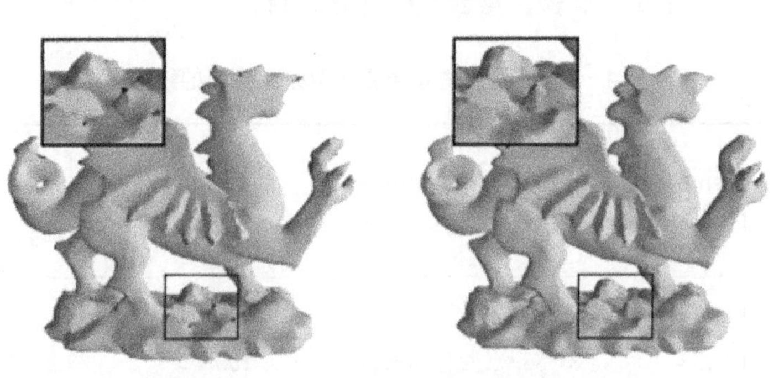

图 4－31　L_0 和本节方法的过度锐化情况

4.3 基于块协同法线滤波的网格保特征去噪算法

4.3.1 算法概述

本节方法是一种全新的基于非局部相似块协同滤波算子(PcFilter)的网格去噪算法,主要分为两个步骤:首先,在全局范围内搜索与每个中心面相似的面片,并对平面法线作变换,使其具有旋转不变性,之后将这些中心面的非局部相似块的法线输入块组矩阵中,通过半二次最小化和基于近端的坐标下降法来优化非线性和非凸的目标函数;在进行低秩矩阵恢复后,计算每个三角面片的引导法线,再输入联合双边滤波器中,对网格面片的法线域进行滤波操作,最后根据滤波后的法线重新迭代更新网格顶点位置坐标。

4.3.2 基于块协同的法线调整

对于一个含有噪声的网格输入,先对其进行基于面片法线张量投票的特征检测,再对面片法线作变换,使其具有旋转不变性,其次从不均匀采样或者连接的网格模型中抽取相似块并构建块组矩阵的规则,然后对得到的目标函数进行求解优化,最后计算网格的引导法线。

1. 基于法线张量投票的特征检测

一般情况下,对于三角网格,网格顶点的离散平均曲率仅和其1环邻域点相关。当由网格顶点的扰动而产生的局部几何变形发生在1环邻域内时,常常被认为是噪声数据或者小尺度特征信息。然而,如果这个扰动沿着相同的方向继续移动,则会使得几何变形扩大到2环邻域,此时认为其是中等或者大尺度的特征信息。因此,为了反映曲面的局部几何属性并且对噪声具有稳健性,将三维网格数据中的块定义为中心面 f_i 的1环邻域或2环邻域,并且,本节方法使用张量投票的方法来度量这些块之间的相似性。值得注意的是,块的大小选择对去噪结果有较大的影响。1环邻域或者2环邻域都可以定义为块,本节方法分别用 P_{1r} 和 P_{2r} 来表示。从实验结果来看,当处理大噪声网格模型时,P_{2r} 在保持尖锐特征方面比 P_{1r} 更加稳健;然而 P_{1r} 对那些较浅的特征更加敏感。如果在所有的迭代中都使用 P_{2r},则容易光顺掉浅特征,而完全使用 P_{1r} 则有锐化初始特征的趋势,这些都不是理想的结果。因此,本节方法将这两者结合,在第一次迭代时邻域使用 P_{2r},而在余下的迭代中使用 P_{1r},这样既可以保证去除大尺度噪声又可以很好地保持各种尺度的特征信息。

为了能够更好地识别出模型的几何特征,本节使用一种基于面片法线张量投票算法,能够很好地区分开模型中的角点区域、尖锐边区域和平面区域等。中心面 f 的张量投票矩阵定义为其1环邻域或者2环邻域所有面法线的加权协方差矩阵,数学表达式为

$$T_f = \sum_{f_i \in P(f)} \mu_i n_i n_i^{\mathrm{T}} \tag{4-19}$$

式中，$P(f)$ 为中心面 f 的附属块；n_i 为各个面 f_i 的法线；μ_i 则是权值函数，其数学表达式为

$$\mu_i = \frac{A(f_i)}{A(f)_{\max}} \exp\left[-\frac{\| c_{f_i} - v \|}{\max \| c_f - v \|}\right] \tag{4-20}$$

式中，$A(f_i)$ 表示各个面 f_i 的面积；$A(f)_{\max}$ 表示一环邻域中的最大面积值；c_{f_i} 表示邻域网格三角形的质心坐标；v 表示当前三角面的质心坐标。

事实上，得到的 T_f 是一个对称半正定矩阵，因此可以对其按特征值进行谱分解(spectral decomposition)，其数学形式为

$$T_f = \lambda_1 e_1 e_1^{\mathrm{T}} + \lambda_2 e_2 e_2^{\mathrm{T}} + \lambda_3 e_3 e_3^{\mathrm{T}} \tag{4-21}$$

式中，λ_1、λ_2、λ_3 是矩阵的三个特征值，且其数量关系满足 $\lambda_1 \geqslant \lambda_2 \geqslant \lambda_3 \geqslant 0$，而 e_1、e_2、e_3 是与这三个特征值对应的单位特征向量。

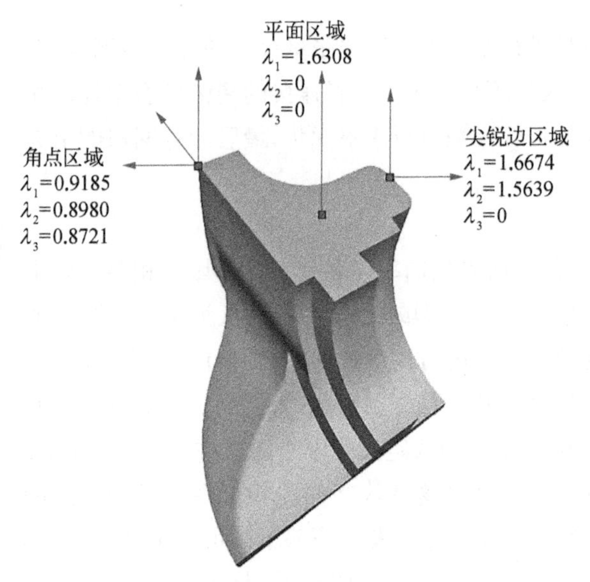

图 4-32　不同区域的特征值示意图

以往的算法都是直接对张量矩阵的特征值进行聚类，实现网格模型不同尺度特征的检测。如图 4-32 所示(图中特征值均未进行归一化处理)，可以将整个三角网格面片分为三大类：① 平面区域，λ_1 是主要成分，λ_2 和 λ_3 都几乎等于 0；② 尖锐边区域，λ_1 和 λ_2 为主要成分，λ_3 几乎为 0；③ 角点区域，λ_1、λ_2 及 λ_3 都近乎相等。

但本节方法使用特征值向量之间的欧式距离度量块之间的相似性，其数学表达式为

$$\rho_{i,j} = \| \lambda_{1,i} - \lambda_{1,j} \|_2^2 + \| \lambda_{2,i} - \lambda_{2,j} \|_2^2 + \| \lambda_{3,i} - \lambda_{3,j} \|_2^2 \tag{4-22}$$

通过以上度量，可以为每一个中心面找到相似块组。并且为了加速这个搜寻过程，事先构建一个 KD-tree，对于每个节点而言，存储的信息为面片的张量特征值向量。

当前用于搜索类似块的聚类方法是直接作用在网格表面法线的，这基于以下事实：三维表面的朝向和结构都是由法线信息决定的。然而，法线是表面的一阶导数，其对噪声十分敏感，这使得在第一次迭代时很难准确地找到相似的块。因此，与现有的方法不同，采用表面法线张量投票而不是直接用法线来度量候选块之间的相似性。

但是，在全局范围内找到相似块后，会出现一个问题：尽管这些相似的块组都有一些相似的几个结构，但是在实际三维场景中每个中心面的法线朝向却不相同，如图 4-33 所示。所以，在构建块组矩阵之前，有必要对块法线操作，使其具有旋转不变性。类似于 Wang 等(Wang et al., 2012)提出的方法，首先利用之前计算的张量特征向量构建一个旋转矩阵 $R=[e_1, e_2, e_3]$，然后用每个中心面的法线 n_i 乘以 R^{-1}。

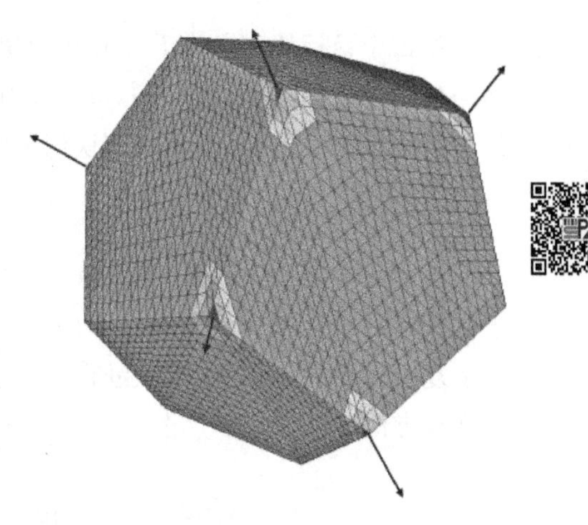

图 4-33　全局范围内的相似块示意图

2. 协同块组矩阵构建

目前，网格去噪算法大多数都是由二维图像去噪算法拓展而来的。图像域都是非常规则的，可以直接用小方块框选出像素矩阵。相比之下，三维网格曲面会有不均匀采样和无规则连接的情况发生，并且可能会受不同类型[如高斯(Gaussian)噪声和脉冲(impulsive)噪声]及强度的噪声影响，所以网格去噪算法相比图像去噪也更加复杂，在设计算法时有必要考虑到这些特点。

很显然，由于三维模型的不规则性，之前定义的块(patch)的面片数量都不尽相同。如图 4-34 所示，本节方法通过以下几个步骤解决这个问题：首先，过每个中心三角面的重心作一个切平面；然后将平面限制在 $2L \times 2L$ 或 $2.5D\%$(L 和 D 分别是输入网格的平均边长和边界框的对角线长度)，最后进行规则采样。对于 2 环邻域，平面采样的分辨率一般为 8×8，而对于 1 环邻域，平面采样的分辨率则减小为 4×4。最后，把平面点往网格上进行投影以找到最匹配的法线。此外，以这种方式定义的块的规则性对极端三角化网格也比较稳健，因为取样点总是被垂直投影到具有最小投影距离的平面。因此，即使是处理有细长三角形的网格模型，本节方法也能起到比较好的去噪效果。

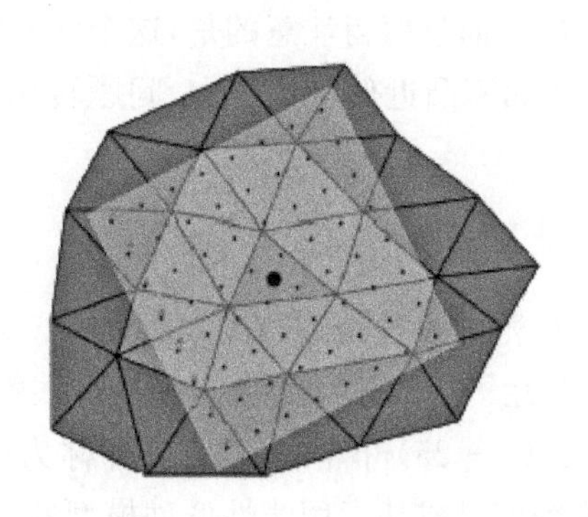

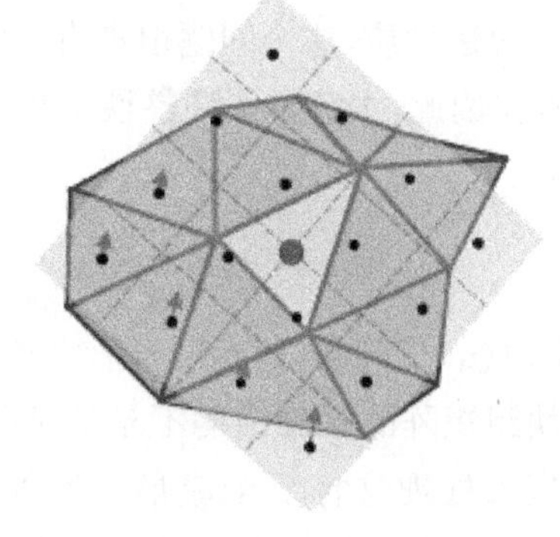

图 4-34　块规范性示意图

将每个目标块定义为 P_t，其相似块定义为 $P_i(i=1, 2, \cdots, k)$。每个块中的法线重塑为列向量 $P_v=[n_1, n_2, \cdots, n_i]^T$，其中 n_i 表示块中的面法线。通过这种方法，可以为每个目标块 P_t 构建一个非局部块组矩阵：

$$X=[P_{v_t}, P_{v_1}, P_{v_2}, \cdots, P_{v_k}] \tag{4-23}$$

由于块组矩阵中的目标块和其他块有着最相似的几何结构，待优化矩阵 X 应该存在于低维空间中。图 4-35 给出了构建块组矩阵的示意图，为了能够更有效地解决矩阵低秩恢复问题，特别是处理这种超低维数据空间的情况，本节提出了一种基于内核低秩的矩阵恢复方法。

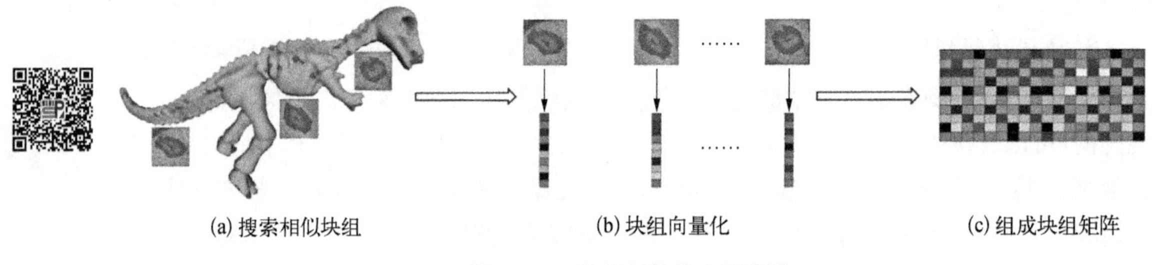

图 4-35 块组矩阵构建示意图

4.3.3 矩阵内核低秩恢复

1. 低秩模型构建

本节方法用以下模型来恢复块组矩阵并用 Frobenius 范数度量在初始空间的噪声：

$$\min_A \operatorname{rank}(A)+\lambda \| X-A \|_F^2 \tag{4-24}$$

式中，rank(・)代表矩阵的秩；λ 为用来平衡噪声测度和低秩度的参数。由于块组矩阵列向量的相似性，矩阵 A 应该是低秩的。因此，需要最小化该矩阵的秩。另外，为了保持块组矩阵的几何信息并且防止过光顺的现象，应该限制噪声项的值。因此，噪声测度 $\| X-A \|_F^2$ 不能太大，本节方法将噪声测度和低秩度合并在一起并同时对其进行优化。由于秩函数的离散性质，这个问题很难直接解决。而且值得注意的是，这个问题实际上是 NP-hard 问题。因此，本节方法调整秩函数的最紧密凸近似来代替它，问题转化成了以下形式：

$$\min_A \| A \|_* +\lambda \| X-A \|_F^2 \tag{4-25}$$

式中，$\| \cdot \|_*$ 代表核范数(所有奇异值之和)，核范数是秩函数的最大凸近似。

考虑到块组矩阵的基础结构不是从某些线性子空间采样的数据而是非线性的，需要推广上述模型来处理这种复杂流形。另外，式(4-25)非常依赖于一种称为纬度祈求(blessing of dimensionality)的现象，即矩阵高维度是成功运用线性低秩模型的必要条件。因此，在处理超低维矩阵数据时可能会失败。

2. 核化与松弛

首先定义一个 ϕ：$\mathbb{R}^d \to H$ 将输入空间映射到再生核希尔伯特空间(reproducing kernel Hilbert space，RKHS)中。本节方法假设 $\Phi(a_i)_{i=1}^n$ 存在于 H 中的多重线性子空间。设 $K \in \mathbb{R}^{n \times n}$ 为半正定核 Gram 矩阵，其元素可以计算为

$$K_{ij} = [\phi(A)^{\mathrm{T}}\phi(A)]_{ij} = \phi(a_i)^{\mathrm{T}}\phi(a_j) = \ker(a_i,\ a_j) \tag{4-26}$$

ker：$\mathbb{R}^d \times \mathbb{R}^d \to R$ 是核函数，并且有

$$\phi(A) = [\phi(a_1),\ \phi(a_2),\ \cdots,\ \phi(a_n)] \tag{4-27}$$

通过以上假设，在内核空间考虑稳健矩阵低秩恢复，模型[式(4-25)]可以核化为下列形式：

$$\min_{A} \| \phi(A) \|_* + \lambda \| X - A \|_F^2 \tag{4-28}$$

值得注意的是，虽然选择 Frobenius 范数度量在初始空间的噪声，但本节方法并不会假设噪声数据的显式分布。由于此处使用的是隐式映射，噪声的分布取决于 $\phi(\cdot)$，并且只有选择合适的内核映射时，这个模型才能消除不同噪声分布的影响。

直接优化模型[式(4-28)]是很难的，因为它显式依赖于 $\phi(A)$。但是幸运的是，对称正定矩阵 K 可以分解为 $K = \phi(A)^{\mathrm{T}}\phi(A)$，所以可以很容易地推断出以下命题。

推断 1：

$$\| B \|_* = \| \phi(A) \|_*, \quad \forall B: K = B^{\mathrm{T}}B$$

式中，$B \in \mathbb{R}^{n \times n}$；$K$ 是核 Gram 矩阵，且 $K = \phi(A)^{\mathrm{T}}\phi(A)$。

把上述式子代入式(4-28)，则可以转化为以下形式：

$$\min_{A,\ B} \| B \|_* + \lambda \| A - X \|_F^2, \quad \text{s.t.} \quad B^{\mathrm{T}}B = \phi(A)^{\mathrm{T}}\phi(A) \tag{4-29}$$

然后，将约束问题松弛到无约束优化：

$$\min_{A,\ B} \| B \|_* + \lambda \| A - X \|_F^2 + \frac{\rho}{2} \| B^{\mathrm{T}}B - \phi(A)^{\mathrm{T}}\phi(A) \|_F^2 \tag{4-30}$$

式中，$\rho > 0$，用来平衡 $B^{\mathrm{T}}B - \phi(A)^{\mathrm{T}}\phi(A)$ 和初始目标函数之间的差异。事实上，当 ρ 足够大时，式(4-29)和式(4-30)其实表示同一模型。但是，正如将在下一部分阐述的，与 A 相关的子问题优化是非凸的并且会引入新的辅助变量。众所周知，当优化过程涉及 3 个以上的变量时，算法无法确保收敛。综上考虑，本节方法选择一种基于加速近端梯度(accelerate proximal gradient，APG)的方法来求解非凸和非光顺问题，正如 Wei 等(Wei et al.，2017)所揭示的，其收敛性可以得到严格保证。这种做法的另一种好处就是如果选择不合适的核函数 $\phi(\cdot)$，$\phi(A)$ 的秩可能比式(4-29)的解的秩高，在这种情况下，式(4-30)的解的秩更接近于真实值。因此，从这个观点来看，该模型也更加稳健。

3. 求解细节

接下来给出求解模型[式(4-30)]的细节，本节方法只需要循环交替最小化矩阵 A 和 B。其中，A 的更新是通过单调 APG 算法实现的(Wei et al., 2017)，而更新 B 的子问题有一个闭式解。

1) 更新 B

B 通过求解下列子问题更新：

$$\min_{B} \| B \|_{*} + \frac{\rho}{2} \| B^{\mathrm{T}}B - K_A \|_F^2 \tag{4-31}$$

式中，$K_A = \phi(A)^{\mathrm{T}}\phi(A)$，之后将 K_A 进行奇异值分解(singular value decomposition, SVD)，即 $K_A = U\sum V^{\mathrm{T}}$。事实上，这个问题是有闭式解的，如式(4-32)给出的：

$$B^{*} = \Gamma * V^{\mathrm{T}} \tag{4-32}$$

式中，Γ^{*} 为对角矩阵，并且 $\Gamma_{ii} =_{\gamma>0} \frac{\rho}{2}(\sigma_i - \gamma^2)^2 + \gamma$，这个表达式中的 σ_i 是 K_A 的第 i 个奇异值。因此，每个 Γ_{ii} 都可以通过解三次方程来求解得到。值得注意的是，这里的 B^{*} 并不是唯一的，因为在式(4-31)的左边乘以任意的酉矩阵都不会改变其中的目标值。幸运的是，矩阵的非唯一性并不会对求解这个问题造成影响，因为当更新 A 时只会使用到 $(B^{*\mathrm{T}})B^{*}$。

2) 更新 A

为了更新 A，需要解决下列子问题：

$$\min_{A} \| A - X \|_F^2 + \frac{\alpha}{2} \| B^{\mathrm{T}}B - \phi(A)^{\mathrm{T}}\phi(A) \|_F^2 \tag{4-33}$$

式中，$\alpha = \rho/\lambda$。为了优化这个问题，本节方法定义一个核函数 ker: $\mathbb{R}^d \times \mathbb{R}^d \rightarrow R$。这里，可以有两种不同的核(凸函数和非凸函数)可供选择。与其他内核函数相关的优化同样可以用类似的方法解决。

(1) 凸核函数。在这种情况下，本节方法选择最常见的核函数，即多项式核函数。相应地，核空间的内积可以表示为

$$\phi(a_i)^{\mathrm{T}}\phi(a_j) = (a_i^{\mathrm{T}}a_j + c)^d \tag{4-34}$$

式中，$c \geqslant 0$，是一个自由参数，用于平衡高阶项与低阶项的影响；$d > 1$，为多项式核的阶数。

因此，式(4-34)又可以写为

$$\min_{a_1, \cdots, a_n} \sum_{i=1}^{n} \left\{ \| a_i - x_i \|_2^2 + \frac{\alpha}{2} \| m_i - \phi(A)^{\mathrm{T}}\phi(a_i) \|_2^2 \right\} \tag{4-35}$$

式中，m_i 为 $B^{\mathrm{T}}B$ 的第 i 列。这个问题的求解方式可以采用块坐标下降方法，这种算法将剩余块固定在最后的更新值，然后再依次对 $a_1, \cdots, a_n$ 进行循环最小化。换言之，其要求

解决以下问题：

$$\min_{a_i} \| a_i - x_i \|_2^2 + \frac{\alpha}{2} \sum_{j=1}^{n} [m_{ij} - (a_i^{\mathrm{T}} a_j + c)^d]^2 \tag{4-36}$$

由于当 $d \geqslant 1$ 时，式(4-38)是凸而且平滑的，很容易用通过梯度下降的方法来解决其子问题。

(2) 非凸核函数。对于非凸核，本节方法选择无限维映射函数，以高斯核函数作为一个例子。相应地，核空间的内核可以表示为

$$\phi(a_i)^{\mathrm{T}} \phi(a_j) = \exp(-\gamma \| a_i - a_j \|_2^2) \tag{4-37}$$

式中，$a_i \in \mathbb{R}^d$ 和 $\gamma > 0$ 是高斯核函数的精度参数。与凸核的情况类似，求解式(4-33)时，需要解决以下问题：

$$\min_{a_i} \| a_i - x_i \|_2^2 + \frac{\alpha}{2} \sum_{j=1}^{n} [m_{ij} - \exp(-\gamma \| a_i - a_j \|_2^2)]^2 \tag{4-38}$$

显而易见，局部最优化子可以通过交替最小化的方式求解：

$$a_i^{k+1} = \operatorname{argmin}_{a_i} \frac{a}{2} \sum_{j=1}^{n} [m_{ij} - \exp(-\gamma \| a_i - a_j^k \|_2^2)]^2 + \| a_i - x_i \|_2^2 \tag{4-39}$$

式(4-39)中的问题是一个非凸规划问题，它同样可以用 APG 方法来进行求解。而 a_i 的更新步骤则包括以下这些内容：

$$\begin{cases} y^k = a_i^k + \dfrac{t^{k-1}}{t^k}(z^k - a_i^k) + \dfrac{t^{k-1} - 1}{t^k}(a_i^k - a_i^{k-1}) \\ z^{k+1} = \mathrm{pro}\, x_{\delta g}[y^k - \delta \nabla f(y^k)] \\ v^{k+1} = \mathrm{pro}\, x_{\delta g}[a_i^k - \delta \nabla f(a_i^k)] \\ t^{k+1} = \dfrac{\sqrt{4(t^k)^2 + 1} + 1}{2} \\ a_i^{k+1} = \begin{cases} z^{k+1}, & F(z^{k+1}) < F(v^{k+1}) \\ v^{k+1}, & \text{其他} \end{cases} \end{cases} \tag{4-40}$$

式中，$f(\cdot) = \rho_i^{k+1} \sum_{j=1}^{n} [m_{ij} - \exp(-\gamma \| \cdot - a_j \|_2^2)]^2$，$\nabla f(\cdot)$ 是 $f(\cdot)$ 的梯度，而且 $g(a_i) = \| a_i - x_i \|_2^2$。

近端映射定义为 $\mathrm{pro}\, x_{\delta g}(x) = _u g(u) + \frac{1}{2\delta} \| x - u \|_x^2$，其中 δ 是一个固定的常数并且满足 $\delta < 1/L$，L 是 Lipschitz 常数且等于 $2n\rho_i^{k+1}$。

图 4-36 展示了鲁棒主成分分析(robust principal component analysis，RPCA)方法和本节方法在人工合成数据上的结果。本节方法从二维平面的圆中随机选择了 100 个点[图 4-36(a)]，得到了 2×100 的干净数据矩阵。之后，从中随机选取 10%的数据点作为异常值。在这个例子中，传统的没有进行内核映射的低秩恢复算法(如 RPCA 方法等)无

法准确地恢复异常数据点。然而,如图 4-36(c)所示,与之形成鲜明对比的是,本节方法可以识别这些异常值并且用接近真实流形的点来替换。除此之外,本节方法还对真实扫描得到的噪声网格数据进行了测试,如图 4-37 所示,本节方法提出的方案比传统的RPCA 方法更能够保持各种尺度的特征信息。

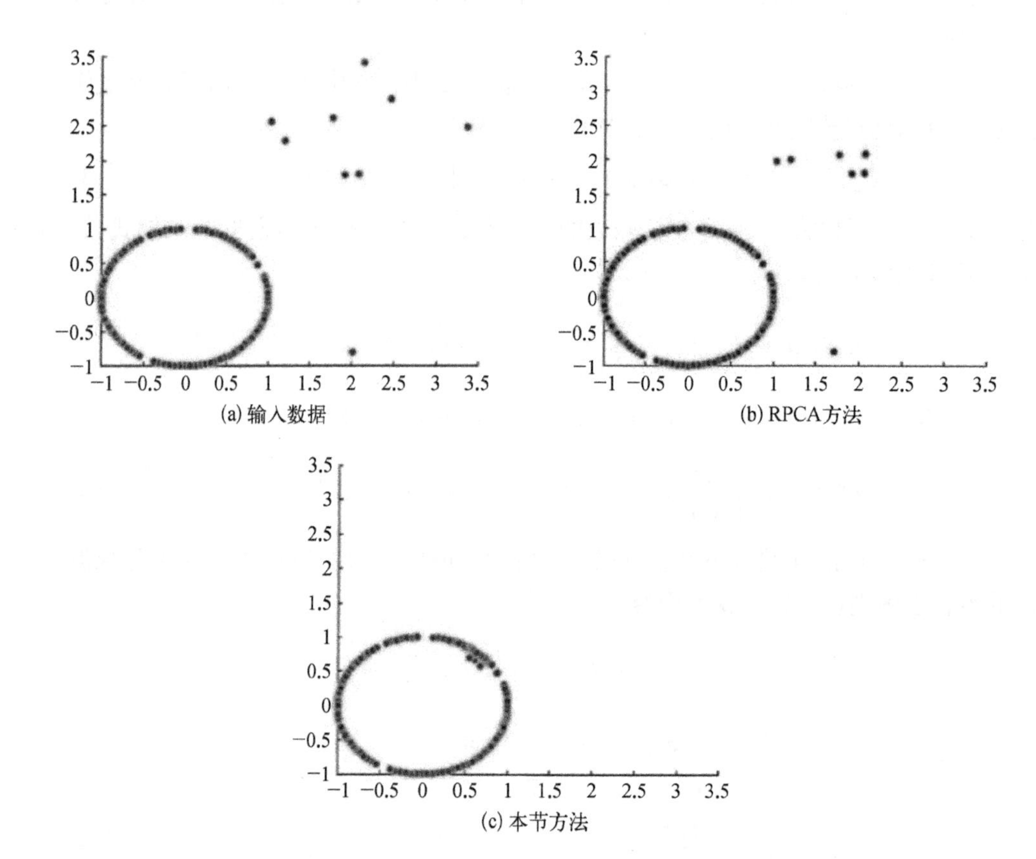

图 4-36　本节方法和 RPCA 方法在二维噪声点的去噪结果对比示意图

图 4-37　本节方法和 RPCA 方法对实际扫描噪声模型的去噪结果对比

4. 复杂性与收敛性分析

本节方法中，B 的更新实际上是由两部分组成的，即找到 n 个三次方程的根并在 $\phi(A)^{\mathrm{T}}\phi(A)$ 上执行 SVD。求解方程根的计算复杂度是 $O(n)$，因为三次方程的根的近似表达式和 SVD 的计算复杂度都是 $O(rn^2)$，其中 n 是数据的大小，r 是 $\phi(A)^{\mathrm{T}}\phi(A)$ 的秩。根据式(4-40)来更新 a_i 时，需要执行 $O(n^2)$ 的矩阵向量乘法。因此，A 的计算复杂度是 $O(n^3)$。综上所述，每次迭代时整个算法的总计算复杂度是 $O(n^3+rn^2)$。

在 Wei 等(Wei et al., 2017)的论述中，已经证明了采用本节方法来解决式(4-39)基于 APG 的方法的收敛性，同时，Jones 等(Jones et al., 2004)的理论分析也已经确保了块坐标下降方法的收敛性。所以在这里，不再重复说明这些方法的收敛性。此外，式(4-38)中的线性近似并不会改变算法的收敛性，它可以看作迭代重加权策略的等价物，这是在非凸优化中经常使用的，而且在理论上可以得到很好的保证。最后，式(4-31)中的闭式解与 A 的更新步骤共同使得每次迭代中的目标函数下降。因此，算法可以很好地收敛到极值点。

5. 基于低秩恢复的引导法线

对于干净无噪声的网格模型而言，面片自身的法线可以为引导滤波提供一个较可信的指导。由于两个不同光滑区域的法线相差较大，核函数的值较小，抑制了这两个区域的互相干扰。但当网格被噪声污染时，自身的法线指导变得不再可靠，不能正确表示真实形状的几何特性，如果把输入网格法线运用到引导滤波中，得到的去噪结果也不理想。因此，有必要为带噪声网格模型计算更加可靠的引导法线。

对于一个带噪声的网格模型，本节方法的目标是尽可能去除掉表面的噪声并且保持尖锐特征信息。总体而言，本节方法的框架和 Zhang 等(Zhang et al., 2015a)的方法很类似，主要是两个步骤，即首先为每个面片计算一个可靠的法线估计值，使用引导滤波器进行法线域滤波处理；然后根据平滑后的法线重新计算网格顶点位置坐标。对每个块组矩阵进行低秩恢复后，可以为每个面计算新的法线。由于每个面存在多个返回值，构成了新的法线集合 $N_S=\{n_{i,1}, n_{i,2}, \cdots, n_{i,k}\}$，其中 $n_{i,k}$ 都是恢复的块法线。在决定中心面的法线 n_i 时，本节方法提出了三种不同的方案：① 直接使用中心面的单一恢复法线 $n_{i,j}$；② 使用法线集合 N_S 的平均值，即，$n_i=\Lambda(\sum_{j=1}^{k} n_{i,j})$，其中 $\Lambda(\cdot)$ 是归一化算子；③ 使用中值滤波，即 $n_i=\mathrm{median}\{n_{i,1}, n_{i,2}, \cdots, n_{i,k}\}$ 进行排序时是根据恢复的法线和中心面的法线 n_i^p(n_i^p 是 n_i 前一次迭代时的值)的角度差异决定的。

尽管可以自由选择这三种方案的任意一种，但本节方法推荐使用第三种，即中值滤波。本节方法在大量的噪声模型实验中发现这种方案产生的结果具有更小的误差，并且可以避免过光顺的现象，正如图4-38所示。相比前两种方案，第三种方案的中值滤波会带来更少的误差。图4-38第一行从左到右分别是：初始模型、添加 $0.2\sigma_E$ 高斯噪声后的噪声模型、方案1的去噪结果、方案2的去噪结果、方案3的去噪结果。其中，第一行主要展示了几何细节，第二行则是展示了从去噪结果模型到初始模型的基于点对点的 L_2 距离误差可视化结果。从这一误差评判标准来看，这三个方案差距都不大。但是，本节方法又采用了去噪结果的法线与真实模型法线的平均夹角这一标准来评判去噪效果，统计结果显示，这三种方案的夹角误差分别为 5.5°、5.1°、4.8°。因此，从第二种评判标准来看，第三种方案的误差更小。

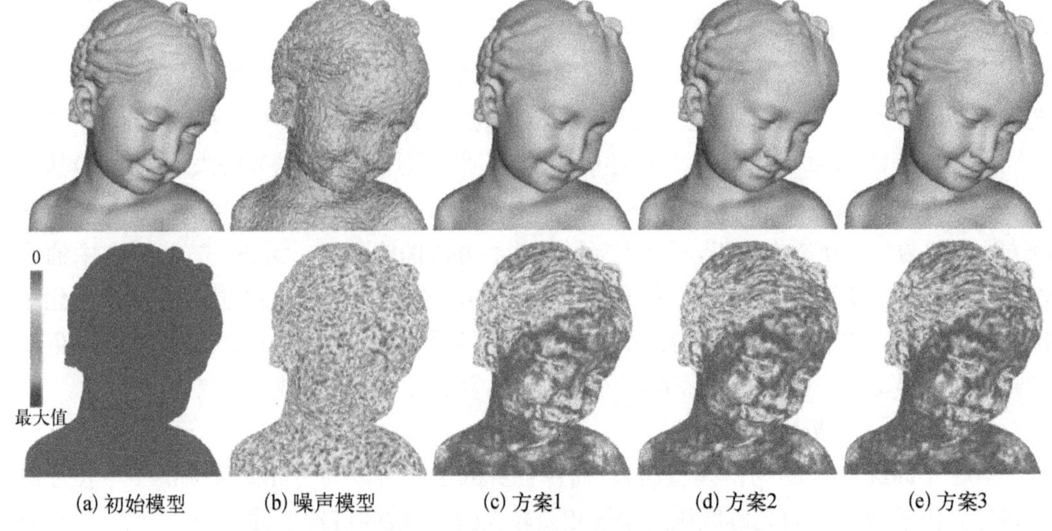

(a) 初始模型　(b) 噪声模型　(c) 方案1　(d) 方案2　(e) 方案3

图 4-38　三种方案的去噪结果与误差可视化结果对比

直接使用恢复法线和滤波后法线进行顶点更新的结果对比如图 4-39 所示，图中从左到右分别是：真实模型、添加冲击噪声的模型、直接采用引导法线进行顶点更新的结果、使用引导法线进行滤波之后在进行顶点更新的结果。事实上，恢复出的法线 n_i 也可以直接用于后续的网格顶点坐标更新。但是如图 4-39 所示，如果尖锐特征被保留下来，则不能很好地去除高强度的噪声。本节方法遵从图像处理中的策略，把恢复出的法线作为引导法线进行滤波。这种算法之所以有效，是因为基于块协同低秩恢复技术能够为真实网格面片法线提供一个非常可靠的估计量。值得注意的是，这样一个转变，尽管会引入更多的面片翻转，但是也可以在一定程度上去除高频噪声。总体而言，使用滤波后的法线使得平坦的区域更加光滑，而且法线朝向估计更准确，还保持住了尖锐边信息。这个现象非常有力地证明了前面提出的非局部块组矩阵低秩恢复算法对网格面片法线估计的有效性，但未来还需要对其进行进一步研究。

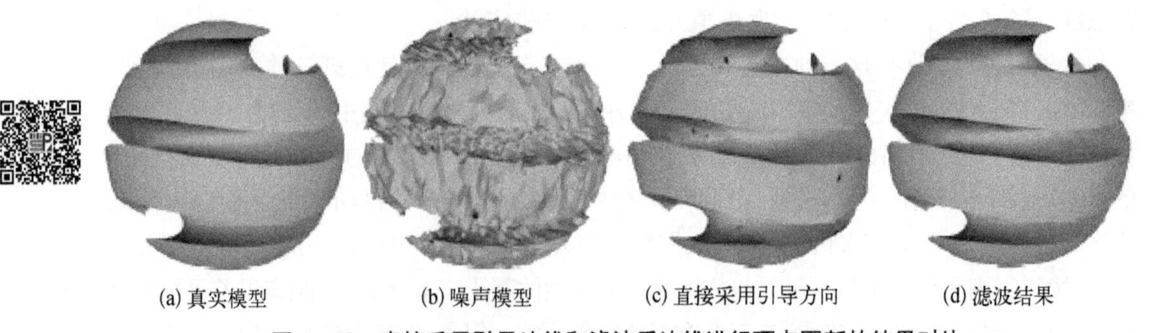

(a) 真实模型　(b) 噪声模型　(c) 直接采用引导方向　(d) 滤波结果

图 4-39　直接采用引导法线和滤波后法线进行顶点更新的结果对比

4.3.4 基于法线的保特征网格去噪

在上一步得到网格的引导法线之后，需要计算网格的引导滤波器。为了能够更好地保持三维模型的细节特征，本节方法对邻域进行重定义，之后对法线域进行滤波。最后，基于调整后的面片法线对网格顶点位置进行更新。

1. 保特征的引导滤波器计算

假设给定一个三角网格模型，它的一个面片 f_i 的单位法线可以通过这种方式计算：$n_i=\dfrac{(x_{i1}-x_{i2})\times(x_{i2}-x_{i3})}{\|(x_{i1}-x_{i2})\times(x_{i2}-x_{i3})\|}$，涉及的 x_{i1}、x_{i2}、x_{i3} 是中心面 f_i 自身顺序三维顶点的位置坐标。可以把法线信息 n_i 看作中心面上的质心 c_i 的一个信号。从协同块中恢复出的引导法线可以整合到高斯滤波器的内核中。此时，引导法线可以定义为

$$N_i^{k+1}=\Lambda\left[\sum_{f_j\in N^*(f)}A_jW_r(\|c_i-c_j\|)W_s(\|g(n_i)-g(n_j)\|n_j^k)\right] \tag{4-41}$$

式中，$\Lambda(\cdot)$ 是归一化算子，这是为了严格保证 n_i^{k+1} 是单位长度；A_j 则是各个面片的面积值；W_r 和 W_s 都是单调递减函数；$g(n_i)$ 则是从低秩矩阵中恢复的引导法线，$N*(f)$ 是中心面 f_i 的局部邻域面片。

另外，在实际操作时，一般选择高斯核函数作为 W_r 和 W_s，其标准差则分别用 σ_r 和 σ_s 表示。

由式(4-41)可知，滤波后法线的值和面片之间重心的距离及引导法线的夹角都有关系。值得注意的是，这里有两种不同的方法度量两个面片的重心距离 $\|c_i-c_j\|$，例如，沿着表面的三维(近似)测地距离和欧几里得距离与 Wang 等(Wang et al., 2014)的方法类似，本节方法也采用了两种方式来近似模拟距离。本节方法在不规则采样的块网格模型上进行测试，实验结果如图 4-40 所示，从左到右分别是：输入不规则采样噪声模型(不规则区域用方框圈出)、采用 Lipman 等(Lipman et al., 2007)中提出的近似测地距离实验结果、采用 Preiner 等(Preiner et al., 2014)提出的近似测地距离实验结果、两个去噪模型基于点对点的 L_2 欧几里得距离可视化结果。在实验中，对于这两种方案并没有观察到去噪效果的明显差别。由于测地距离的计算十分烦琐，最终采用六维(6D)欧几里得距离

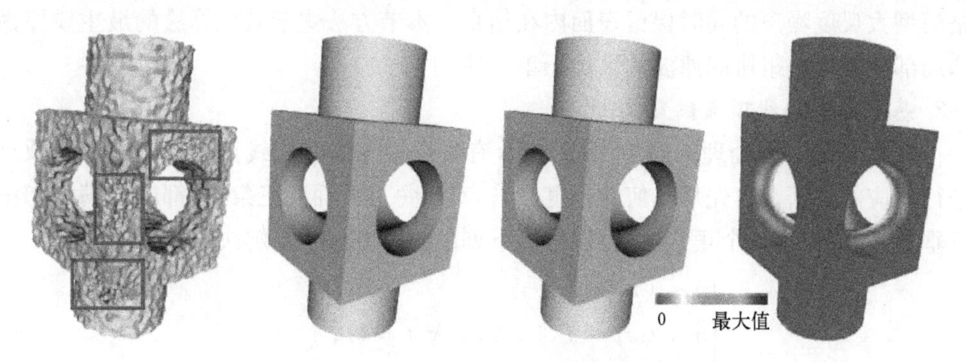

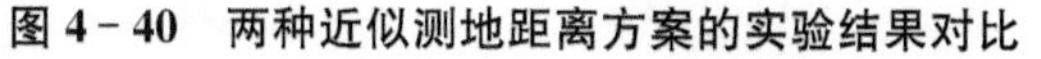

图 4-40　两种近似测地距离方案的实验结果对比

(一种黎曼嵌入式网格)来近似模拟测地距离,用来简化计算过程以提高效率。因此,在未特殊说明的情况下,本节方法在计算核函数时总是使用欧几里得距离。值得注意的是,标准差参数 σ_s 和 σ_r 对实验结果也会有比较大的影响。所以正如 Zheng 等(Zheng et al., 2010a)所建议的那样,σ_s 的取值范围一般在[0.2, 0.6],而 σ_r 一般设置成输入网格的所有边长的平均值;当噪声尺度比较大时,σ_r 可以设置为该平均值的 2 倍或者多倍。

为了最大限度地保持几何特征,采用类似于 He 等(He et al., 2013)的方式,引导法线滤波算法同样可以应用在每个中心面的传统 1 环邻域上。然而,上述邻域(尤其是在尖锐特征附近)可能是中心面的各向异性邻域,这样会导致在迭代次数增加时尖锐特征被模糊掉。举个例子,在所有的迭代中不改变作用邻域,图 4-41 中的尖锐边被模糊去除。所以,本节方法在迭代的初始部分把 GNF 作用在 1 环邻域上,用于去除大尺度的噪声数据,之后应用在子邻域(和中心面在几何上最一致的邻域)上用来保持更多的细节特征,最一致子邻域较易被总体变分误差(total variation error, RTV)识别出来。值得注意的是,此处的总体变分误差是使用引导法线定义出来的。所以,本节方法重新定义一个邻域集合 $N*(f)$: $N*(f)$ 在前 2/3 迭代次数中,指中心面 f_i 的 1 环邻域,在后 1/3 迭代次数中又转变成最一致各向同性邻域。图 4-41 从左到右分别为真实网格模型、带噪声模型、在单一邻域进行滤波的实验结果,以及本节方法定义的邻域进行滤波的实验结果。从图 4-41 可以看出,相比单一邻域,本节方法可以更加有效地保持几何特征(如尖锐边)。

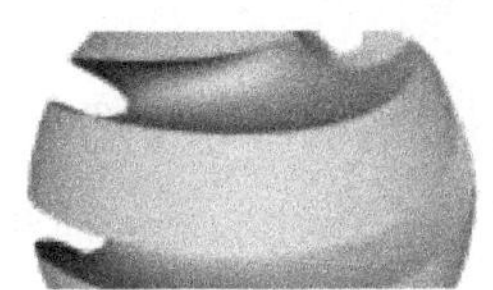

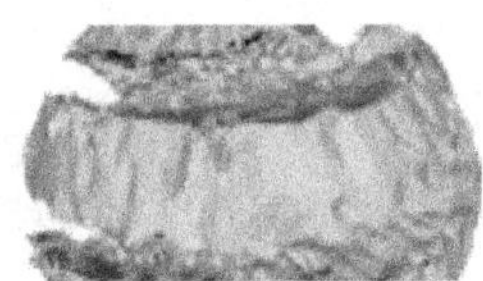

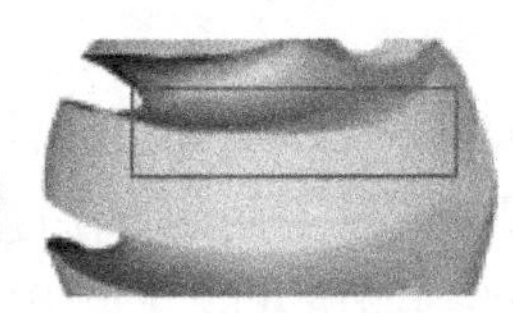

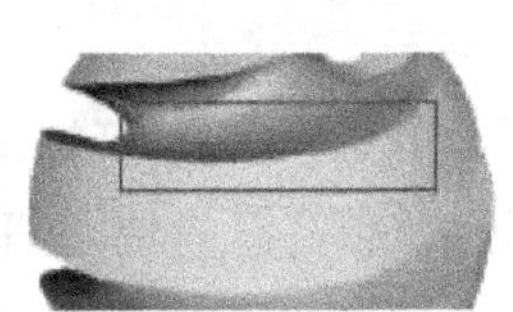

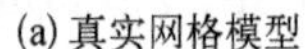

(a) 真实网格模型　(b) 噪声模型　(c) 在单一邻域进行滤波　(d) 本节方法

图 4-41　使用两种不同邻域去噪的实验结果对比

Zhang 等(Zhang et al., 2015a)提出的方法框架和本节方法非常相似,并且也是把二维图像处理中的联合双边滤波算法推广到三维模型去噪,同样类似的还有另外几种已经存在的算法。尽管这些算法都可以提供可靠的表面结构信息来控制滤波过程,但都是基于单一块的算法。与之形成鲜明对比的是,本节方法使用一种基于块组的框架,能在去除网格模型大尺度噪声的同时保留表面内在信息。本节方法优于其他算法的最主要原因就是非局部相似的块组协同滤波效果优于单一块。

2. 基于引导法线顶点位置更新

在获得经过滤波处理的面片法线之后,有必要根据这些法线信息对网格三维顶点位置进行相应的更新。首先从几何的角度来看,对于每一个面的三条边,都应该满足和法线保持垂直,因此根据这个正交性,可以给出下列的线性方程组来解决顶点更新问题:

$$\begin{cases} n_f, (x_i - x_j) = 0 \\ n_f, (x_j - x_k) = 0, \quad \forall f = (i, j, k) \\ n_f, (x_k - x_i) = 0 \end{cases} \tag{4-42}$$

但是，以上方程组并没有非平凡解，因此，一般是通过最小二乘(least squares, LS)算法来最小化一个能量方程进行求解：

$$e_1(X)=\sum_{k\in F}\sum_{(i,j)\in\partial F_k}[n'_k(x_i-x_j)]^2 \tag{4-43}$$

因为这个最小二乘问题是线性的，并且系数方程有一个相应的对称稀疏矩阵，所以可以用很多线性系统的算子求解，如 Cholesky 分解、梯度下降、共轭梯度法或者多重网格迭代求解器等。由于使用梯度下降法求解能量方程时，数值求解结果对迭代的步长选择十分敏感：一方面，如果步长过大，可能会使得数值求解不稳定；另一方面，步长过小，算法收敛时间会比较长，求解效率较低。于是，Sun 等(Sun et al., 2007)提出使用下列公式来求解顶点更新的问题：

$$v_i^{t+1}=v_i^t+\frac{1}{3\mid F_v^i\mid}\sum_{j\in N_v(i)}\sum_{(i,j)\in\partial F_k}n_k[n_k(v_j^t-v_i^t)] \tag{4-44}$$

式中，v_i^t 为顶点在第 t 次迭代时的位置；F_v^i 则是顶点的 1 环邻域面片集合。

这种算法能够自适应地选择迭代步长，并且算法严格收敛，即每一次迭代能量函数都在减小。

这种方法的好处在于仅仅只有一个参数，也就是迭代的次数。从本节方法的实验结果来看，这个参数确实会对去噪实验的结果产生影响，如果迭代次数过多，网格模型的尖锐特征可能会被滤掉；相反，如果迭代次数过少，有些噪声可能没有被完全去除。因此，在实际的去噪实验中，这个次数一般设置为 1～20 次。

4.3.5　实验结果分析

为了有效地说明本节方法提出的基于块协同滤波的网格去噪算法在噪声去除和特征保持两个方面的优越性，在大量的网格模型(包括人工合成的数据和扫描仪得到的原始数据)上进行测试，分别作定性和定量分析，并把本节方法和其他方法进行对比。要对比的方法主要包括：Fleishman 等(Fleishman et al., 2003)的基于网格顶点的双边滤波(bilateral mesh filter, BMF)算法，Sun 等(Sun et al., 2007)的基于网格法线的单边滤波(unilateral normal filter, UNF)算法，Zheng 等(Zheng et al., 2010a)的基于网格法线的双边滤波(bilateral normal filter, BNF)算法，He 等(He et al., 2013)的基于 L_0 最小化的网格去噪算法(L_0)，Zhu 等(Zhu et al., 2016)的基于子邻域滤波算法，Zhang 等(Zhang et al., 2015a)的引导法线滤波(guided normal filter, GNF)算法及 Wang 等(Wang et al., 2012)的级联法线回归(cascaded normal regression, CNR)算法。

1. 实验实施细节

首先，简要介绍本节方法的参数选择。本节方法从数字几何处理中常用的模型选择测试数据，其来自扫描设备(激光扫描仪或 Kinect 相机)或者人工合成模型。通过对初始的无噪声网格模型手动添加沿着网格点法线或随机方向的高斯噪声或者冲击噪声来改变其三维坐标，并且保证高斯噪声的平均值为 0，其作用在网格上的强度值可以用一个参数 σ_E 来度量：

$$\sigma_E = \frac{\sigma}{E_{\text{mean}}} \tag{4-45}$$

式中，σ 为上述高斯函数的标准差；E_{mean} 则是输入网格所有边长的平均值。

接下来将会对算法参数选择、实验结果对比（包括视觉效果对比和量化结果对比两个方面）及算法局限性进行详细说明。另外，为了能更好地表现三维模型的几何细节特征，本节方法统一在开源软件 MeshLab 中进行平面渲染。

与其他传统的网格去噪算法类似，本节方法的非局部块组协同法线滤波算法同样有许多参数需要调节。对所有算法的参数进行仔细调节以达到产生最好视觉效果，需要特别说明的是，本节方法总共有 8 个参数，如相似块的个数 k，矩阵低秩恢复中的 γ、λ、ρ，以及法线差异高斯函数中的标准差 σ_s，中心位置差异高斯函数的标准差 σ_r，引导法线计算迭代次数 n_1，顶点位置更新迭代次数 n_2。与其他算法类似，并不需要频繁地调整所有参数。下面给出这些参数的调整说明：① 为每个中心面搜索的最相似的块组个数时，一般可以固定 $k=40$，在此基础上继续增大 k 并不会对网格去噪效果有很明显的改善，但是会增大计算消耗。② 在矩阵低秩恢复中，默认 γ 设置成 0.1，λ 等于 20，ρ 等于 20。③ 如果高斯核函数的参数 σ_s 设置过大，引导滤波在局部区域涉及的面片就会变多，导致网格去噪时过光顺，会丢失表面尖锐特征；而如果 σ_s 设置过小，引导滤波在局部区域利用到的面片信息就会减少，核函数影响的范围也会减小，导致网格去噪时噪声不能被完全去除。综上所述，σ_s 的取值范围应该在[0.2, 0.6]，此时网格去噪得到的实验结果可以在噪声去除与过光顺之间达到一个较好的平衡；另一个参数根据 Razdan 等（Razdan et al.，2005）的建议，取 $\sigma_r = \bar{l}$，其中 $\bar{l}$ 为输入网格边长的平均值。④ 法线滤波中的迭代次数 $n_1 \in [3, 30]$，顶点更新的迭代次数 $n_2 \in [1, 20]$。

在实验环境设置方面，本节方法主要使用 VS2013 作为开发环境，用 C++编程语言进行开发，并将 QT5 集成到平台中作为软件用户界面的开发设计工具。QT 是一个广泛使用的 C++跨平台的图形用户界面研发框架，还具有多种应用程序接口（application program interface，API），能给开发人员提供创建界面时需要的所有功能。另外，该框架使用简单便捷，对于初学者来说十分友好。除此以外，QT 的图形绘制功能十分强大，例如，能够快速画出本节方法使用的三角网格模型，并对网格模型的某些面片赋予颜色，能快速验证算法实现是否正确，而且其使用界面也十分美观。为了更快地实现本节方法，还额外使用了两个第三方代码库，即 OpenMesh 和 Eigen。

2. 视觉效果比较

首先是对有大噪声且细节丰富的 non-CAD 模型（指表面相对光顺，包含较多的小尺度特征信息的一大类网格模型，如常见的人脸模型）进行讨论。如图 4-42 所示，鱼尾狮模型噪声沿随机方向加的高斯噪声强度 σ_E 为 0.35。当处理此种类型的模型时，与其他方法相比，本节方法在表面精度和噪声稳健性上的表现更加出色。此外，本节方法同样可以处理混合噪声造型，尽管这十分具有挑战性。以前的算法绝大多数都会假设模型是被单一种类（高斯或者冲击）的噪声所破坏的，因此在应对混合或者高水平噪声时会产生较不理想的结果，如形状退化、特征畸变或者平面局部折叠等。

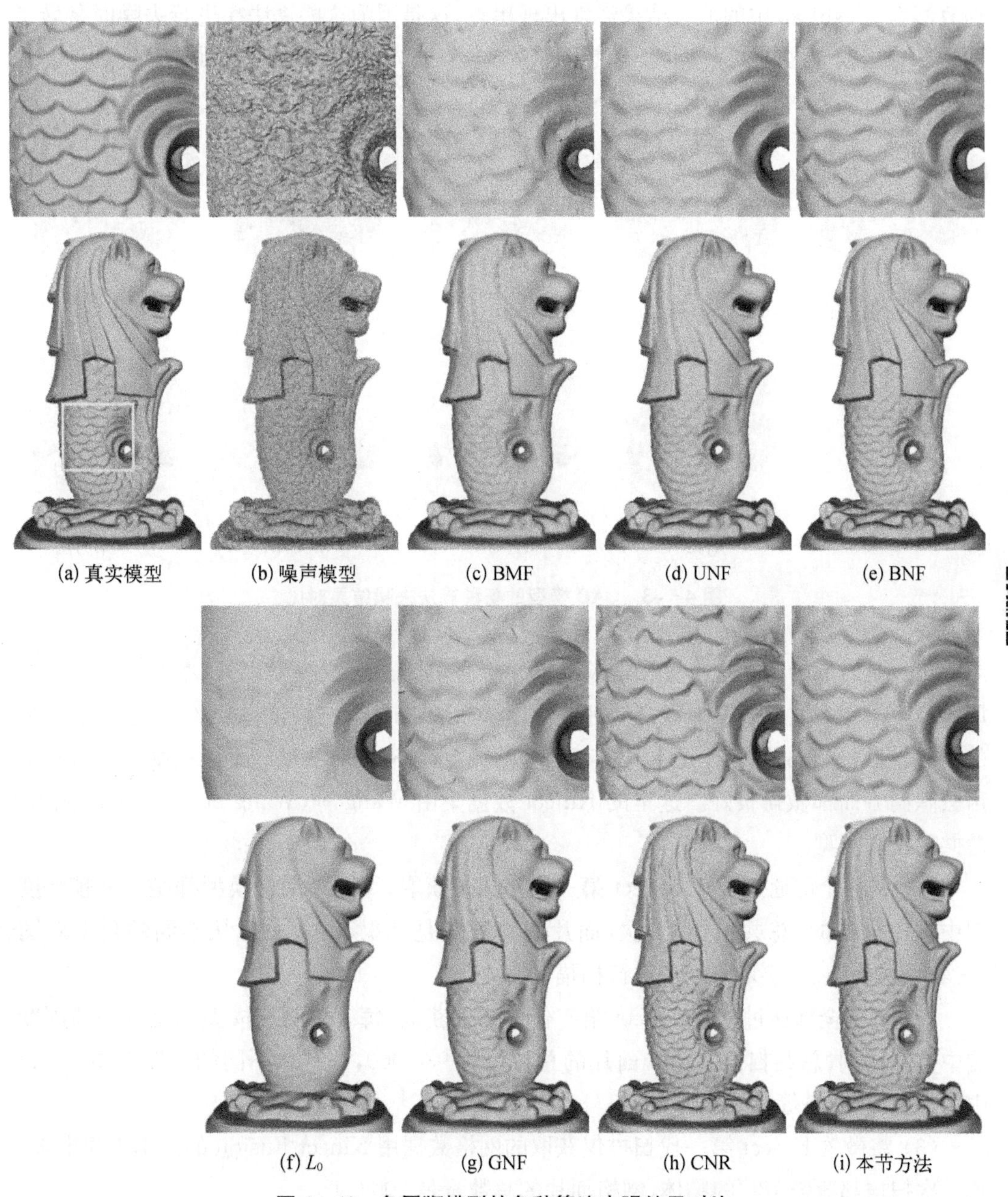

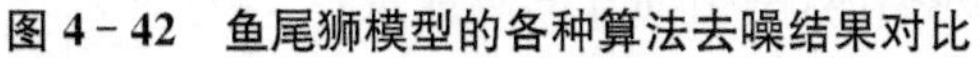

图 4-42　鱼尾狮模型的各种算法去噪结果对比

接着，对工业界中常用的 CAD 模型（指包含较多数量的边角等尖锐特征信息的一大类网格模型，如说常见的立方体模型）进行实验。如图 4-43 所示，连轴模型被沿随机方

向上 $\sigma_E=0.5$ 的冲击噪声所破坏。事实上，之前的算法很难在消除高强度噪声时恢复这些信息。例如，He 等(He et al., 2013)提出的基于 L_0最小化的稀疏网格去噪算法很容易产生阶梯效应，不能恢复小尺度的特征。但是，本节方法可以很容易地消除尖锐边和点附近的噪声并且更好地恢复这些特征。从图 4-43 中连轴模型的去噪结果图可以看出，其他算法在 MeshLab 中的渲染结果经常出现黑点，这是因为这些算法在进行去噪时翻转了面片初始法线。这同样是一种不理想的结果，本节方法在这一点上表现最佳。

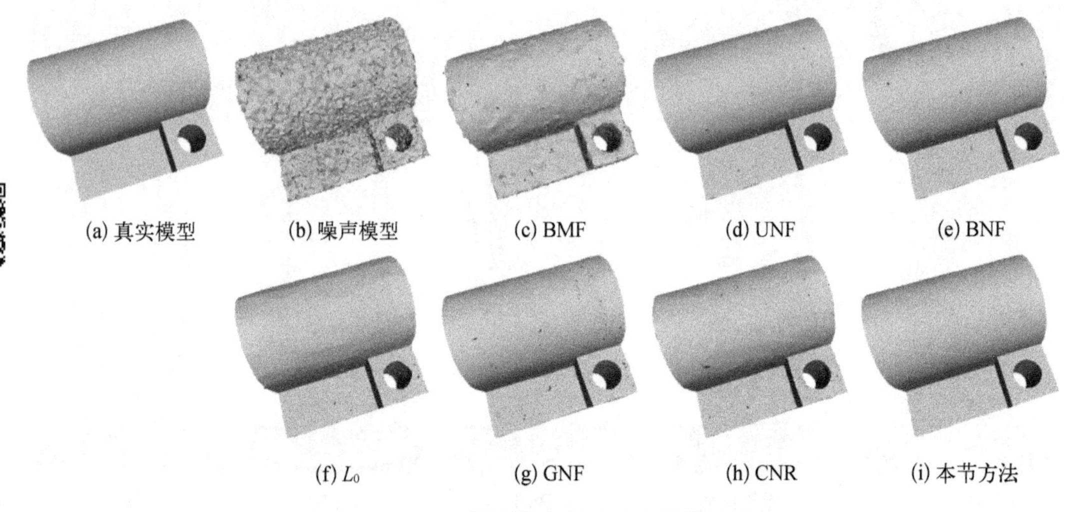

图 4-43 CAD 模型的各种算法去噪结果对比

最后是对原始模型进行去噪实验。除了上述的人工合成模型以外，本节方法同样对原始噪声模型有效。石膏雕像模型都是使用微软的 Kinect 扫描仪得到的，由于扫描设备的精度较低，获取的网格模型本身含有很大的噪声，已有的算法已经不能在细节保持和噪声去除两方面都做得很好。这里的 Kinect 数据集由 Wang 等(Wang et al., 2012)提供，总共有三种类型。

(1) 网格全部通过微软 Kinect 第一代扫描仪获取，每一个网格模型都是从一帧深度图中重建得到的，总共扫描 71 次，面片的总数量是 2.6×10^6，并且从不同的角度对图 4-44 中的大卫、金字塔等模型进行扫描。

(2) 网格全部通过微软 Kinect 第二代扫描仪获取，每一个网格模型都是从一帧深度图中重建得到，总共扫描 73 次，面片的总数量是 930 000，并且从不同的角度对图 4-44 中的大卫、金字塔等模型进行扫描。

(3) 将微软 Kinect 第一代扫描仪获取的网格数据用 Kinect Fusion 的技术重建出来，每一次扫描都覆盖 180°的物体，网格面片的总数量是 200 000。

从模型到 Kinect 相机之间的扫描距离是大约 90 cm。值得注意的是，Kinect 一代和二代扫描仪的数据噪声特点是不一样的，这是因为它们的扫描规则不同。更加具体地，第一代扫描仪是基于结构光(structured light)扫描，而第二代扫描仪是基于光飞时间

图 4-44　Kinect 扫描模型

(time of flight)技术扫描。对于第三种网格数据，Kinect Fusion 重建时也会引入一些噪声。对于这些有噪声的扫描数据，通过以下方式来创建其对应的真实网格。首先采用刚性最近点搜索法对噪声网格 M^s 和高分辨率扫描仪扫描的真实网格 M^h 进行配准。对于类型三的数据，把 M^s 上的每个点投影到 M^h 上；对于类型一和类型二，因为已经预先指导 Kinect 相机的投影矩阵，所以可以沿着投影方向将每个点投影到 M^h 上。把投影的网格定义为 M^g，通过最小化下列函数来调节顶点，使其适用性达到最优，即 M^h：$\sum_{f_k}\int_{p\in f_k}\mathrm{dis}(p,\ M^h)^2\mathrm{d}x$。

去噪实验结果如图 4-45～图 4-47 所示。从这些图来看，当处理这些从 Kinect 一代、二代扫描仪及 Kinect Fusion 获取的数据时，本节方法能更好地保持细节并去除掉噪声。

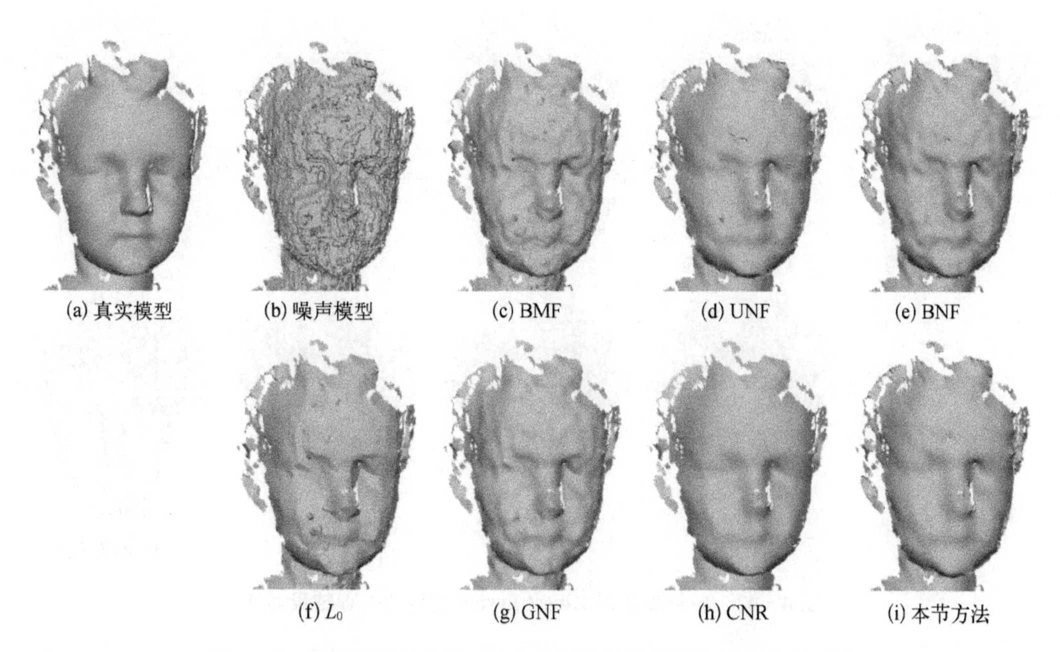

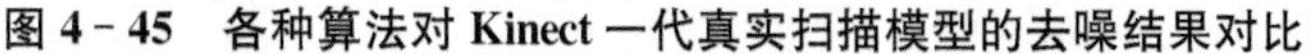

图 4-45　各种算法对 Kinect 一代真实扫描模型的去噪结果对比

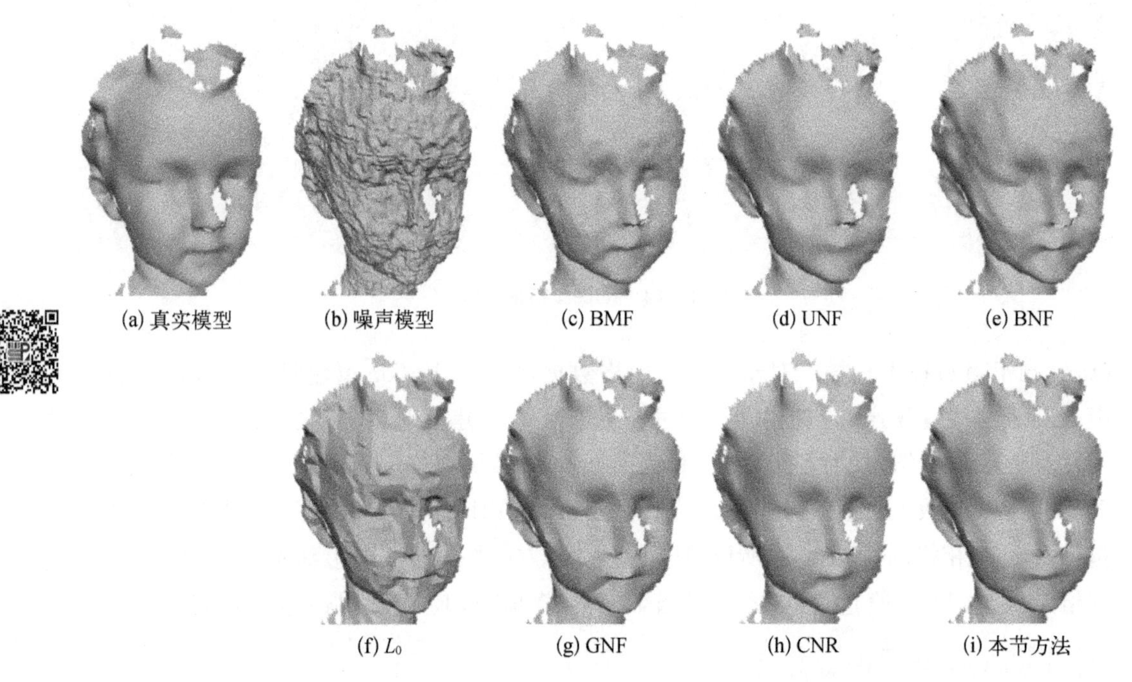

图 4-46　各种算法对 Kinect 二代真实扫描模型的去噪结果对比

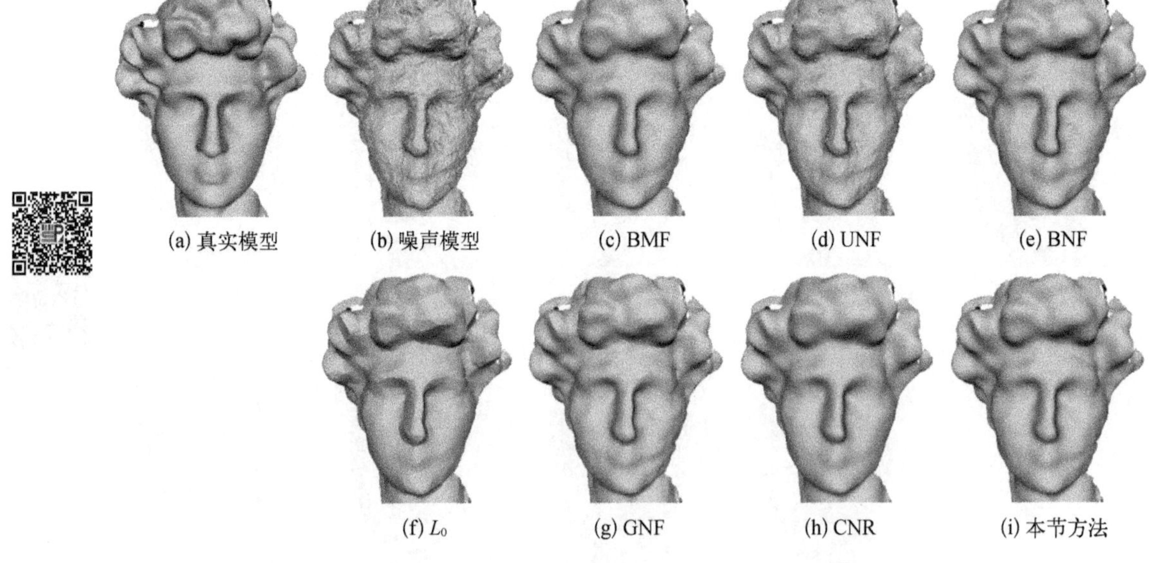

图 4-47　各种算法对 Kinect Fusion 模型的去噪结果对比

3. 量化结果分析

从前面的视觉比较结果来看，本节方法在噪声去除及特征保留方面超过现有的算法。为了能够更加客观地评估这些方法，本节方法还使用以下各项数值进行度量，对表面的去噪结果的保真度进行如下衡量。

(1) Hausdorff 距离 D_H（基于单边的点对点距离）：$D_H = \{\mathrm{dist}(v_1, M_g), \cdots, \mathrm{dist}(v_k, M_g)\}$，其中 k 表示网格顶点的数量，$\mathrm{dist}(\cdot)$ 表示从去噪结果的网格顶点到真实网格之间的欧几里得距离。Hausdorff 距离越小，说明去噪结果与真实值越接近。

(2) 去噪网格面片和真实网格面片之间的法线夹角平均值 D_A：$D_A = \sum_{i=1}^{r} \angle(n_i, n_g)/r$，其中 r 代表网格面片的总数量，n_i 代表去噪结果网格面片的法线，n_g 代表真实网格对应面片的法线。法线夹角平均值越小，代表去噪后的模型表面和真实平面越接近。

本节方法将上述数值指标应用在这些网格模型去噪结果的分析中。将 Hausdorff 距离 D_H 绘制于图 4-48 和图 4-49（曲线图），以及图 4-50～图 4-52（柱状图）中。这个距离越小，代表去噪后模型的点距离真实模型表面越近。当水平轴中的 D_H 为 0 时，垂直轴的比例越大，代表网格去噪方法越好。从上一小节的结果可以看到，无论是处理几何细节丰富的模型（鱼尾狮模型），或者 CAD 类型的模型（连轴模型），还是用 Kinect 相机扫描得到的高噪声模型，当 D_H 为 0 时，本节方法的比例值总是最高的。此外，表 4-2 统计了部

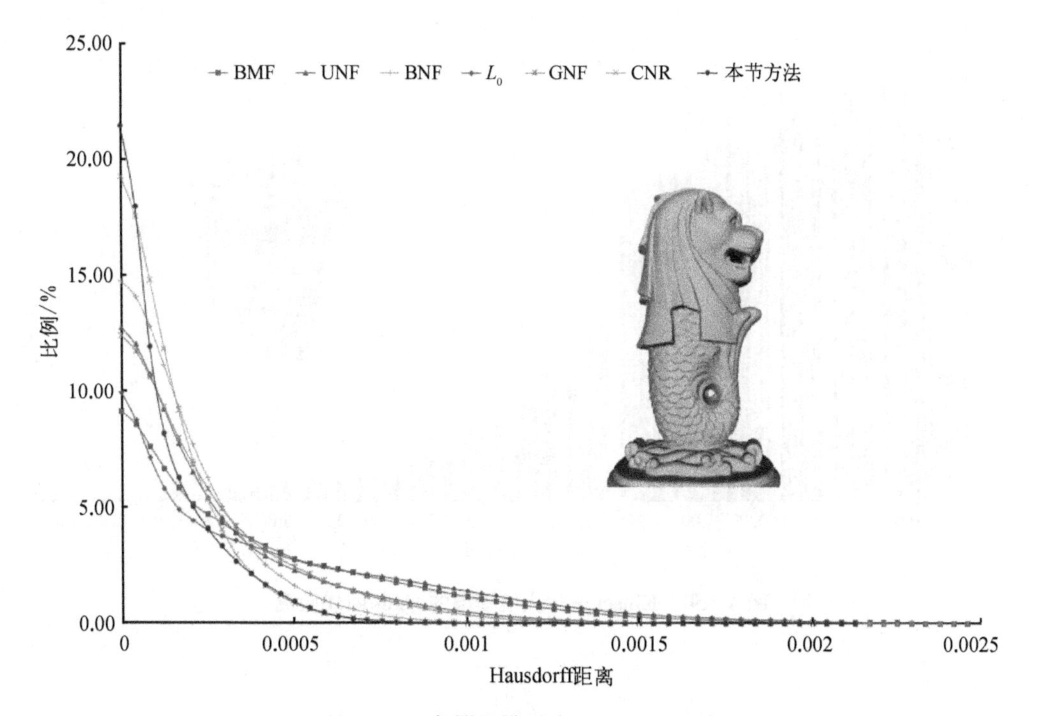

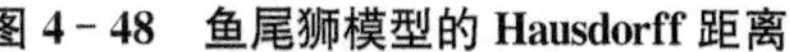
图 4-48 鱼尾狮模型的 Hausdorff 距离

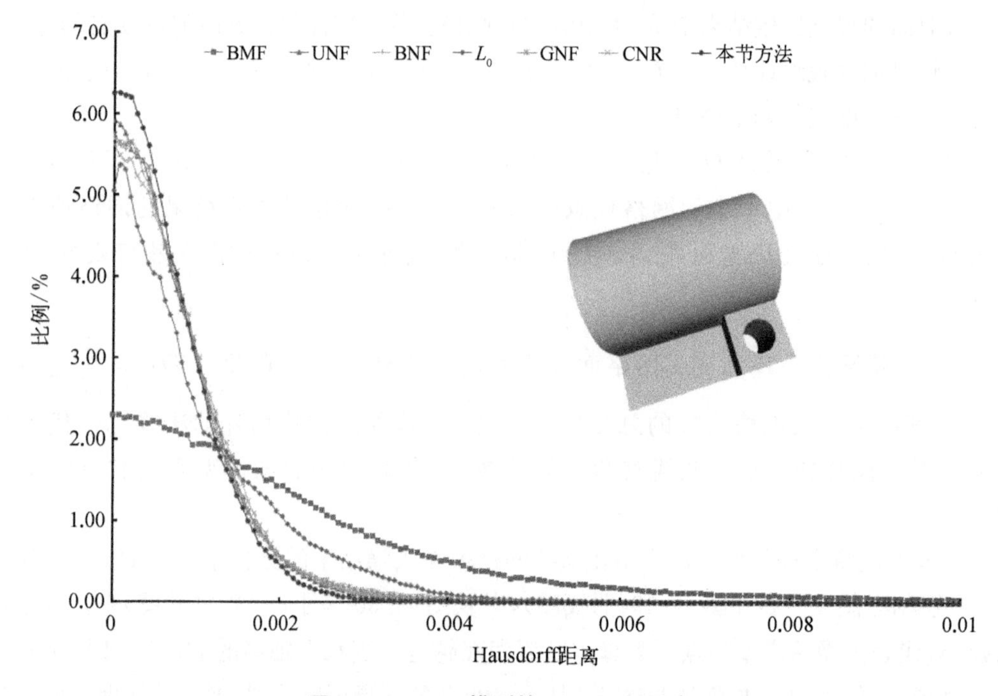

图 4-49 CAD 模型的 Hausdorff 距离

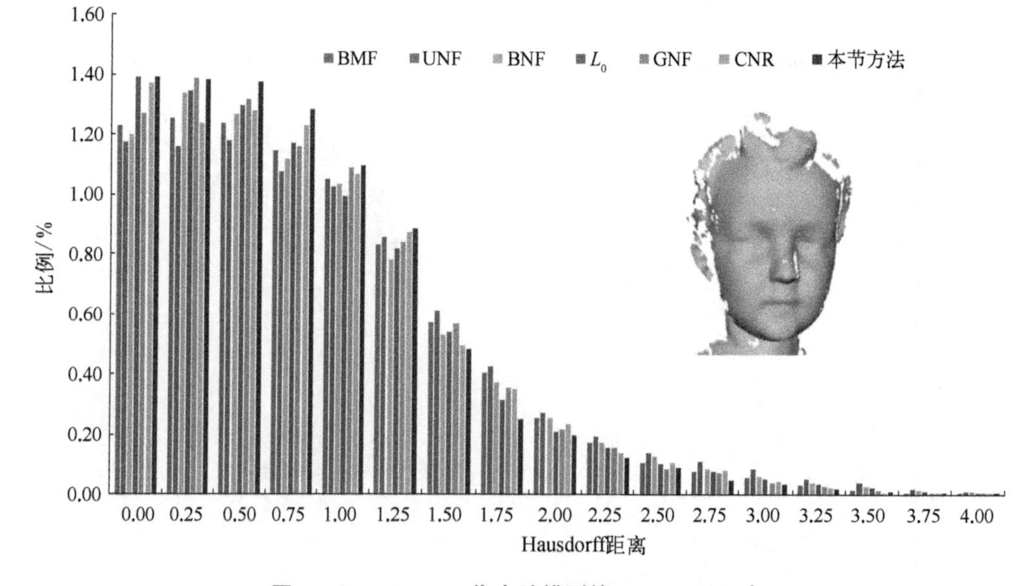

图 4-50 Kinect 一代人脸模型的 Hausdorff 距离

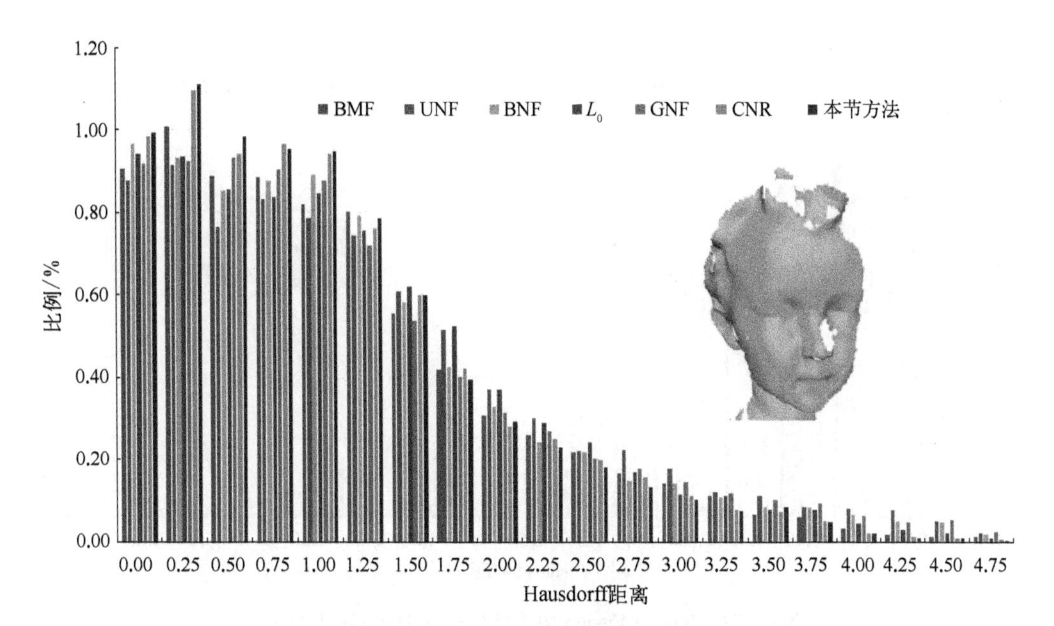

图 4-51　Kinect 二代人脸模型的 Hausdorff 距离

表 4-2　各个模型的去噪网格面片与真实网格面片之间的法线夹角平均值　　［单位：(°)］

模型名称	噪声模型	BMF	UNF	BNF	L_0	GNF	CNR	本节方法
鱼尾狮	30.43	9.13	7.92	8.01	9.31	9.84	5.76	4.28
人脸	24.13	7.71	6.98	6.29	7.98	6.35	6.47	5.94
CAD 模型	34.75	16.81	13.82	13.42	8.5	10.18	13.16	6.12
Kinect 一代	32.20	13.88	14.16	15.8	14.2	13.2	10.6	10.45
Kinect 二代	24.30	10.76	11.88	12.2	12.2	11.4	9.9	9.8
Kinect Fusion	18.87	13.99	13.38	13.54	12.33	12.45	12.13	12.08

分模型的去噪网格面片与真实网格面片之间的法线夹角平均值。对同样的七个模型而言，本节方法和其他算法相比，法线平均角度差 D_A 总是最小的。因此，D_H 和的统计结果和视觉比较保持一致：通常情况下，本节方法得到的结果总是能得到更接近于真实网格的表面。

此外，采用本节方法对算法运行时间进行分析。本节方法涉及的所有实验都是在 3.60 GHz Intel 核心 i7－4790 和 16 GB 内存的台式计算机上执行，且计算机系统为 Windows 8.1。此外，还记录了各种算法对一些经典模型的时间效率，如表 4－3 所示。本节方法及 BMF、UNF、BNF、L_0 和 GNF 算法的代码均使用 C＋＋实现，CNR 算法则是使

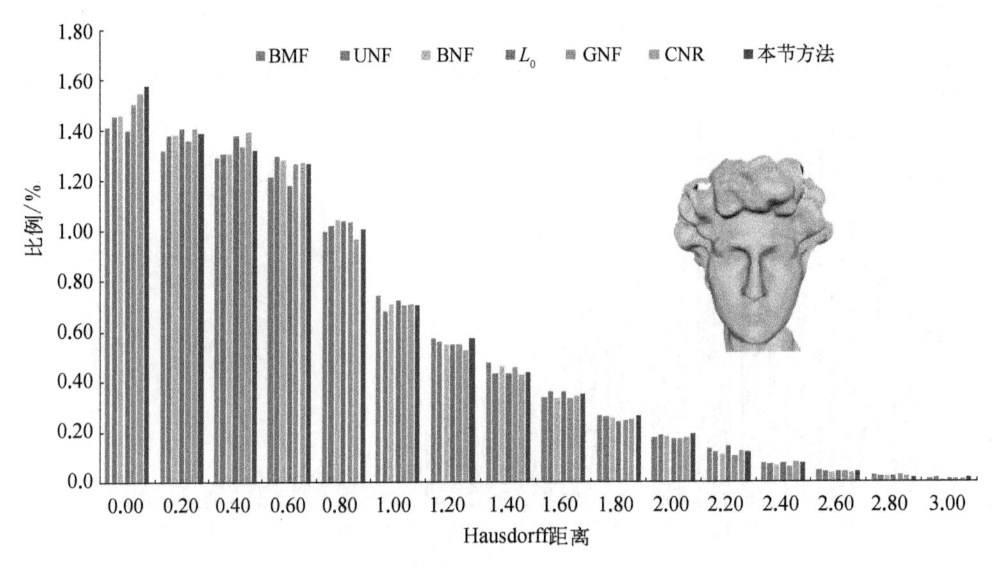

图 4-52 Kinect Fusion 中人脸模型的 Hausdorff 距离

用 MATLAB 实现并使用并行运算加快算法速度。值得注意的是，代码尚未进行任何形式的优化，但是明显要快于 He 等(He et al.，2013)及 Zhang 等(Zhang et al.，2015a)的方法，但是比 Wang 等(Wang et al.，2012)、Fleishman 等(Fleishman et al.，2003)、Sun 等(Sun et al.，2007)和 Zheng 等(Zheng et al.，2010a)的方法要慢。从算法原理来看，后面几种算法都是针对网格的单一局部块进行滤波操作，并未考虑模型整体的相似性，速度会比较快。但是对于一些中规模或者小规模模型，本节方法的时间表现仍然是可以接受的。例如，对于一个拥有 24 566 个网格顶点和 48 090 个面片的小天使模型而言，本节方法大概需要 128.5 s 的时间完成整个去噪过程。但是，与其他基于非局部性相似性的方法类似，当处理一些大模型时，本节方法的效率不是很高，运行时间会比较长，所以未来将会继续研究如何加速整个算法的流程。

表 4-3 各种算法的参数设置及时间性能比较

模型名称	算法名称	参 数 设 置	时 间/s
鱼尾狮	BMF	50	1 089.5
	UNF	0.45、15、30	148.2
	BNF	0.35、25、20	183.6
	L_0	0.000 1、1.0、0.001、0.5、1.414、1 000	6 541.3
	GNF	0.35、25、20	4 541.3
	CNR	—	58.0
	本节方法	0.3、12、20	3 056.9

续 表

模型名称	算法名称	参数设置	时间/s
CAD模型	BMF	7	23.4
	UNF	0.6、10、10	9.2
	BNF	0.45、10、10	25.7
	L_0	0.01、1.0、0.001、0.9、1.414、1000	821.4
	GNF	0.45、5、8	148.6
	CNR	—	3.3
	本节方法	0.3、5、8	106.2
Kinect一代	BMF	40	57.6
	UNF	0.55、30、30	51.3
	BNF	0.55、40、20	64.2
	L_0	0.005、1.0、0.001、1.414、1 000	467.5
	GNF	0.55、40、20	762.7
	CNR	—	3.8
	本节方法	0.55、25、20	436.9
Kinect二代	BMF	25	11.7
	UNF	0.45、15、30	25.6
	BNF	0.35、20、20	9.7
	L_0	0.005、1.0、0.001、1.414、1 000	127.8
	GNF	0.35、15、20	112.7
	CNR	—	2.0
	本节方法	0.35、15、20	104.9
Kinect Fusion	BMF	40	132.6
	UNF	0.55、20、20	35.2
	BNF	0.35、20、20	31.5
	L_0	0.005、1.0、0.001、1.414、1 000	1 538.0
	GNF	0.35、20、20	573.9
	CNR	—	9.6
	本节方法	0.35、20、20	461.9

4.4 本章小结

非局部自相似性和低秩矩阵恢复的去噪方法在当前领域的研究工作中具有独特的优

势，在处理三维数据时也能够在保证数据特征的前提下取得良好的去噪结果，其中的核心思想为将去噪问题转化为求解矩阵秩最小化的问题，已经在多项研究课题中显现了其优越性。

本章对智能数据优化提供了基于矩阵低秩恢复的解决思路。对常见的三维几何模型数据点云和网格数据进行了去噪，将非局部自相似性和低秩矩阵恢复扩展到三维数据的处理优化，这对三维数据的后续任务是非常有意义的。在未来的工作中，对于 4.2 节和 4.3 节中的去噪算法，可以通过并行化等方式加快算法整体的运行速度，并将非局部处理的思想扩展到法线计算和其他数据类型的几何处理问题。

第 5 章

基于 PointNet 的测量数据智能优化技术

5.1 引言

与处理规则的二维图像不同，三维点云具有无序性，并且缺乏明确拓扑关系，即点云数据中以点序进行排列，会导致数据存储结构并不一致，故传统二维图像上的卷积神经网络无法直接适用于三维点云数据处理。

目前，适用于点云三维深度学习的方法可分为四类：基于特征描述子的方法、基于体素化表达的方法、基于投影图像的方法和基于点云的方法。基于特征描述子的方法通常需要定义手工特征，将局部点云数据抽象为特征描述子，然后将描述子输入神经网络进行处理。基于体素化表达的方法将散乱的点云转换成规则的结构，即体素栅格，通过在规则三维网格上定义的三维卷积运算可以方便地进行处理。然而，该类方法的性能在很大程度上依赖于体素分辨率，高分辨率体素数据可以表达更多几何细节，但需要消耗大量计算与存储资源。考虑到二维卷积神经网络在图像上的巨大成功，基于图像的方法将三维点云通过投影操作，转化为二维图像，然后直接使用二维卷积神经网络进行分析计算。然而，该类方法同样存在网络对几何模型细节信息感知弱的问题。

最近，以 PointNet 为典型代表的点云处理网络模型应用于各种点云处理任务中，并使得各项任务的性能飞速提升。本章回顾基于 PointNet 架构的点云数据优化方法。

5.2 特征感知的点云循环去噪神经网络

5.2.1 去噪模型假设与问题描述

目前，点云采集设备众多，包括消费级深度传感器(如 Kinect)和高端户外场景扫描仪(如 Leica ScanStation P20)。通过使用这些扫描设备进行数据采集时，原始扫描点云不可避免地包含噪声，但噪声的类型和尺度都是未知的，且很难对真实噪声进行精准建模。在这里，使用一种非常直观和常用的方式来对去噪进行建模：

$$P = \hat{P} + \varepsilon \tag{5-1}$$

通过从有噪声的输入点云 P 中消除噪声 ε，可以获得无噪声点云 $\hat{P}$。受近年相关工作的启发，考虑通过网络模型来学习噪声 ε。该方法未直接学习无噪声点云 $\hat{P}$，其原因在于潜在的无噪声曲面结构特性与噪声模式相比更为复杂。但是，通过单层网络难以直接准确学习噪声 ε，且无论采用的技术是传统方法还是学习方法，通常都需要采用迭代法来逐步消除噪声。因此，提出一种循环结构来重新建模去噪过程：

$$\begin{cases}\hat{P}^1 = P \\ \varepsilon^i = f^i(\hat{P}^i,\ F^1,\ \cdots,\ F^{i-1}) \\ \hat{P}^{i+1} = \hat{P}^i + \varepsilon^i\end{cases} \tag{5-2}$$

式中，F^i 表示第 i 次循环阶段的深度特征；$\hat{P}^{i+1}$ 为第 i 次循环去噪后的结果。网络目标是学习函数 f^i，函数 f^i 的作用是从输入噪声点云中学习噪声 ε^i，然后逐步去除噪声，逼近潜在的真实无噪声表面。

5.2.2 循环去噪神经网络结构设计

根据上节定义的去噪模型[式(5-2)]，本节详细阐述了所提出的特征感知的循环点云去噪神经网络，即 RePCD[1]-Net，网络模型的整体架构如图 5-1 所示。在每个循环阶段(图 5-1中每一行)，网络由四部分组成：多尺度邻域采样模块、多尺度特征提取模块、双向循环神经网络(bidirectional recurrent neural network, BRNN)特征融合模块和优化点云生成模块。为了避免在循环过程中丢失几何特征，网络中嵌入了一个特征循环传播层来充分利用深度特征在不同去噪阶段的关系。接下来，将详细介绍 RePCD-Net 中的各个模块。

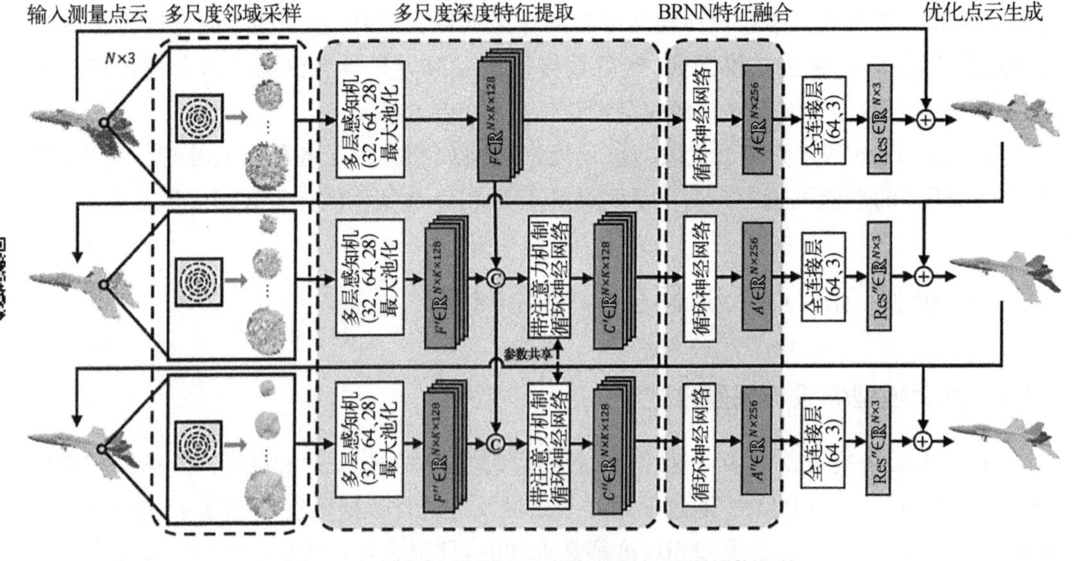

图 5-1 特征的递归式点云去噪网络模型整体架构

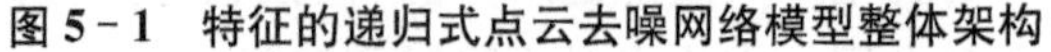

① RePCD 表示循环点云去噪(recurrent point cloud denoising)。

1. 多尺度邻域采样

给定一个有噪声的点云模型，首先将其归一化至以原点为中心的单位球体内，然后为每个点通过球邻域查找建立多尺度邻域。根据经验，设置 $K=4$ 种尺度，在每个尺度内，点的数量分别为 32、48、64 和 128，对应的搜索半径分别为 0.2、0.4、0.6 和 0.8。当邻域内点数小于设定的数量时，缺少点皆补充为原点，当邻域内点数多于设定数量时，则进行随机采样。

2. 多尺度邻域深度特征提取

对于每个邻域，通过使用多层感知器和最大池操作来提取其对应的特征向量。本节方法将每个点的每个尺度局部邻域视为一个点云数据，然后基于 PointNet 结构，通过使用多层感知器和最大池化操作来提取该邻域的全局特征作为当前点的深度特征向量。通过此方式，同时编码每个点的小尺度邻域特征和大尺度邻域特征。小尺度特征可提供更多的局部细节信息，而大尺度特征对结构形状的感知能力更强。

3. 双向递归神经网络特征融合

为了充分利用提取的不同尺度特征，受 Point2Sequence 模型的启发，设计了一种基于循环神经网络(recurrent neural network, RNN)的特征融合模型，利用不同邻域尺度之间的相关性，融合得到自适应特征。首先，将特征输入 RNN 模型中时，有两种输入顺序：从大尺度到小尺度，或者相反顺序。通过实验，发现前者保留了更多的噪声，而后者通常会产生更加平滑的结果。分析其原因，RNN 模型倾向于更加关注最近输入的特征，而逐渐忽略或遗忘之前输入的特征。因此，对于从大到小尺度的输入顺序，网络倾向于小尺度特征，从而保留了过多的噪声。相反，对于从小到大尺度的输入顺序，网络倾向于大尺度特征，从而导致表面过度平滑。

为了解决这个问题，设计了一个双向循环神经网络模块，通过结合两种输入顺序来产生自适应特征。图 5-2 为 BRNN 模块的详细结构。具体而言，将提取的四个特征分别从顺序和逆序依次输入两个长短期记忆(long short-term memory, LSTM)单元，最终输出由连接两个 LSTM 单元输出合成得到。

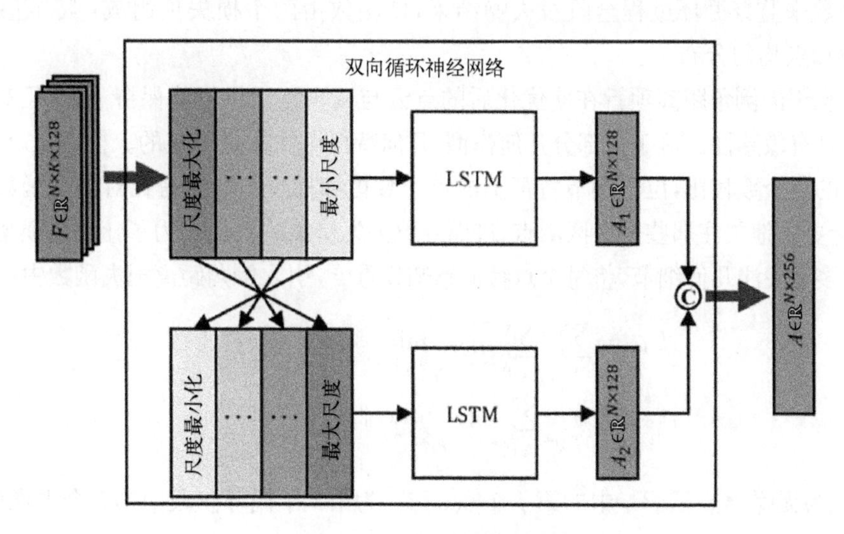

图 5-2　BRNN 模块结构

4. 特征循环传播层

为克服循环去噪过程中特征逐渐平滑的缺点，网络结构中引入了特征循环传播层隐式辅助恢复几何特征。具体而言，在每次融合多尺度特征前，将所有先前阶段中提取的多尺度特征传递到当前阶段的特征提取部分。然后，通过一个带有注意力编码器的 RNN 模型分别对每个尺度特征进行相应的同尺度特征融合，图 5－3 为详细特征的循环传播层结构。与直接连接特征相比，带有注意力编码器的 RNN 模型能够为具有不同噪声和细节特征的相同邻域学习更鲁棒的特征。

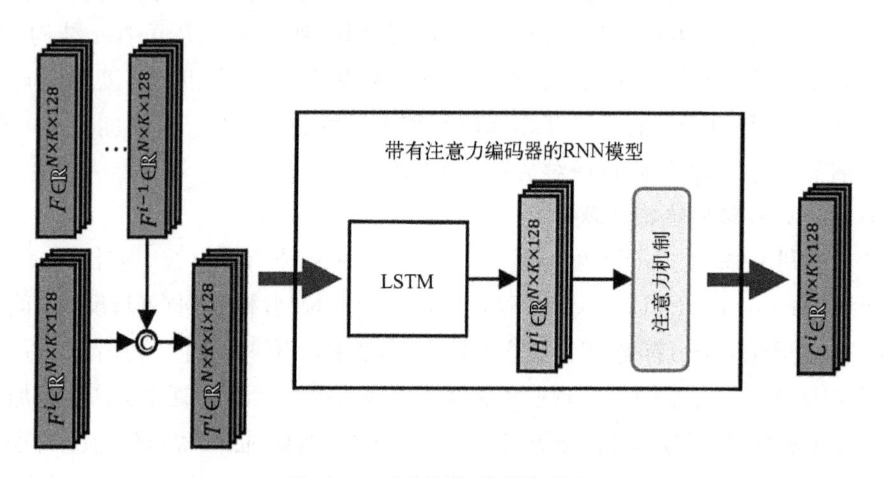

图 5－3 递归特征传播层结构

5. 特征感知的损失函数设计

典型深度学习点云质量优化方法一般通过倒角距离（chamfer distance, CD）损失和点分布均匀损失来共同监督点云去噪结果，但此种方式未考虑几何特征分布的稀疏性，导致网络模型倾向于优先去除平坦曲面噪声。为了克服此问题，提出了一种特征感知的联合损失函数来监督循环过程全阶段去噪结果，该函数由两个损失项组成：特征感知的倒角距离项和点均匀分布项。

特征意识的倒角距离项旨在使优化后的点云与真实点云尽可能保持一致，且对于稀疏几何特征具有敏感性。对于大部分几何模型，几何特征点往往是稀疏的。换言之，与位于平滑区域上的点个数相比，位于细节特征上的点个数更加稀少。这使得在对损失函数最小化时，网络会更多地关注那些平滑区域点，进而导致丢失精细的特征。为了让网络模型在学习过程中更多地关注几何细节，将每个点特征感知权重 g_j 引入倒角距离损失函数中：

$$L_{\text{fea}} = \sum_i \sum_{p_j^* \in P^*} g_j \min_{\hat{p}_j^{i+1} \in \hat{P}^{i+1}} \| p_j^* - \hat{p}_j^{i+1} \| + \sum_{\hat{p}_j^{i+1} \in \hat{P}^{i+1}} g_j \min_{p_j^* \in P^*} \| \hat{p}_j^{i+1} - p_j^* \| \tag{5-3}$$

式中，p_j^* 为无噪声点云 P^* 中的第 j 个点；$\hat{p}_j^{i+1}$ 为第 i 个循环阶段中第 j 个去噪后的点；特征感知权重 g_j 定义为无噪声点 p_j^* 的平滑度。

在 RePCD-Net 中，将训练数据中的所有点根据其平滑度分为六类。然后，根据特征平滑度为每个点分配一个标签 ID。对于较光滑表面上的点，ID 较小；位于尖锐特征处的点，其 ID 较大。平滑度是基于无噪声点云计算而得到的，且只参与到损失函数计算过程中，因此只需要在网络训练阶段计算平滑度，测试阶段则不需要。

同时，为了保证去噪后点云中点分布的均匀性，RePCD-Net 也引入了分布均匀项：

$$L_{\text{rep}}=\sum_{j}\sum_{j'\in K(j)}\eta(\|\hat{p}_{j^i}^{i+1}-\hat{p}_{j}^{i+1}\|)w(\|\hat{p}_{j^i}^{i+1}-\hat{p}_{j}^{i+1}\|) \tag{5-4}$$

式中，$K(j)$ 为点 $\hat{p}_j^{i+1}$ 的 k 邻近点索引号集合；$w(\cdot)$ 为高斯权重函数；$\eta(\cdot)$ 为单调递减函数，其作用在于惩罚过近点。

最终，总体损失函数为

$$L=L_{\text{fea}}+\lambda L_{\text{rep}} \tag{5-5}$$

式中，λ 为平衡因子。

综上，通过该损失函数，可以在有效去除噪声的同时，保持点云模型表面的几何特征。

5.2.3　点云数据质量优化

获得每个点的融合特征后，首先通过两个全连接层来回归残差坐标。然后，将输入点的原始 3D 坐标与回归的残差坐标累加，输出去噪优化后的点坐标。需要注意的是，尽管 RePCD-Net 是以基于局部结构块的方式进行训练的，但它可以使用如下两种方式对完整模型进行噪声去除：基于点云局部结构块和基于完整点云模型。其中，前者将完整点云模型分成多个局部结构块，对每个结构块分别进行噪声去除，然后再把所有去噪后局部结构进行拼接合成最终完整优化模型，采用该方式可以处理大规模测量点云数据。后者直接将完整模型视为一个局部结构，并对其进行尺寸缩放处理，使缩放后点云中每个点的四个邻域的大小与训练数据相似，然后将其直接输入网络模型进行处理。通过实验发现，这两种方案的去噪结果总体相似。基于局部结构的方案需要多次将局部结构输入网络，通常会消耗更多计算时间，而基于全局模型只需执行一次网络，时间消耗更少。

5.2.4　实验结果与分析

1. 计算机模拟点云模型质量优化实验

1) 模拟点云测试数据集生成

首先，从 PU-GAN① 提供的数据集中收集了一组三角网格模型生成模拟测试数据集。模型可按照结构复杂度分为简单、中等和复杂三种类别，各类别包含模型数量分别为 12、10 和 10。为了验证每种方法对不同点云分辨率的鲁棒性，在每个网格表面上分别采样 10 000 个、20 000 个和 50 000 个点作为无噪声点云。此外，为了验证每种方法对不同点云

① PU-GAN 表示点云上采样对抗网络(point cloud upsampling adversarial network)。

噪声的鲁棒性，对采样点云模型添加了三种不同强度的噪声，即噪声强度为 0.5%、1.0% 和 1.5% 的高斯噪声。因此，总共有 32×3×3=288 个测试点云。需要明确的是，合成训练数据集和测试数据集之间没有重复的三维模型。

2）模拟测试数据定量分析

为了定量化分析本节方法与现有先进方法的差异，在模拟点云测试数据集进行了量化对比。量化指标为去噪结果与其无噪声真值点云之间的倒角距离，倒角距离值越低，表示点云数据质量优化效果越好。表 5-1 中统计了各方法在模拟点云测试数据集上的平均误差。由表 5-1 可知，对于不同的输入噪声和点云分辨率，与现有先进方法相比，本节方法得到的去噪结果误差最低。此外，当噪声水平固定时，输入点云密度（如 10 000 个点）较低时通常只能表示有限的几何细节，即使在这种情况下，本节方法仍然可以取得最好的去噪效果。

表 5-1　去噪量化分析结果

方法	0.5% (10 000)	0.5% (20 000)	0.5% (50 000)	1% (10 000)	1% (20 000)	1% (50 000)	1.5% (10 000)	1.5% (20 000)	1.5% (50 000)	平均误差
WLOP	8.68	6.33	4.19	13.2	7.26	7.04	19.0	10.7	12.55	9.88
ECN	5.67	2.13	1.48	6.99	2.78	2.37	8.54	3.90	4.41	4.25
PCN	3.62	1.89	1.39	7.88	2.98	1.88	12.47	4.48	2.48	4.34
GPD	3.32	1.98	1.80	5.06	2.14	1.82	6.43	2.67	2.63	3.09
TD	3.56	1.64	1.23	8.35	3.60	3.13	14.01	7.40	7.27	5.58
本节方法	3.21	1.49	1.19	5.14	2.01	1.68	6.37	2.42	2.24	2.86

注：ECN 表示边缘感知的点云增强网络（edge-aware point set consolidation network）；PCN 表示点补全网络（point completion network）；GPD 表示图引导的点云去噪（graph-convolutional representations for point cloud denoising）；TD 表示总变差去噪（total variation denoising）。

3）模拟测试数据去噪可视化结果

本小节展示了合成噪声点云去噪可视化结果。由图 5-4 可观察到，WLOP 方法很难平衡噪声去除程度和特征保留程度，ECN 和 PCN 方法容易保留过多的噪声，GPD 和 TD 方法倾向于过度平滑点云中包含的几何特征。相比之下，基于所设计的循环去噪结构、特征循环传播层和特征感知损失函数，RePCD-Net 的去噪结果更加可靠。

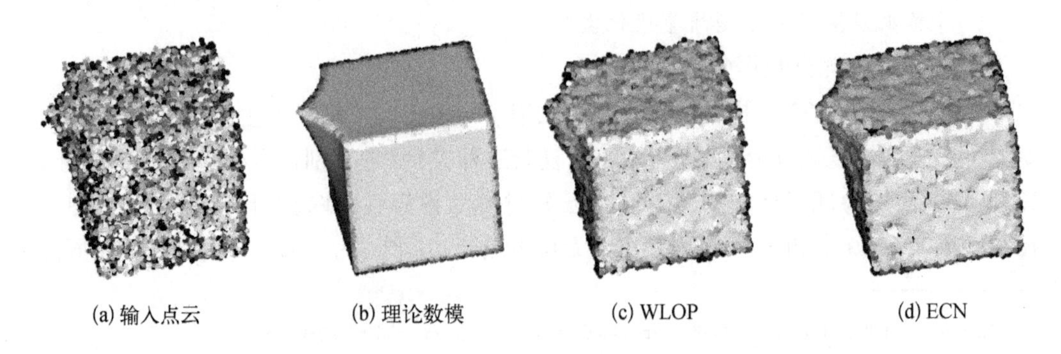

(a) 输入点云　(b) 理论数模　(c) WLOP　(d) ECN

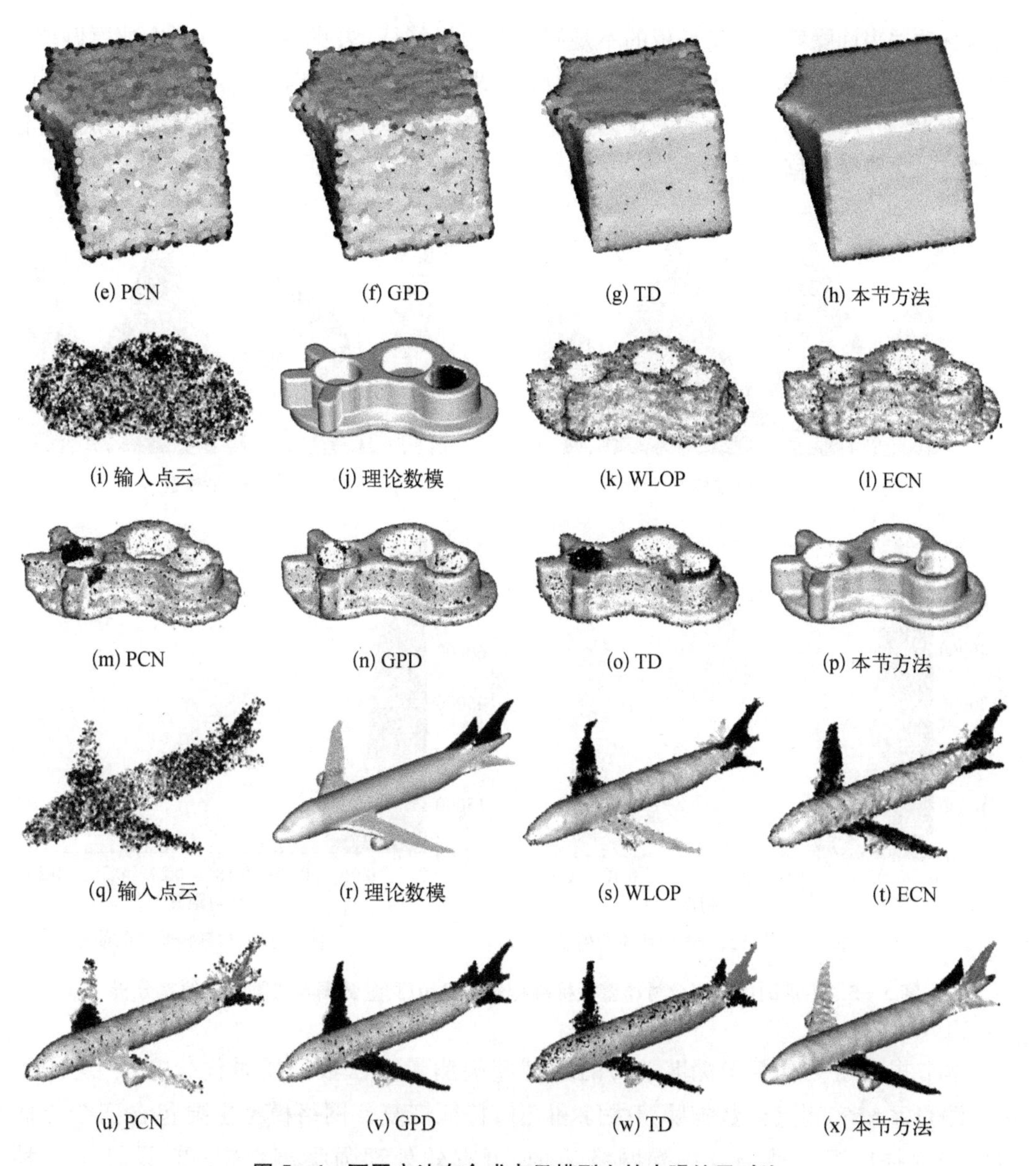

(e) PCN　(f) GPD　(g) TD　(h) 本节方法

(i) 输入点云　(j) 理论数模　(k) WLOP　(l) ECN

(m) PCN　(n) GPD　(o) TD　(p) 本节方法

(q) 输入点云　(r) 理论数模　(s) WLOP　(t) ECN

(u) PCN　(v) GPD　(w) TD　(x) 本节方法

图 5-4　不同方法在合成点云模型上的去噪结果对比

2. 实测点云数据去噪可视化分析结果

实验对象是不规则边缘复合材料壁板，长度为 1.0 mm，如图 5-5 所示。首先使用三维激光扫描仪对复合材料壁板进行三维测量，测量设备为三维激光扫描仪 MetraScan，测量精度为 0.035 mm，测量分辨率为 0.02 mm，原始三维测量数据如图 5-5(a)所示，点云颜色表示测量点到理论数模的偏差，颜色越暖，偏差越大。需要注意的是，该壁板测量模型表面贴有纸质标签[图 5-5(b)中偏差最大区域]，导致此处局部区域与理论数模有较大偏差。后续实际操作过程中，无此标签，故无须考虑此问题。采用本节方法对原始测量数据进行优化处理，结果如图 5-5(b)所示，由图可知，所提出的方法能够很好地去除原始测量数据表面噪声并保持壁板的不规则轮廓边界特征，去噪后结果与理论数模偏差大大减少。该标准样件测量点云数据优化前后与理论数模的偏差如图 5-5(c)和(d)所示。结果表明，最终，大部分去噪后的点云到理论数模的偏差在 0.06 mm 以内，为后续分析任务提供了高质量数据基础。

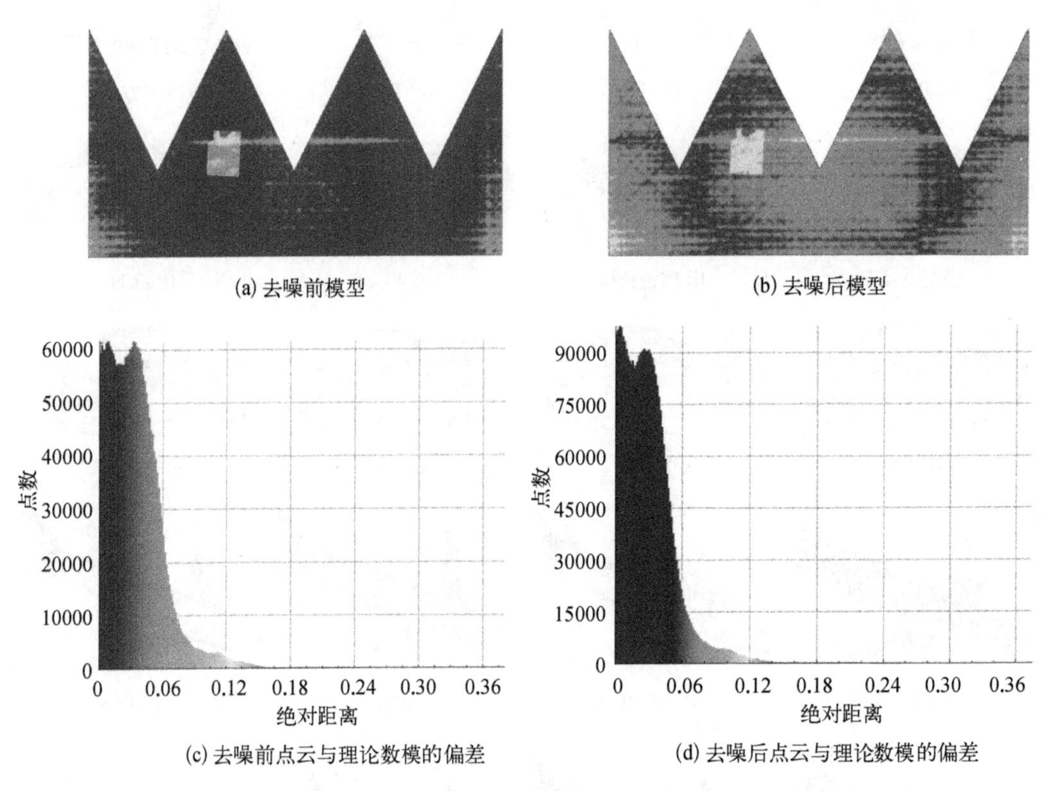

图 5-5　不规则边缘复合材料壁板标准样件(1.0 m)测量数据与去噪结果偏差分析

本节提出了一种基于深度学习的大型壁板测量点云数据质量优化方法，适用于三维测量系统实测点云数据噪声去除和几何特征恢复。网络模型主要包含四个方面特性：① 提出了一种循环去噪网络架构，可有效处理强噪声数据；② 设计了一种 BRNN 特征融合模块，从多尺度邻域中学习自适应特征，可用于不同循环去噪阶段，对不同强度的噪声和不同类型的几何特征都具有强适应性；③ 设计了一个特征循环传播层，可充分利用跨阶段多尺度特征，以恢复丢失的几何细节；④ 提出了一种特征感知损失函数，可适用于复杂几何点云模型。计算机模拟点云及飞机壁板实测点云实验表明，本节提出的测量点云数据质量优化方法可有效优化复杂实际装配现场复合材料零部件三维实测点云数据质量，抑制点云曲面噪声，恢复尖锐特征结构。对于长度为 0.5 m 的复合材料壁板标准样件，优化后测量点与理论数模的偏差小于 0.04 mm；对于长度为 1.0 m 的复合材料壁板标准样件，优化后测量点与理论数模的偏差小于 0.06 mm；对于长度为 3.0 m 的大尺寸复合材料壁板，可显著去除表面噪声和恢复不规则轮廓边界特征，为后续章节的装配特征提取和对缝协调分析提供了重要数据基础。

5.3 基于对偶图神经网络的双域网格去噪技术

5.3.1 算法概述

本节主要介绍一种端到端的几何感知的对偶图神经网络，同时在空间和法线域中执行去噪。该算法首次在图神经网络(graph neural network，GNN)中同时对位置和法线(即双域)进行优化，展示了双域之间强大的促进协调能力。本节方法充分挖掘了网格中既有的双图结构，结合顶点与面片的邻接关系，分别为空间噪声和法线噪声创建了两种图结构。具体来说，在三角网格中建立两种不同的图结构，其中一个以三维顶点作为节点，另一个以三角面片作为节点，通过对这两个图结构分别建立 GNN 并以端到端的形式进行特征学习，基于顶点的 GNN 回归网格顶点的三维坐标，基于面片的 GNN 回归网格面片的法线。然后，根据输出的法线再次调整输出的三维点坐标，可以进一步细化几何特征，提高去噪效果。此外，本节方法设计了一个新的图池化策略，可进一步提高网格去噪算法对不同尺度的噪声的鲁棒性。

网格去噪任务需要在去除噪声的同时尽可能保持准确的几何特征，通常存在四大关键挑战：① 在噪声网格中区分高频噪声和尖锐细节；② 噪声去除和特征保持之间的权衡；③ 避免引入漂移、形状失真等伪影；④ 合成数据和真实数据之间的差异。相关学者已做了大量的工作来解决这些问题，例如，基于滤波的方法尝试在邻域法线中利用几何信息来进行去噪，同时尽可能保持几何特征，但是通常需要复杂的参数调节。基于优化的方法通常对几何特征或者噪声特性进行先验假设，但是面对复杂的噪声时具有局限性。基于非局部相似性技术的方法，通过将具有相似几何属性的局部块聚合形成特征矩阵，然后利用低秩恢复算法实现去噪，这一类方法复杂度较高，并且同样需要调节复杂的参数。

从根本上说，网格中的噪声是由顶点坐标的偏差引起的，导致原始的几何特征被破坏。众所周知，各种尺度噪声和精细细节都是高频信号，极其复杂的噪声可能会破坏原始的几何特征。很多去噪方法都是在法线域进行法线滤波，进而实现网格去噪，尽管法线信息可以很好地捕获局部曲面的几何变化，但是这忽略了两个问题：① 在噪声比较大或者比较复杂的情况下，直接在原始噪声网格上提取特征或者学习映射具有明显的局限性；② 对面片法线进行滤波后，根据该法线去更新原始的噪声点坐标来实现去噪，对于不同程度噪声的网格也难以获得较好的空间一致性。

基于以上考虑，本节提出了一个新颖的图神经网络框架，该方法在噪声网格中同时学习空间域信息和法线域信息。具体来说，寻求一种端到端的网格去噪方法，该方法可以同时进行空间坐标和面片法线的回归。根据最近的基于学习的方法，假设网格模型中的局部几何属性和噪声特征可以从大量的噪声和无噪声数据对中学习。基于顶点构造的 G^v 和基于面片构造的 G^f 组成的对偶图结构可以很好地利用图神经网络来回归顶点坐标和面片法线。此外，在网格去噪中对 GNN 的图池化层进行了改进，增强了对噪声的鲁棒性。双域网格去噪算法的流程示意图如图 5-6 所示。

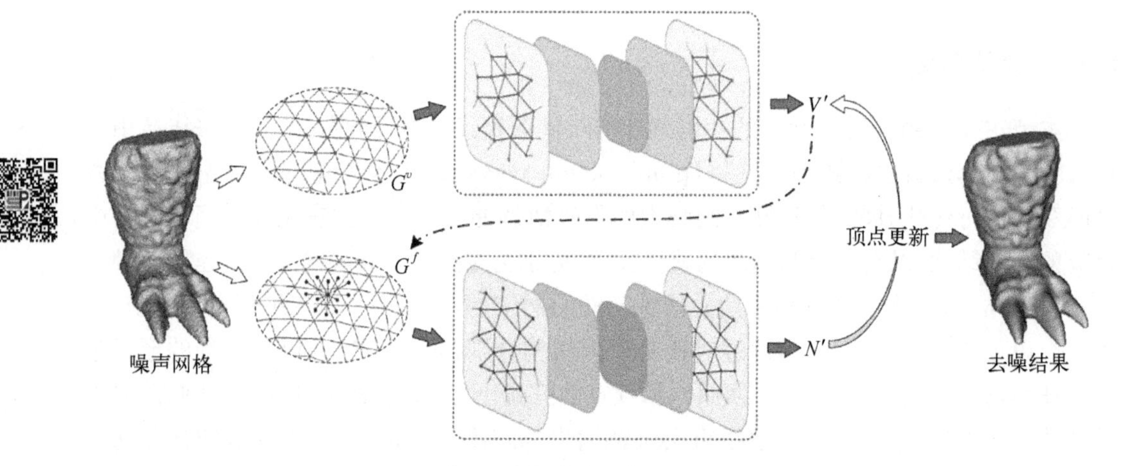

图 5-6　双域网格去噪算法的流程示意图

如图 5-6 所示，给定一个噪声网格，首先分别构建基于顶点的图结构 G^v 和基于面片的图结构 G^f。然后设计一个对偶图神经网络，上分支 GNN 模块用于在空间域进行去噪来生成初始去噪结果 V'，下分支 GNN 模块用于法线域去噪生成滤波后的面片法线 N'，上分支 GNN 模块输出顶点坐标的残差 ΔV，即 $V'=V-\Delta V$。

5.3.2　三角网格中的对偶图结构

对偶图结构是本节方法的基础，三角网格的拓扑形式本身就是一种特殊的图数据结构，记作 G^v。其中，三维顶点集 V 作为图结构中的节点集，而图的邻接矩阵由点和点之间的连接边构成，即网格中的边集 E，则该邻接矩阵 A^v 的大小为 $|V|\times|V|$，其中当顶点 i 和顶点 j 之间存在边连接时，$A^v_{i,j}=1$，否则 $A^v_{i,j}=0$。

基于三角面片建立图数据结构，定义为 G^f。以网格中的面片集合 F 作为 G^f 中的节点，像以往的方法对网格面片检索邻域集合的方式一样，通过对每一个面片寻找其拓扑邻域来建立面片之间的连接关系，从而构建邻接矩阵。本节方法综合考虑局部邻域的感受野大小和计算效率，采用 1 环邻域来建立邻接矩阵，即当 $A^f_{i,f}=1$ 时，表示面片 f_j 位于 f_i 的 1 环邻域中。

图 5-6 中展示了一个对偶图结构的示例，为了体现更好的视觉效果，仅以一个节点为例可视化其连接关系。直观地看，基于点的图结构 G^v 和基于面片的图结构 G^f 作为典型的数据结构，可以很好地利用 GNN 来进行学习。此外，这种双图结构使得空间顶点坐标和面片法线同时回归，促进了在空间域和法线域的网格去噪。

5.3.3　网络总体架构

如图 5－6 所示，对偶图神经网络使用双图结构，同时在空间域和法线域学习潜在映射。该体系结构中有两个 GNN 模块，其中一个模块学习网格中顶点的空间表示并生成初始去噪后的顶点坐标 V'（通过减去残差得到），另一个模块学习 G^f 的法线变化并生成去噪后的面片法线 N'。

本节方法中对于两个 GNN 模块采用完全相同的网络结构，但是对其各自的网络参数进行优化。对于每个 GNN 模块，采用 U-Net 架构设计网络。如图 5－7 所示，该 GNN 模块包括三个尺度的节点特征表示，对应两个图池化层，这样的设计使得该 GNN 模块可以通过池化层逐渐提高其图卷积的感受野，并提取全局上下文信息。另外，其中的跳跃连接可以将浅层的节点特征和位于同一尺度的深层特征进行拼接融合，提高网络的学习能力。

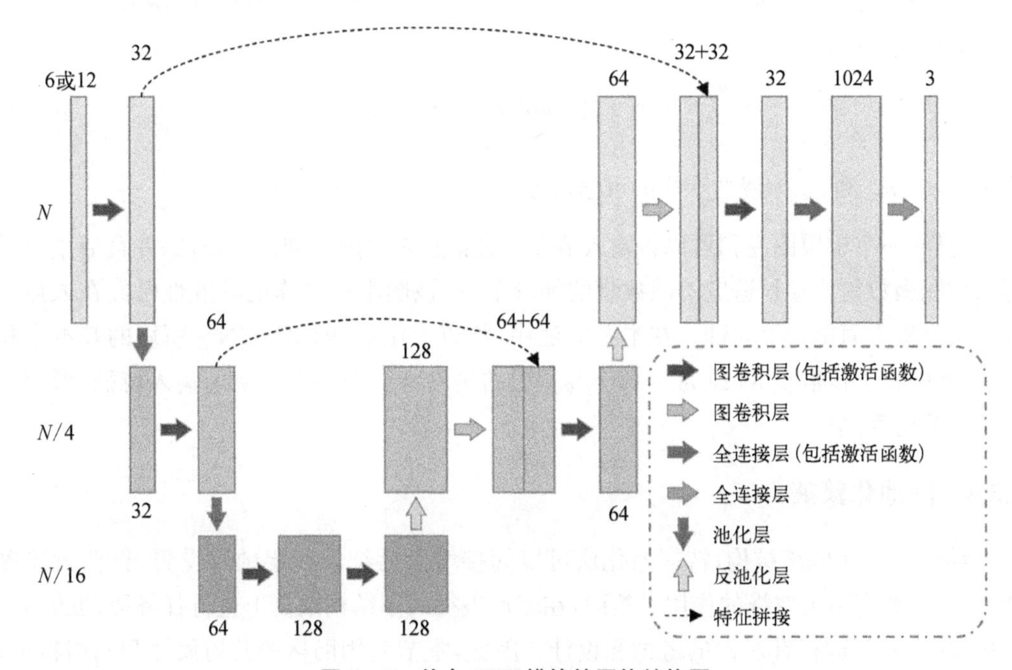

图 5－7　单个 GNN 模块的网络结构图

基于点的图结构 G^v，节点的初始特征为 6D 向量，输出的 3D 向量为坐标残差；基于面片的图结构 G^f，节点的初始特征为 12D 向量，输出的 3D 向量为面片法线。对于 G^v，其输入特征包含顶点的坐标和顶点的初始法线。类似的，对于 G^f，其输入节点的特征包含面片的质心坐标和面片的初始法线，并且本节方法中，根据初始去噪的顶点 V' 计算新的面片属性，即面片的新质心坐标和法线，将其和初始面片属性进行拼接（图 5－6 中的点虚线）。这样的几何处理操作，可以将空间域的初始去噪结果引入 G^f 的网络学习中，促进其回归更准确的面片法线，提升整体去噪效果。

此外，对网格池化的噪声尺度进行了几何分析，并提出了一种新的网格去噪图池化策略，将在下一小节中介绍这一点。

规则的卷积核在二维领域中已经得到广泛的发展。一般来说，对于GNN中的卷积层，定义该层的输入特征向量为 x，维度为 D^{in}，输出特征向量为 y，维度为 D^{out}。Verma等(Verma et al.，2018)提出了一种受二维启发的空间图卷积来对三维形状进行分析。该卷积层通过设定可学习的权重参数矩阵对 x 进行特征变换，然后在局部邻域内进行特征聚合，并通过设定 M 组权重参数来提高特征映射性能，对于节点 i，其具体的形式为

$$y_i = b + \sum_{m=1}^{M} \frac{1}{|N(i)|} \sum_{j \in N(i)} q_m(x_i, x_j) W_m x_j \tag{5-6}$$

式中，b 为偏差项；$N(i)$ 为与节点 i 有连接关系的邻域节点集合；W_m 为第 m 个特征变换的权重参数矩阵，维度均为 $D^{out} \times D^{in}$；$q_m(x_i, x_j)$ 是该特征变换的分配函数，用于特征聚合的权重分配：

$$q_m(x_i, x_j) \propto \exp(u_m^{\mathrm{T}} x_i + v_m^{\mathrm{T}} x_j + c_m) \tag{5-7}$$

式中，u_m、v_m 和 c_m 为线性变换的可学习参数；$\sum_{m=1}^{M} q_m(x_i, x_j) = 1$。

这样，一个单层图卷积可以将输入节点通过信息聚合映射到高维表征，并且通过可学习的分配函数使该卷积适应不同数量的邻域节点，该图卷积操作的有效性已经在人体三维形状分析方面得到了验证。在本节方法中，将以上图卷积作为GNN模块的基本卷积单元，其中权重核数量 M 设为9，每个卷积层的输出特征作为下一层的输入特征，形成网络的前馈运算。

5.3.4 图池化策略

对于U-Net网络结构，特征池化层可以间接增大后续卷积层的感受野，聚合大尺度特征信息，具有不可忽视的作用。然而，在流形表征的图结构数据上进行任务驱动的图池化操作时，需要进行针对性的考虑和设计。因此，本节利用网格的几何属性和网络特征，设计一个新级联权重图池化策略。

1. 几何权重图池化策略

Graclus算法是一个贪心的图粗化算法，并且已经在一些GNN网络结构中得到应用。具体来说，Graclus算法在每次粗化步骤中，通过最大化以下权重来将未标记的节点进行分组合并：

$$\frac{w_{ij}}{d_i} + \frac{w_{ij}}{d_j} \tag{5-8}$$

式中，w_{ij} 为节点 i 和节点 j 之间的连接边的权重；d_i 和 d_j 分别为节点 i 和 j 的度。显然，

该图粗化算法结果主要受边权重的影响。

Armando 等(Armando et al.，2020)针对以上算法设计了一个几何权重池化策略并在网格去噪方面取得了较好的结果：

$$w_{ij}^G = \max(n_i \cdot n_j) \times \exp\left(-\frac{\| c_i - c_j \|^2}{2 \times l_e^2}\right) \tag{5-9}$$

式中，n_i 和 n_j 分别为节点 i 和 j，即面片 f_i 和 f_j 的法线；c_i 和 c_j 分别为面片 f_i 和 f_j 的质心坐标；l_e 为网格中的平均边长。

对于合并的节点，与其相连的节点的边的权重进行加和来生成新的边权重。直观来看，该权重策略倾向于将具有相似几何属性的邻近节点进行合并，类似于双边滤波，来达到图池化的目的。

2. 特征权重图池化策略

与双边滤波一样，以上几何权重图池化层仅依赖原始噪声网格上的坐标和法线，在处理大尺度和复杂噪声的时候，该方法难以保持很好的鲁棒性。因此，可以考虑利用网络中的节点特征来估计该边权重，以此构建网格去噪任务驱动的权重池化层。在 GNN 框架下，可以方便且高效地根据图结构的邻接矩阵来计算边的权重。给定节点 i 和 j 在网络中的节点特征 f_i 和 f_j，通过计算特征向量差的 L_2 范数来度量节点之间的相关权重：

$$w_{ij}^F = \exp\left(-\frac{\| f_i - f_j \|^2}{2}\right) \tag{5-10}$$

该权重策略倾向于对具有相似特征的节点赋予一个更大的权重，来使这一对节点在后续处理中进行合并。基于节点特征的权重策略，通过任务驱动的方式，为图池化操作进行引导，使网络自适应地进行节点聚合，提高网络学习的泛化性。

3. 级联权重图池化策略

以上基于几何权重的图池化策略，由于其显式的几何约束，当局部几何属性比较稳定时，w_{ij}^G 可以提供更鲁棒的图池化引导来促进网格去噪。基于特征权重的图池化策略，以任务驱动的方式，在网络空间通过特征细化促进节点的合并，因而 w_{ij}^F 对几何特征和噪声具有更好的鲁棒性。因此，通过进一步结合这两种方式的优点，本节提出一个级联权重策略来引导图池化。具体地，对于第 t 层图池化层，用于池化的边权重计算为

$$\hat{w}_{ij}^t = \hat{w}_{ij}^{t-1} + \exp\left(-\frac{\| f_i - f_j \|^2}{2}\right) \tag{5-11}$$

式中，f_i 和 f_j 为输入当前池化层中节点 i 和 j 的节点特征；$\hat{w}_{ij}^{t-1}$ 是上一层图池化层之后的边权重，在网络的第一个图池化层中，边权重采用基于几何的权重策略，即 $\hat{w}_{ij}^1 = \hat{w}_{ij}^G$。

通过这样权重级联的方式，可以将几何权重和节点特征权重结合，使其优势互补，并且可以在图结构由粗到细的过程中，进行边权重的传递优化，促进网络浅层特征和深层特征的学习，提高整体的网络表征能力。大量的实验证明，级联权重图池化策略对噪声具有最好的鲁棒性，达到了最好的量化结果。

5.3.5 损失函数

对偶图神经网络可以通过端到端的形式同时回归顶点坐标和面片法线，因此，网络学习的损失函数包括顶点坐标损失和面片法线损失。

在本节实验中，训练数据是面片和顶点完全一一对应的，因此，采用简单的坐标 L_1 损失：

$$L_v = \frac{1}{N_v}\sum_{i=1}^{N_v} \| v' - v_g \|_1 \tag{5-12}$$

式中，v_g 为无噪声网格中对应顶点的坐标；N_v 为对应训练样本中的顶点数量。

对于法线回归的损失函数，同样采用 L_1 损失：

$$L_n = \frac{1}{N_f}\sum_{i=1}^{N_f} \| n' - n_g \|_1 \tag{5-13}$$

式中，n_g 为无噪声网格中对应面片的法线量；N_f 为对应训练样本中的面片数量。

因此，对偶图神经网络训练时的联合损失函数为

$$L = \alpha_v L_v + \alpha_n L_n \tag{5-14}$$

式中，α_v 和 α_n 分别是坐标损失和法线损失的平衡参数，经过实验表明，将两者都设为 1，可以获得较好的训练效果。

5.3.6 顶点位置更新

双域网格去噪网络可以通过端到端的形式同时对噪声网格进行顶点坐标的初步去噪和面片法线的滤波得到顶点坐标 V' 和面片法线 N'。尽管顶点坐标的回归可以实现一定的去噪效果，但是由于缺乏几何约束，V' 存在一些小的几何伪影和平滑度不足的情况。因此，依旧有必要通过顶点坐标更新来细化几何特征。在每次迭代时，对于 V' 中的任一顶点 i 的新坐标为

$$\hat{v}'_i = v'_i + \Delta v'_i \tag{5-15}$$

式中，$\Delta v'_i$ 为基于去噪后的法线计算得来的坐标残差：

$$\Delta v'_i = \frac{1}{|N_f(i)|}\sum_{k\in N_f(i)} n'_k [n'_k \cdot (c_k - v'_i)] \tag{5-16}$$

式中，$N_f(i)$ 表示和顶点 i 邻接的所有面片集合；c_k 和 n'_k 分别为面片 f_k 的质心坐标和去噪后的法线。实验中，将该算法的迭代次数设为60。

5.3.7 实验结果分析

本节中，首先介绍基于对偶图神经网络的双域网格去噪算法的具体实现细节，然后通过在合成数据和真实数据上的去噪结果和以往的去噪算法进行比较，来验证本节方法的优越性。

1. 对比方法

通过在以往的传统网格去噪方法和基于学习的方法中挑选一些代表性工作来对比验证本节提出的双域网格去噪算法的优越性。传统方法包括BMF算法、BNF算法、GNF算法、L_0 最小化(L_0)、非局部低秩法线恢复(non-local low-rank normal recovery, NLLR)方法和块法线联合滤波(PcFilter)，基于学习的方法包括CNR、NormalNet、NormalF-Net和面片图卷积(facet graph convolutions, FGC)。其中，大部分算法的去噪结果通过其公开的代码来获得，对于PcFilter、NormalNet和NF-Net，同一数据集上的实验结果由其作者提供。

2. 评估度量

对于网格去噪的定量比较，本节通过以下两种度量进行去噪效果的量化评估。

(1) θ。θ 为去噪后的网格和无噪声网格之间的平均面片法线夹角，用来评估去噪后的网格局部分段曲面的平滑度。θ 值越小，表示去噪效果越好。

(2) ε。ε 为去噪后的网格和无噪声网格之间的空间距离误差，这里采用修改后的单边Hausdorff距离。主要用来评估去噪后的网格相对于潜在真实曲面的几何一致性。ε 值越小，表示特征保持的能力越强。

3. 在合成数据上的结果

本小节中，首先验证算法在合成数据上的效果，其中包括50个不同的网格模型，21个用于网络训练、29个用于网络测试。针对每个网格都添加3个不同尺度的高斯噪声，标准差分别为 $0.1l_e$、$0.2l_e$ 和 $0.3l_e$，其中 l_e 为对应网格中的平均边长。总共有63个网格模型作为训练集，87个网格模型作为测试集。

如图5-8和图5-9所示，θ 和 ε 分别代表法线角误差和空间距离误差，这三种噪声模型涵盖了尖锐边、光滑曲面和细节部分。通过可视化效果和误差曲线图可以看到，本节方法在噪声去除和几何特征保持方面取得了最好的效果。对于Carter模型，传统的方法往往过于锐化边缘或过于光滑几何细节，而学习的方法会得到较好的效果。本节方法考虑了GNN中的空间域知识，保持了几何一致性，而其他的学习方法在特征保持方面有明显的缺陷，甚至引入了多余的伪影。对于Eros和Block模型中法线角误差和顶点距离误差的可视化结果，采用本节方法得到的效果更好。

图5-9中第一行为噪声网格与真值之间对应法线的法线角误差的可视化显示，第二行是噪声网格与真值之间最近顶点的空间距离误差的可视化显示，噪声等级分别为 $0.2l_e$ 和 $0.3l_e$。

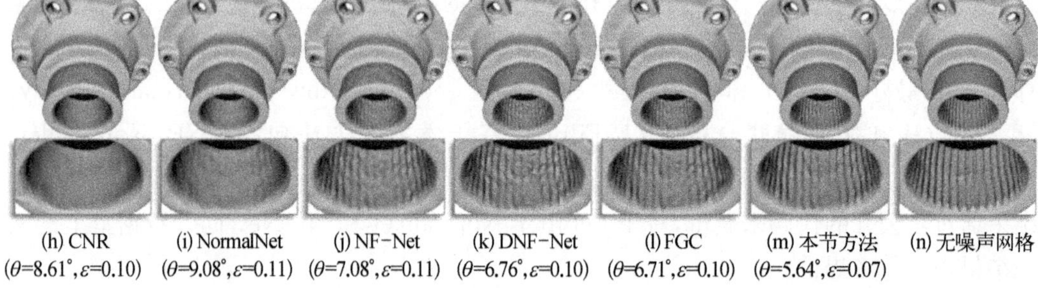

(a) 噪声输入 (θ=31.75°, ε=0.24) (b) BMF (θ=12.01°, ε=0.30) (c) BNF (θ=8.91°, ε=0.11) (d) GNF (θ=10.28°, ε=0.15) (e) L_0 (θ=10.81°, ε=0.18) (f) NLLR (θ=7.27°, ε=0.11) (g) PcFilter (θ=9.28°, ε=0.14)

(h) CNR (θ=8.61°, ε=0.10) (i) NormalNet (θ=9.08°, ε=0.11) (j) NF-Net (θ=7.08°, ε=0.11) (k) DNF-Net (θ=6.76°, ε=0.10) (l) FGC (θ=6.71°, ε=0.10) (m) 本节方法 (θ=5.64°, ε=0.07) (n) 无噪声网格

图 5-8　被 $0.3l_e$ 高斯噪声污染的合成噪声网格上各种方法的去噪效果对比

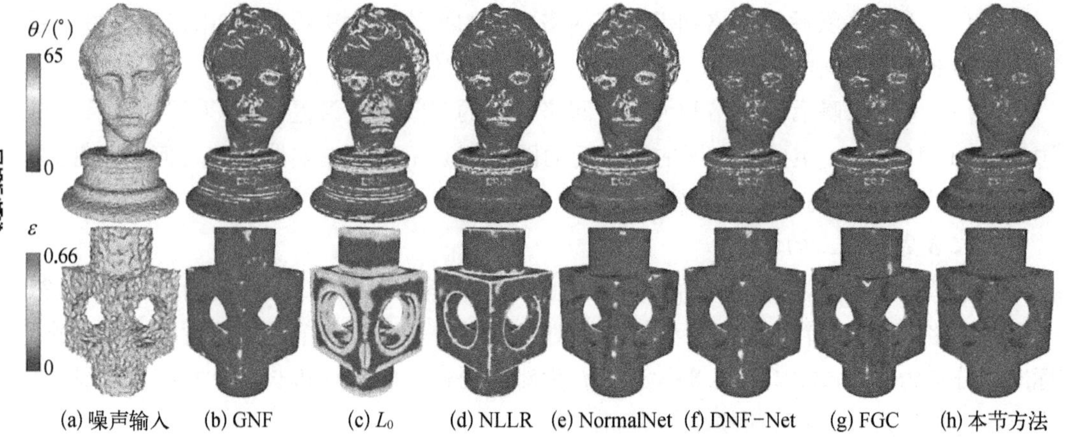

(a) 噪声输入 (b) GNF (c) L_0 (d) NLLR (e) NormalNet (f) DNF-Net (g) FGC (h) 本节方法

图 5-9　两种合成噪声网格的误差热度图对比结果

4. 在真实数据上的结果

本小节验证算法在真实数据上的结果，三个真实数据集分别为 Kinect 一代扫描获得的单帧网格数据、Kinect 二代扫描获得的单帧网格数据，以及通过对 Kinect 一代扫描的单帧采用 Kinect Fusion 技术生成的完整网格模型，这些真实数据的噪声通常由对应的扫描设备引入。对于 Kinect Fusion 生成的网格，由于通过在单帧噪声数据上进行特征提取匹配来融合，其噪声更为复杂。对每一个真实扫描的网格，都使用一个高精度的扫描仪(精度为 0.5 mm)来获取对应的真值，并使用刚性最近点搜索法来

进行配准。

实验在真实扫描数据与合成数据上的配置几乎相同。因为 Kinect 设备的数据由深度图 $v'_i = v'_i + \Delta v'_i$ 中给定一个深度方向 d_i，坐标残差的表达式为

$$\hat{v}'_i = v'_i + (\Delta v'_i \cdot d_i) d_i \tag{5-17}$$

式中，深度方向 d_i 应该归一化为一个单位向量，这种约束 Kinect 数据集上的坐标残差的操作同时在训练阶段和顶点更新阶段执行。

如图 5-10 和图 5-11 所示，采用本节方法，对于尖锐特征模型和平滑几何位置的去噪都达到了最好的量化误差，包括法线角误差和空间距离误差。并且在可视化中可以看到，由于引入了空间域信息进行去噪，本节方法也可以保留更多明显的几何特征。

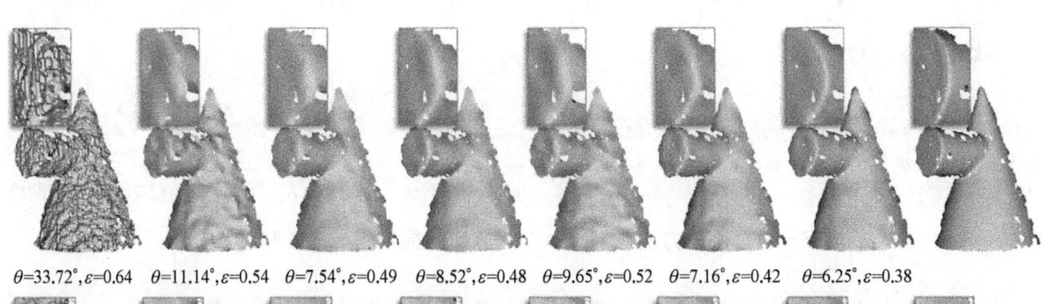

θ=33.72°, ε=0.64　θ=11.14°, ε=0.54　θ=7.54°, ε=0.49　θ=8.52°, ε=0.48　θ=9.65°, ε=0.52　θ=7.16°, ε=0.42　θ=6.25°, ε=0.38

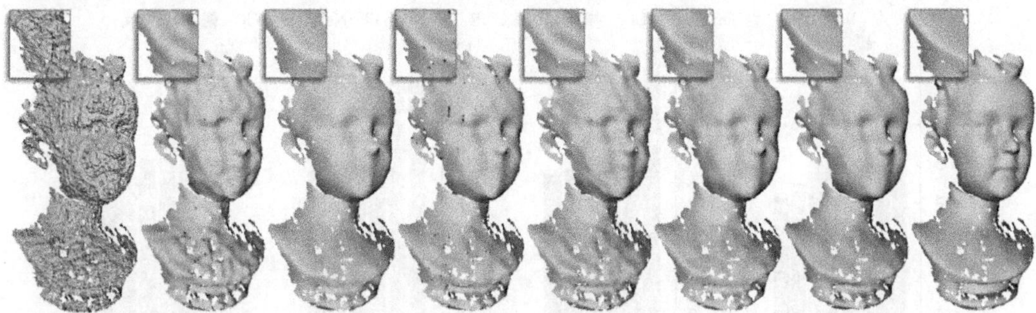

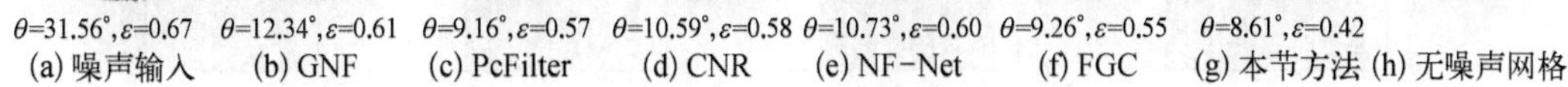

图 5-10　不同方法在 Kinect 一代真实扫描模型上的去噪结果

最后，实验中对所有比较的方法，包括合成数据和真实扫描数据在内的四个数据集的结果进行量化统计，如图 5-12 所示。在合成数据集和 Kinect 一代、二代数据集中，本节方法都取得了最佳的法线角度误差和空间距离误差，尤其在真实数据的去噪结果上，得益于空间域信息的学习，使得去噪的结果保留了更好的空间几何一致性，本节方法在真实数据上的空间距离误差的优势更大。

需要关注所有算法的结果在 Kinect Fusion 数据集上的结果，可以看到本节方法在该数据集上并没有明显的优势，这是因为 Kinect Fusion 数据集通过对单帧噪声网格数据进行特征提取然后配准融合。噪声的存在，导致其噪声数据和高精度网格之间的配准误

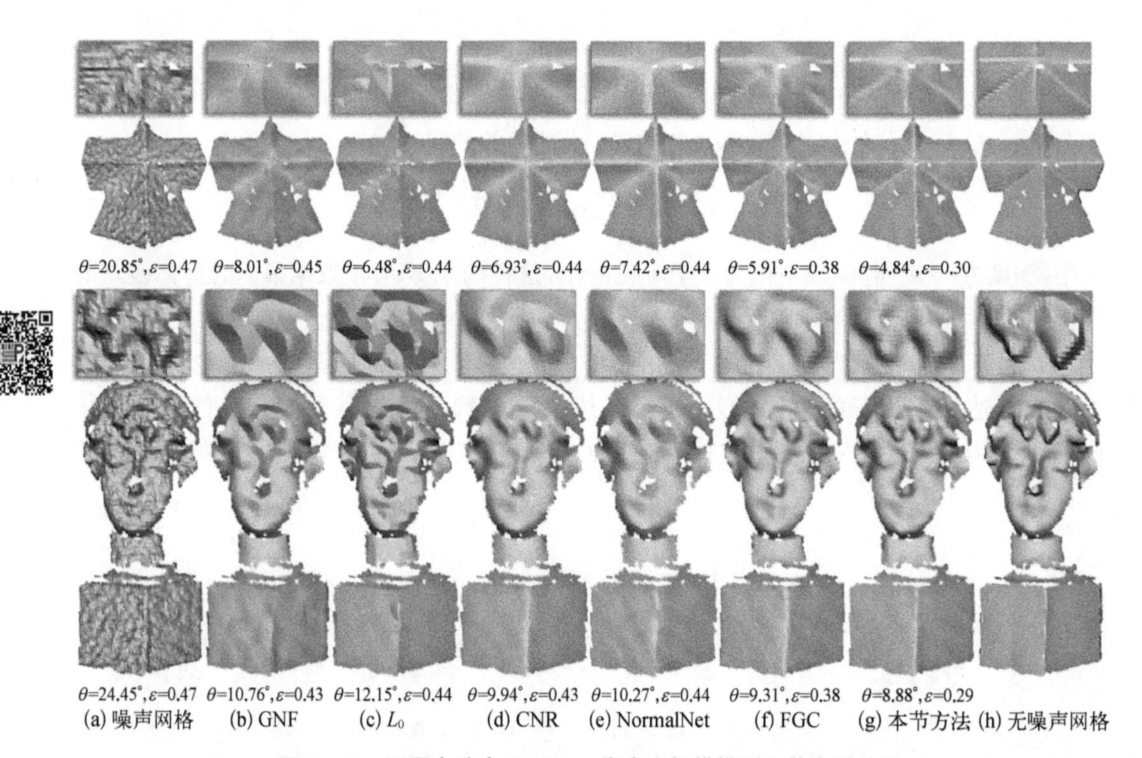

图 5-11　不同方法在 Kinect 二代真实扫描模型上的去噪结果

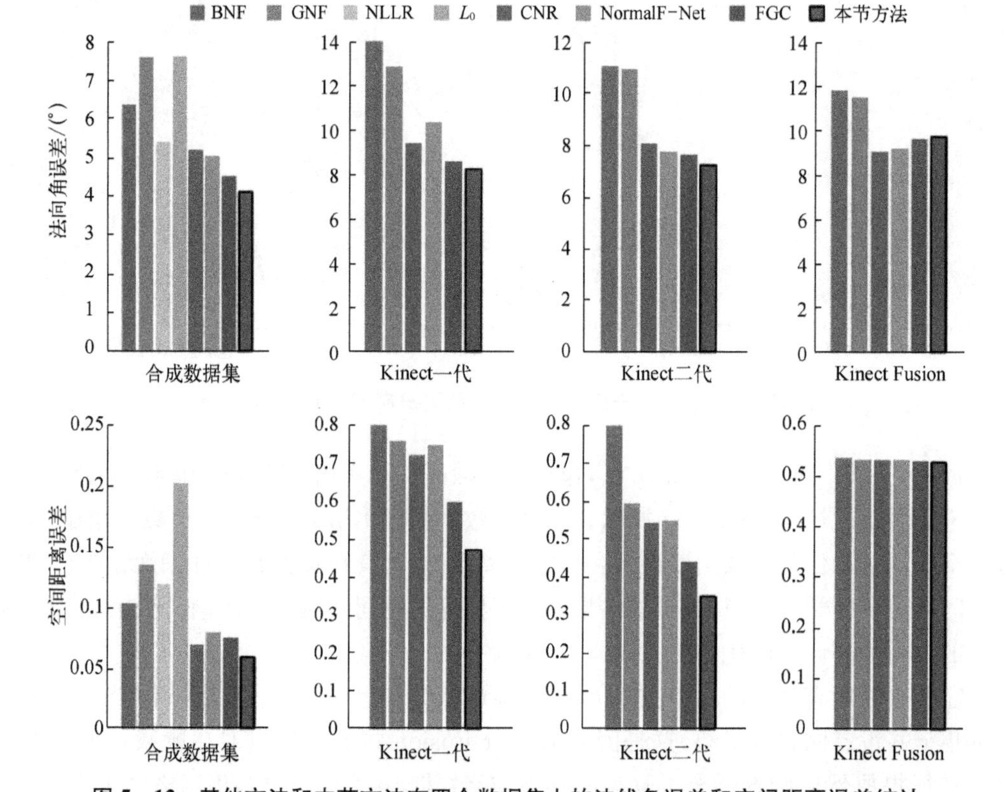

图 5-12　其他方法和本节方法在四个数据集上的法线角误差和空间距离误差统计

差较大，这对于本节方法中空间域GNN模块的失效，甚至对法线域的收敛造成了一些影响。在Kinect Fusion数据集上的空间距离误差也可以看出，尽管这是去噪之后的结果，这些方法的距离误差依旧没有明显的区别，说明在该数据集上确实存在明显的空间配准误差。

5. *消融学习*

接下来将介绍本节方法的消融学习部分。

(1) 有/无连接操作。移除了G^v与G^f之间的连接操作(图5-7)，因此估计的面片法线直接从噪声面片中回归。

(2) 更新V：顶点更新中的基顶点集由预去噪的顶点V'更改为噪声顶点V，这等价于消除空间域的约束。

(3) 几何权重图池化：将图池化权重估计方法设置为几何权重图池化策略。

(4) 特征权重图池化：将图池化权重估计方法设置为特征权重图池化策略。

在Kinect二代数据集上分别重新训练每种情况下的网络，并得出相应测试集的去噪结果。如表5-2所示，在一些模型和整个数据集上计算了平均法线角度差θ和平均空间距离误差ϵ。移除了G^v与G^f之间的合并操作后，基于法线的学习分支与其他传统学习方法类似。但是由于复杂的顶点噪声，这种设置有明显的局限性。类似地，当不使用空间域约束，直接根据预测的面片法线来更新原始噪声顶点时也无法达到满意的去噪质量。在完整的结构中，在法线回归和顶点更新中考虑了空间域信息，得到了更小的法线角误差和空间距离误差。除此之外，在图池化步骤中验证了三种权重策略。基于节点特征的权重估计策略对噪声有较好的鲁棒性，而将几何属性与节点特征相结合可以进一步提高具有尖锐特征网格的去噪质量。

表5-2 消融实验的去噪结果对比

	男孩模型	圆锥模型	女孩模型	金字塔模型	总 计
有/无连接操作	8.74°/0.37	5.19°/0.23	9.44°/0.37	5.72°/0.27	7.59°/0.34
更新V	8.87°/0.47	5.09°/0.35	9.06°/0.37	5.64°/0.36	7.32°/0.39
几何权重图池化	8.64°/0.36	4.26°/0.21	9.32°/0.37	5.15°/0.26	7.17°/0.33
特征权重图池化	8.24°/0.35	4.41°/0.20	8.91°/0.37	5.03°/0.25	7.08°/0.32
完整流程	8.27°/0.34	4.21°/0.18	8.88°/0.37	4.84°/0.26	7.02°/0.32

此外，为了更好地对比与理解，对直接使用预去噪后的顶点V'进行了可视化，增加更新噪声顶点V和预去噪后的顶点V'的效果，如图5-13所示。若直接使用V'，在空间位置回归中，相对大的噪声得到了明显的平滑，得到的顶点更接近潜在的几何曲面。然而由于缺少空间约束，直接更新噪声网格顶点V会像其他法线域去噪方法一样产生不准确的几何分布。但是，结合这两种选项的好处，更新V'可以促进法线回归，为后期的顶点更新提供更准确的初始位置，从而获得更好的去噪质量。

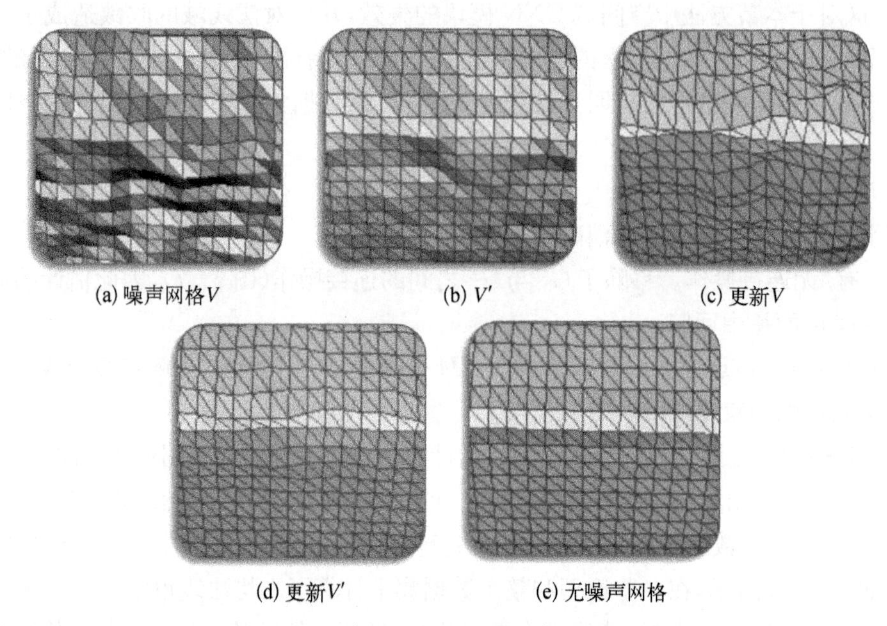

(a) 噪声网格V　(b) V'　(c) 更新V

(d) 更新V'　(e) 无噪声网格

图 5-13　V'、更新 V 和更新 V' 的输出比较

6. 不同噪声强度下的鲁棒性

为了更全面地验证双域网格去噪的鲁棒性，在强度更大的噪声网格上进行了测试。特别地，除了测试集上的三个噪声尺度外，还加入了(0.4～0.7)l_e级别的高斯噪声。所有的基于学习的方法都使用之前训练过的网络进行了公平的比较，并计算了不同噪声尺度下的法线角误差，对比结果如图 5-14 所示，从图中可以看到本节方法在所有噪声级别中都取得了最低的 θ 值，级联权重图池化策略对噪声有更强的鲁棒性。

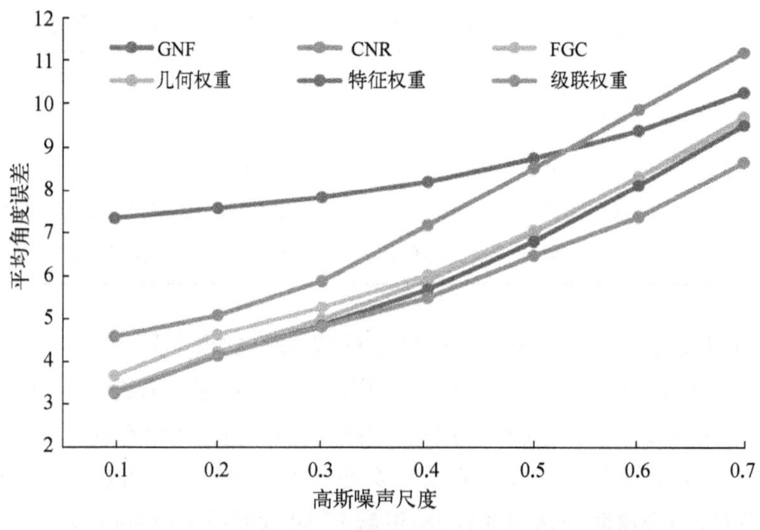

图 5-14　其他方法和本节的三种图池化策略在不同噪声水平的合成数据集上的平均角度误差

7. 不同几何特征下的鲁棒性

综合数据集中的网格模型包含各种几何特征,如尖锐特征、平滑曲面和精细细节。为了验证本节方法的几何泛化能力,统计了合成数据集中所有29个测试模型的空间距离误差,如图5-15所示。特别地,计算了每个网格的三种噪声版本之间的平均ε值,并对其进行排序。从图5-15可以看到,本节方法在29个模型上取得了更小的空间距离误差,曲线比其他方法更平滑。对比表明,本节方法对各种几何特征具有较好的泛化能力,而不倾向于处理单一类型的网格模型。

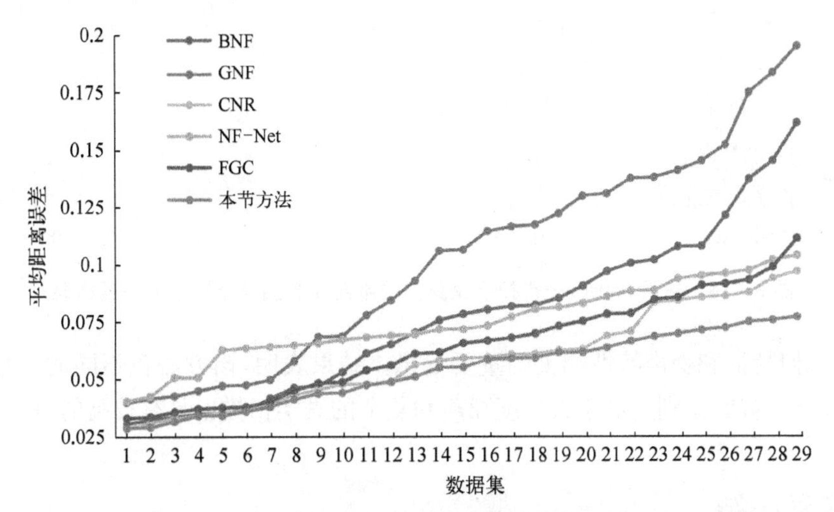

图5-15　在29个合成数据集的测试网格上不同方法产生的空间距离误差(按升序排序)

8. 对真实扫描网格的鲁棒性

如前所述,在扩展网格去噪应用场景时,一大挑战是如何缩小噪声曲面与真实原始曲面之间的差距。实际扫描数据受更复杂的噪声影响,空间坐标偏差严重,甚至会导致几何特征失真。为了评价该方法的泛化能力,对更多的真实场景扫描数据进行了测试。从中选择一个扫描样本,通过基于图像像素的三角剖分方法重建网格。图5-16给出了本节方法及几种具有代表性的去噪方法的定量结果。真实数据的噪声很复杂,简单的高斯型或脉冲型难以模拟,这导致在一些对比方法(BNF、GNF和NF-Net)中无法完全消除噪声。CNR提出的多尺度特征描述子和FGC提出的面片图卷积在去除噪声方面有很好的效果,但会过度锐化一些几何结构(如鼻子)。在GNN的基础上,本节方法引入了空间域的顶点去噪,并以此为基础进行后续的更新,实现整体的网格去噪。因此,本节方法在有效去除噪声的同时也能较好的保持特征(如围巾)。

本节介绍了一个新颖的双域网格去噪算法,该算法从新的视角解决网格去噪的问题。与常见的只在法线域进行去噪的网格去噪方法不同,本节设计了一个对偶图结构的神经网络,可以在任何自然存在的双图结构的网格模型中使用,同时在空间域和法线域进行去噪。另外,还设计了一个具有级联权重估计策略的图池化层,可在空间域和法线域中有效

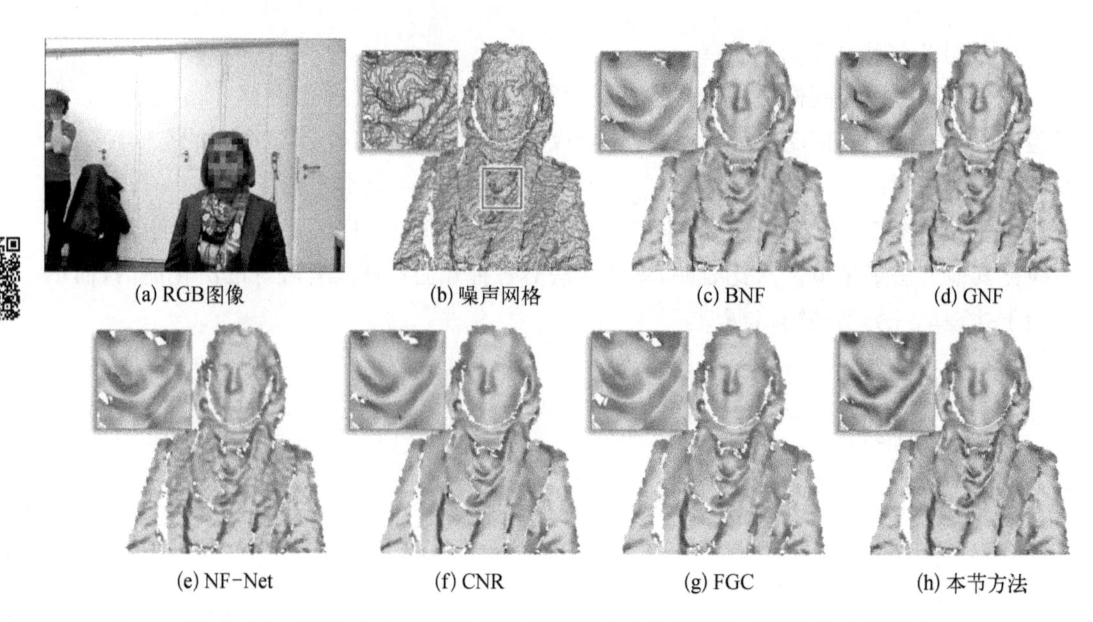

图 5-16 采用 Kinect 一代扫描仪获得的半身像数据重建网格的去噪结果

地学习与几何特征和噪声特性相关的重要信息。结果表明,该方法在不同的定量测度下具有明显的优越性,特别是对于大尺度噪声和复杂的真实扫描也具有较高的鲁棒性。

5.4 本章小结

本章分别介绍了两种基于点表征学习的测量数据去噪优化算法和基于点表征学习的测量数据智能去噪方法在当前领域的研究工作中具有独特的优势,在处理三维数据时可以直接对输入的点坐标进行处理,无须设计适配于典型二维领域常见网络模型输入的手工特征,因此该类方法可广泛应用于点云作为输入的各项学习任务中。

第 6 章

基于几何特征描述子的测量数据智能优化技术

6.1 引言

近年来,基于深度学习方法的点云和网格去噪算法逐渐成为当前研究领域的热点,而学习的方法都需要建立一个特征描述子,一个比较好的特征描述子可以帮助神经网络从点云中学到更有用的特征,进而提升算法去噪后的结果。因此,开展关于特征描述子的研究具有重要意义。本章介绍几种特征描述子的建立过程,以及如何基于这些特征描述子设计一种有效的深度学习去噪方法,使该方法在对噪声模型去噪时能较好地保持模型的尖锐几何特征。

在内容安排上,本章主要分 3 个小节来阐述。

6.2 节:几何支持的对偶卷积点云去噪技术。基于一种几何知识(噪声点云的潜在表面包含一个或多个平滑区域,由此可以较好地估计点的法线)提出了两个特征描述子,根据两个特征描述子构建了对偶卷积神经网络来对点云去噪,该方法能较好地保持点云的尖锐特征。

6.3 节:几何知识驱动的三角网格法线滤波技术。该方法在全局范围内寻找几何结构相似的块区,提取特征描述子并构成非局部块组矩阵,然后模拟低秩恢复的过程,采取级联网络模式对点云进行去噪,可得到较好的去噪结果,同时也恢复了去噪过程中丢失的细节特征。

6.4 节:基于级联几何恢复的三角网格逆向滤波技术。提出一种广义反向滤波面法线描述符作为特征算子,从经过网格滤波器过度平滑的模型中学习该特征算子到真值法线的对应关系,得到新的法线后迭代此过程,最后更新点坐标以匹配新的点法线,从而达到逆向滤波的效果。

6.2 几何支持的对偶卷积点云去噪技术

6.2.1 算法概述

本节主要介绍几何支持的对偶卷积神经网络的点云去噪算法,简称 GeoDualCNN。

该算法首先为每个点搜索一个局部光滑区域(各向同性邻域),用来重新估计一个更准确的点法线,并将其视为该点的引导法线。然后效仿双边法线滤波中的空间核(主要用来去除噪声)和法线核(主要用来保持特征),基于点的引导法线建立两个局部特征算子。接着利用建立在噪声点云上的两个特征算子,构建一个由两个并行分支组成的 CNN 结构,从网络中学习无噪声的点云法线,最后执行点位置更新方法来匹配估计后的点法线以实现去噪。GeoDualCNN 的流程图如图 6-1 所示。

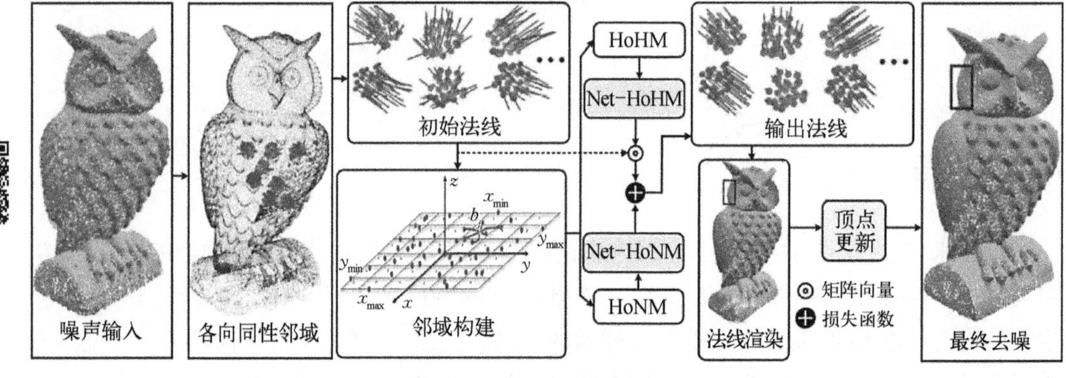

图 6-1　GeoDualCNN 流程图

步骤一:该方法使用张量投票引导的相对总方差的度量方法,为点云中的每个点寻找一个各向同性邻域(homogeneous neighborhood, HoNe),由于大部分曲面都是分段光滑的,可以在各向同性邻域中有效地估计点的初始法线作为点的引导法线。

步骤二:建立一个局部坐标系,将局部邻域内的点投影到该坐标系中,然后对点的高度和点的法线采样,构建两个几何算子,即各向同性高度图(homogeneous height map, HoHM)和各向同性法线图(homogeneous normal map, HoNM),解决点云的无结构性和无序性问题。

步骤三:GeoDualCNN 包含两个并行的分支,Net-HoHM 使用各向同性高度图去除点云噪声,Net-HoNM 使用各向同性法线图保持点云表面特征,两个分支网络使用综合损失函数。

步骤四:提出一个点更新方法来匹配重新估计后的法线,以避免产生点云形状变形和点偏移两种类型的错误。

以下是该方法使用的一些基本符号:

(1) $P=\{p_i\}_{i=1}^{N}\subset\mathbb{R}^3$ 表示含有 N 个点的噪声点云,p_{tar} 表示算法考虑的目标点;

(2) $N=\{n_i\}_{i=1}^{N}\subset\mathbb{R}^3$ 表示扫描仪提供的点云的初始法线,其中 n_i(或 n_{tar})表示点 p_i(或 p_{tar})处的法线量。如果点云没有初始法线,本节采用经典的主成分分析(principal component analysis, PCA)法来估计;

(3) $P(p_i)$ 表示点 p_i 的 k 近邻集合(认为 p_i 自身是其第一个邻域点),$N(n_i)$ 表示 $P(p_i)$ 的法线量集合;

(4) $P_H(p_i)$ 表示点 p_i 各向同性邻域中的点，$N_H(n_i)$ 表示 $P_H(p_i)$ 中点的法线集合；

(5) $N^h=\{n_i^h\}_{i=1}^N$ 表示对各向同性邻域执行 PCA 得到的点云法线集合，其中 n_i^h（或 n_{tar}^h）表示点 p_i（或 p_{tar}）处的法线量。

6.2.2 构建对偶图

本节方法认为每个点 p_i 都属于一个以它为中心的各向同性邻域(HoNe)，而不是非各向同性邻域，因为各向同性邻域可以避开点云的尖锐特征，准确地表示该点周围的几何平滑度。

每个点 p_i 的 k 近邻 $P(p_i)$ 构成了它的原始邻域，定义 p_i 一共有 k 个附近邻域，记作 $C_i=\{P(p_j)\mid p_j\in P(p_i)\}$，其中 p_j 属于 p_i 的原始邻域，每个附近邻域由 p_j 的邻域点 $P(p_i)$ 构成。从 k 个附近邻域中找出包含尖锐特征点的可能性最小的邻域，称为各向同性邻域(HoNe)。

首先使用相对总方差(relative total difference, RTV)来计算 C_i 中的每个附近邻域 $P(p_j)$ 的几何平滑度：

$$F_{\text{RTV}}[P(p_j)]=D[P(p_j)]\cdot S[P(p_j)] \tag{6-1}$$

$$D[P(p_j)]=\max_{n_l,\, n_h\in N(n_j)}\|n_l-n_h\| \tag{6-2}$$

式中，$D(\cdot)$ 为 $P(p_j)$ 中任意两点之间法线的最大差值，最小化 $D[P(p_j)]$ 就是在寻找各向同性邻域时寻找包含边缘特征的概率最小的邻域。同时，为了使各向同性邻域具有与目标点 p_{tar} 一致的代表性法线，定义 $S(\cdot)$ 来衡量 $P(p_j)$ 相对于目标点法线的差异：

$$S[P(p_j)]=\frac{\max\limits_{n_l\in N(N_j)}\|n_l-n_{\text{tar}}\|}{\sum\limits_{n_l\in N(n_j)}\|n_l-n_{\text{tar}}\|+\xi} \tag{6-3}$$

式中，n_{tar} 为 p_{tar} 的法线；ξ 是一个较小的整数，避免分母为零。

根据 $D(\cdot)$ 和 $S(\cdot)$ 的定义可以得出，函数 D 的值越小，区域 $P(p_j)$ 越平滑，函数 S 的值越小，该区域和 p_{tar} 的法线方向越相近，$F_{\text{RTV}}(\cdot)$ 可以决定相对于 p_{tar} 来说最平滑的附近邻域。

各向同性邻域的 RTV 值往往会越来越小，可能会导致其对高阶噪声敏感。例如，当各向同性邻域的法线差值较小时，一些噪声峰值可能会被当成特征边缘，导致该邻域的 RTV 值变大。为了解决受噪声影响的问题，该方法利用法线量投票策略来提高 RTV 的鲁棒性，每个点的法线量投票定义为

$$T_j=\sum_{n_l\in N(n_j)}n_l n_l^{\text{T}} \tag{6-4}$$

将 T_j 的三个特征值构成一个单位向量 $E_{n_j}=(\lambda_1,\lambda_2,\lambda_3)$，则 TVG－RTV 定义为

$$F_{\text{TVG-RTV}}[P(p_j)]=F_{\text{RTV}}\cdot D_{\text{T}}[P(p_j)]\cdot S_{\text{T}}[P(p_j)] \tag{6-5}$$

式中，$D_{\text{T}}(\cdot)$ 为 $P(p_j)$ 中任意两点的特征向量 E_{n_j} 之间的最大差值；$S_{\text{T}}(\cdot)$ 为 $E_{n_{\text{tar}}}$ 和 E_{n_j} 的相对平滑程度测量。

本节方法并不只是单一地使用 $D_{\text{T}}(\cdot)\cdot S_{\text{T}}(\cdot)$ 来防止噪声，因为这样会丢失微小的细节，用 $D_{\text{T}}(\cdot)\cdot S_{\text{T}}(\cdot)$ 乘以 $F_{\text{RTV}}(\cdot)$ 既可以防止噪声，也可以使各向同性邻域的质量最大化。改进的 TVG－RTV 与一般的 RTV 对比如图 6－2 所示，对每个模型对来说，左边的各向同性邻域由 RTV 产生，右边由 TVG－RTV 产生，其中黄色点表示目标点，红点构成了黄点的各向同性邻域，蓝色的线表示这些红点的法线方向，可以观察到 TVG－RTV 比 RTV 在两种 CAD 模型上有更强的一致性。在使用 TVG－RTV 找到的每个各向同性邻域上再次执行 PCA 算法，获得噪声点云的点法线 $N^h=\{n_i^h\}_{i=1}^N$，这时可以完全消除任何尖锐特征另一侧区域的点的影响。

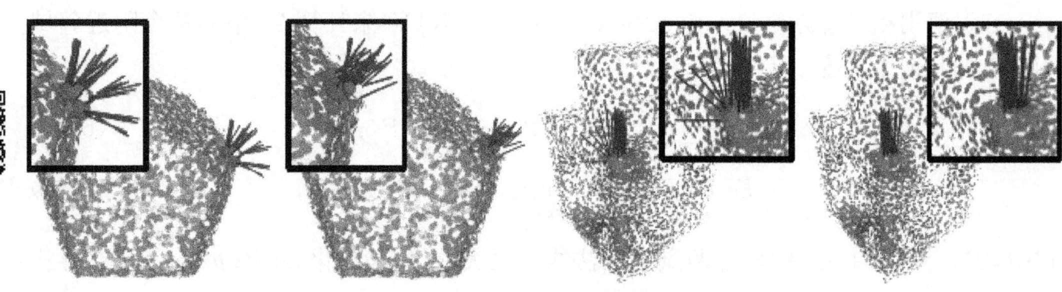

图 6－2 改进的 TVG－RTV 与一般的 RTV 对比图

为了消除点云的无结构性和无序性的影响，对每个 p_{tar} 的各向同性邻域，本节方法设计两个几何算子，分别包含点的坐标和法线信息，即各向同性高度图和各向同性法线图。

首先，在各向同性邻域的中心点 $\bar{p}$ 处(图 6－3)，使用平面参数化方法构建一个局部坐标系，其中包含了点的高度和法线信息。详细来说，通过法线量的协方差分析和特征值 λ_1、λ_2、λ_3 相关的特征向量 e_1、e_2、e_3 来构建一个局部坐标系，其中特征值最小的特征向量作为 z 轴，特征值最大的特征向量作为 x 轴，最后一个特征向量作为 y 轴。

$$C_{\bar{n}}=\sum_{n_j^h\in N_H(n_{\text{tar}}^h)}(n_j^h-\bar{n})(n_j^h-\bar{n})^{\text{T}} \tag{6-6}$$

其次，将 $P_H(p_{\text{tar}})$ 中的点通过投影矩阵 M_{tar} 转换到局部坐标系中，再将其沿着 z 轴投影到 $x-y$ 平面上，形成 $P_H(p_{\text{tar}})^z$。根据坐标系中点 x、y 的最大值和最小值构建一个 16×16 的网格块，网格块中每个单元格的高度为各向同性邻域中到该单元格中心的 k 个近邻点的平均高度：

$$h_{b_j}=\frac{1}{k}\sum_{s_i\in \mathrm{KNN}(b_j)}\mathrm{height}(G_i,\ s_i) \tag{6-7}$$

式中，b_j（图6-3中的绿色点）是网格的第 j 个单元格；s_i（图6-3右下方蓝色点）为 b_j 在 $P_H(p_{\mathrm{tar}})^z$ 中的 k 近邻；G_i 表示第 i 个网格；$\mathrm{height}(G_i,\ s_i)$ 表示 s_i 到网格的高度。实验证明，$k=6$ 时可以取得较好的效果。

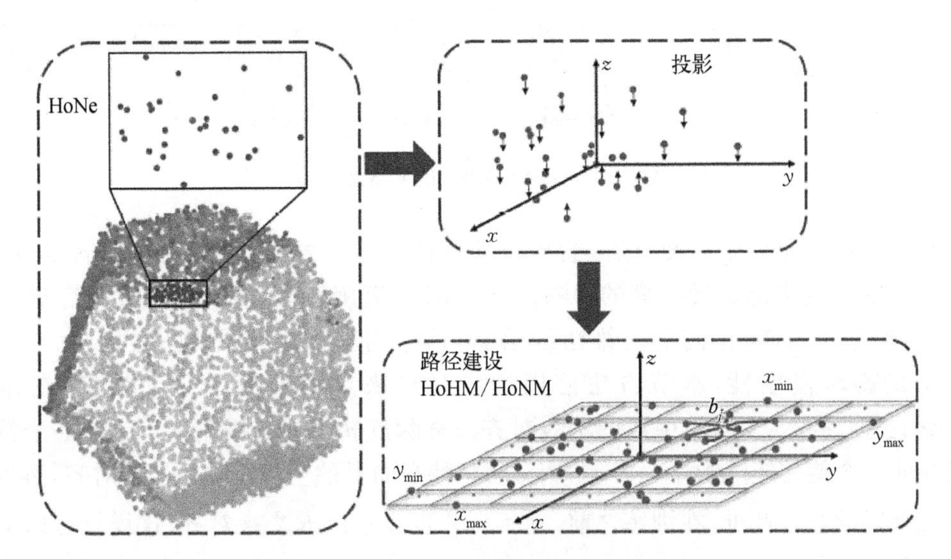

图6-3　从各向同性邻域构建块的说明图

网格的法线也用类似计算网格块的方法计算，但在计算之前，需要将 $N_H(p_{\mathrm{tar}})$ 中点的法线对来移除旋转模糊性。首先构建一个旋转矩阵 $R_{\mathrm{tar}}=[e_1,\ e_2,\ e_3]$，每个法线乘以 R_{tar}^{-1}，然后计算每个网格的法线：

$$n_{b_j}=\Lambda\Big(\sum_{s_i\in \mathrm{KNN}(b_j)}R_{\mathrm{tar}}^{-1}n_{s_i}\Big) \tag{6-8}$$

式中，$\Lambda(\cdot)$表示正则化操作；n_{s_i} 是 s_i 的法线。

6.2.3　网络结构设计

GeoDualCNN的网络结构由两个并行的子网络组成，Net-HoHM用于去噪、Net-HoNM用于特征保持，两个网络具有综合损失函数。如图6-4所示，给定噪声点的法线（n_x，n_y，n_z），构建两个特征算子，两个子网络分别接收这两个特征算子为输入，预测点的新的法线，最后将两个分支网络估计的法线相加并归一化，得到最终的输出法线。

$[(n_i^h,\ S_i^H),\ n_i^{\mathrm{gt}}]$ 为Net-HoHM的输入训练数据，$[(n_i^h,\ S_i^N),\ n_i^{\mathrm{gt}}]$ 为Net-HoNM的输入训练数据，其中 S_i^H（或者 S_i^N）是噪声点云中点 p_i 的值，n_i^{gt} 是无噪声点云中对应的真实法线。

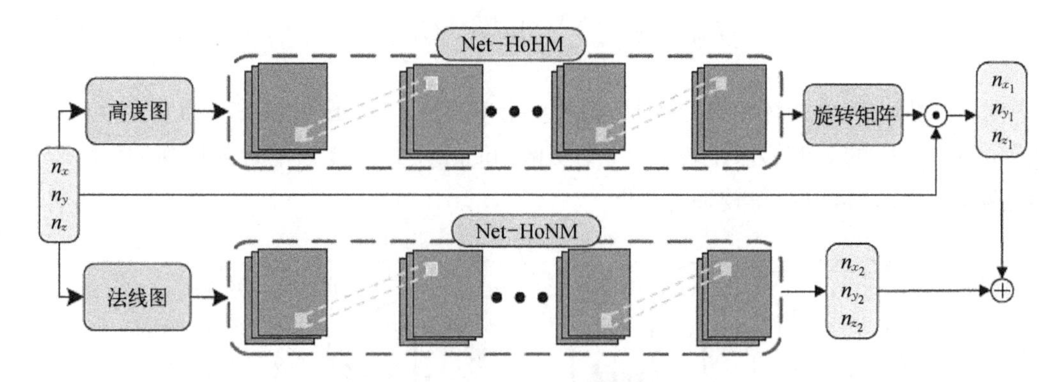

图 6-4　GeoDualCNN 的网络结构图

对特征算子应用全局旋转后，会导致部分特征算子发生变化，出现旋转模糊，因此本节方法需要去除旋转模糊的影响。HoHM 没有旋转模糊性，因为它只存储了点的高度，但是 HoNM 存储了三维法线信息，这个对全局旋转是敏感的。为了去除 HoNM 的旋转模糊性，本节方法使用法线张量来对齐所有的 HoNM，即在输入 HoNM 之前，将 $N_H(p_{\text{tar}})$ 中点的法线对齐来移除旋转模糊：用式(6-6)的三个特征向量构建一个旋转矩阵 $R_{\text{tar}}=[e_1, e_2, e_3]$ 将特征向量的坐标系与坐标轴对齐，再将每个法线乘以 R_{tar}^{-1}。此外，在训练之前，n_i^h 和 n_i^{gt} 也要乘以 R_{tar}^{-1} 来对齐，这样就可以消除旋转模糊。

分支网络 Net-HoHM 模拟双边法线滤波的空间核，网络接收 (n_i^h, S_i^H) 作为输入来学习 3×3 变换矩阵 TM_i，网络估计的新法线 $TM_i \cdot n_i^h$ 将近似于真值法线 n_i^{gt}，损失函数定义为

$$\text{Loss}_1=\sum_{i=1}^{N}\| TM_i \cdot n_i^h - n_i^{\text{gt}} \|^2 \tag{6-9}$$

该网络分支由两个卷积层、六个残差块和三个最大池化层组成(图 6-5)，第一层是卷积层，用于将高度图转换为特征图，最后一层从特征中生成 3×3 变换矩阵。分支网络 Net-HoNM 模拟双边法线滤波中基于强度的核，损失函数为

$$\text{Loss}_2=\sum_{i=1}^{N}\| n_i^h - n_i^{\text{gt}} \|^2 \tag{6-10}$$

由于邻域点的法线对整个网络的贡献是不均匀的，该方法首先使用法线注意力机制来为输入法线块中的法线分配不同的权重，这在训练阶段是自动进行的。然后使用一个卷积层将输入的法线图转换为特征图和六个残差块来降低网络的训练难度，最后使用一个卷积层从特征中恢复真值法线。总的网络综合损失函数定义为

$$\text{Loss}=\lambda_1 \text{Loss}_1+\lambda_2 \text{Loss}_2 \tag{6-11}$$

根据经验，设立 $\lambda_1=1.0$, $\lambda_2=2.0$，在实验中取得了较好的效果。

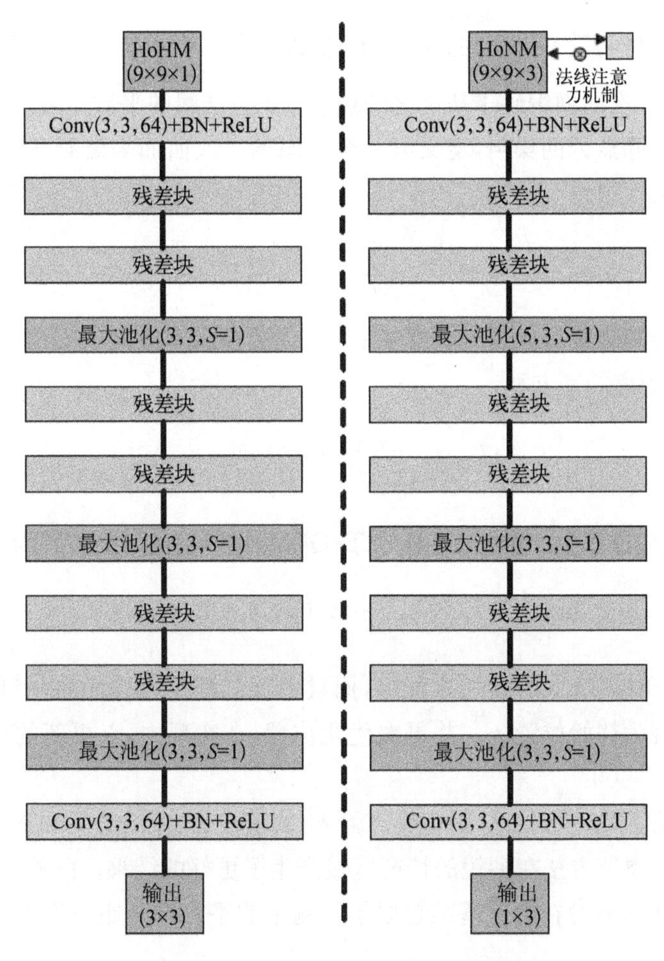

图 6－5　HoHM 和 HoNM 的网络结构图

6.2.4　顶点位置更新

为了实现最终的点云去噪，该方法利用点的位置与法线之间的相关性来更新点的坐标以拟合恢复后的点云法线，通过最小化平方误差度量来得到去噪后的坐标。该方法与传统的最小化平方误差度量的方法相比有两个差异，一是优化了一个双向矩阵，二是同时使之尽可能沿着目标点的法线进行优化。

本节方法提出约束的双向平方误差度量(constrained two-direction quadric error metrics，CTD-QEM)包含三个步骤。首先，为了避免点的偏移，定义一个线性的二次曲面约束目标点 p_{tar} 尽可能沿着其法线移动：

$$E_0(p'_{tar})=(p'_{tar}-p_{tar})^{T}(p'_{tar}-p_{tar})-\left[\prod_{n_{tar}}(p'_{tar}-p_{tar})^{T}\right]\left[\prod_{n_{tar}}(p'_{tar}-p_{tar})\right] \tag{6-12}$$

式中，n_{tar} 表示目标点恢复后的单位法线，其新位置表示为 p'_{tar}。

操作 $\prod_n(v)$ 将向量 v 投影到直线 n 上，假设 n 是一个单位向量，$\prod_n(v)=(v\cdot n)n$，这个基于直线的二次曲面编码了从优化的点 p'_{tar} 到点法线的平方距离。

其次，为了去除点云的噪声，定义第一个方向的二次曲面来编码从 p'_{tar} 到 p_j 处切平面距离的平方和：

$$E_1(p'_{\text{tar}})=\sum_{p_j\in P(p_{\text{tar}})}[n_j^{\mathrm{T}}(p'_{\text{tar}}-p_j)]^2 \tag{6-13}$$

再次，为了避免去噪后点云形状发生变形，定义第二个方向的二次曲面来编码从 p_j 到 p'_{tar} 处切平面距离的平方和：

$$E_2(p'_{\text{tar}})=\sum_{p_j\in P(p_{\text{tar}})}[n_{\text{tar}}^{\mathrm{T}}(p'_{\text{tar}}-p_j)]^2 \tag{6-14}$$

最后一起优化这三个二次曲面，即 CTD-QEM，最终点的更新方式为

$$\underset{p'_{\text{tar}}}{\operatorname{argmin}}[E_0(p'_{\text{tar}})+E_1(p'_{\text{tar}})+E_2(p'_{\text{tar}})] \tag{6-15}$$

这是一个简单的 3×3 的线性方程组，而且去噪过程是可迭代的，一旦计算出 p'_{tar} 的新位置，便将其视为初始位置 p_{tar} 并再次优化位置，在实现中，点更新的迭代次数被设置为 15。

如图 6-6 所示，从左到右分别为噪声输入、真值点云、原始方法和本节方法结果。从图中可以观察到，本节方法在尖锐的特征区域产生了更好的结果。此外，本节方法使用的点更新方法（简称 ours2）在合成基准数据集上测量的平均倒角距离误差也优于原始方法（简称 ours1）。

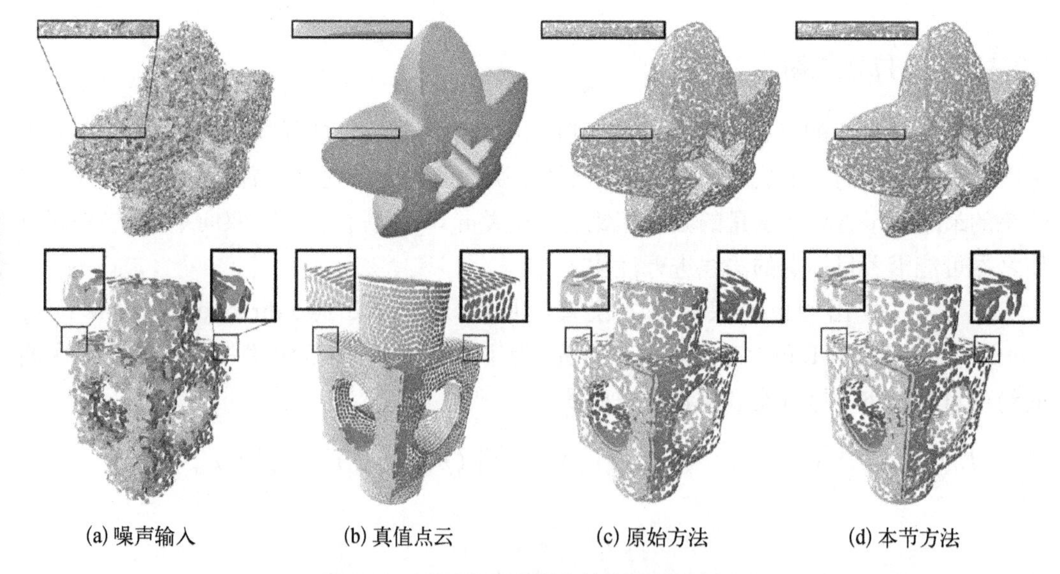

图 6-6 不同点更新方法的去噪结果对比

6.2.5　实验结果分析

为了验证本节方法提出的 GeoDualCNN 在噪声去除和特征保持上的有效性，与传统的几何估计方法和基于深度学习的方法进行比较，对比方法可分为两类：① 法线估计方法包括双边滤波（bilateral filtering，BF）、成对连续性投票（pair consistency voting，PCV）、霍夫变换（Hough transform，HF）、点云属性网络（point cloud properties network，PCPNet）、Nesti-Net 和 NH-Net；② 点云去噪方法包括多局部结构点云协同去噪（multi-patch collaborative point cloud denoising，MCPCD）、PointCleanNet、EC-Net 和无监督方法 TD。由于 MCPCD 需要可靠的法线域，将本节方法的法线结果提供给 MCPCD 进行公平的比较。

最近邻的数量 k 设为 70，图的大小设为固定的 16×16。在训练过程中，使用批处理大小为 128 的 Adam 优化器来训练网络，初始学习率设为 0.001，每 3 000 步乘 0.8，epoch 设为 50，所有的实验都在 Nvidia 1080Ti GPU 上执行。

所有的方法都在经常使用、被大量的噪声破坏的模型上进行测试，收集了一个合成数据集和一个真实数据集，分别为 Data - I 和 Data - II。Data - I 来自 NH-Net，一共包含 21 个真值点云模型，其中有 6 个具有尖锐特征的 CAD 模型、8 个具有平滑特征的模型、7 个具有多尺度几何特征的模型。在这 21 个模型上分别添加标准差为 0.1%、0.2%和 0.3%的高斯噪声，最终共有 63 个噪声模型和 21 个对应的真值模型用于训练。

Data - II 来自 CNR，分为由消费者级别的微软 Kinect 一代捕获的 Data - II_1（扫描 71 次，共 1.8 万个点）、由微软二代捕获的 Data - II_2（扫描 72 次，共 460 000 个点）和通过 Kinect Fusion 技术（微软一代）捕获的 Data - II_3（共 100 000 个点）组成。使用 Artec Spider™再次扫描这些物体，获得高分辨率模型，并将这些模型视为真值。

图 6 - 7 展示了不同方法在两个真实扫描模型和一个具有 1.5%的高斯噪声的合成模型上的法线估计的视觉效果，这些方法得到的法线都在原始的噪声模型上进行渲染。从

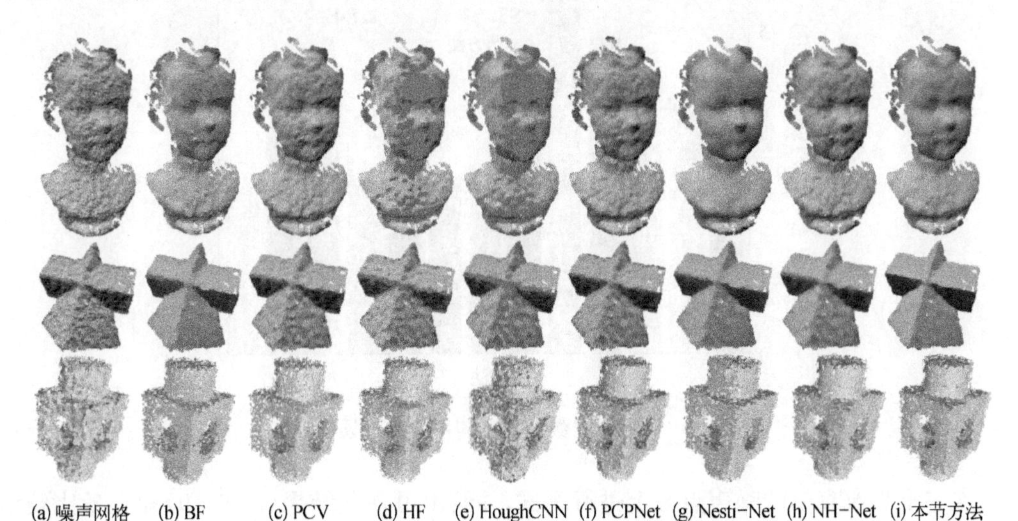

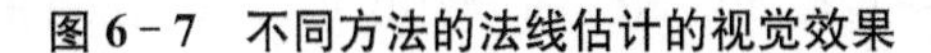
图 6 - 7　不同方法的法线估计的视觉效果

图中发现,本节方法能够更好地恢复精细的几何细节,同时能对严重的扫描噪声和高斯噪声保持鲁棒性,Nesti-Net 保持了大尺度结构,但过度平滑了微小的几何特征。这些视觉对比与表 6-1 中的数值分析一致,可以观察到,就法线精度而言,本节方法可以与所有的方法媲美,甚至更好,这里的法线精度是估计点的法线到真值法线的平均角度误差。此外,记录了所有方法的运行时间,由于多个步骤的并行计算(如搜索 HoNe),本节方法比其他方法更快。另外,本节还在合成的基准数据集上进一步验证了几种最先进方法的法线估计结果的精度,该数据集中共有 35 个模型,经过数据增强后的点云共有 121 个,图 6-8 给出了比较结果。

表 6-1 不同法线估计方法的误差和运行时间比较

模型	点数	BF		PCV		HF		HoughCNN		PCPNet		Nesti-Net		NH-Net		本节方法	
		误差	时间	误差	时间	误差	时间	误差	时间	误差	时间	误差	时间	误差	时间	误差	时间
图 6-7 第一行	28 187	9.4°	6 s	11.1°	15 s	12.7°	2 s	14.6°	19 s	11.6°	96 s	9.0°	26 s	8.8°	68 s	7.5°	3 s
图 6-7 第二行	18 013	7.8°	5 s	10.9°	9 s	13.1°	6 s	12.8°	12 s	11.4°	61 s	6.8°	17 s	8.2°	45 s	6.4°	2 s
图 6-7 第三行	8 771	15.9°	2 s	14.7°	4 s	16.7°	3 s	18.1°	6 s	18.7°	30 s	11.7°	8 s	11.9°	21 s	10.5°	4 s

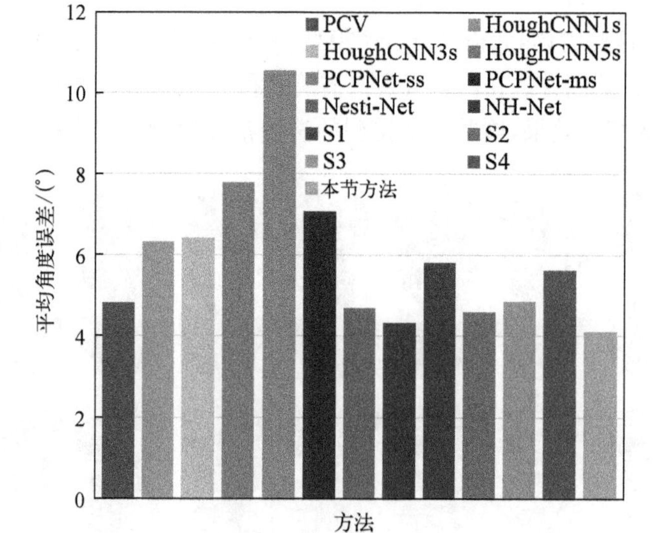

图 6-8 合成基准数据集上的平均角度误差比较

在三个具有真值的噪声点云上进行测试,并给出可视化结果(图 6-9)和定量比较结果(表 6-2)。从视觉效果上看,EC-Net 和 PointCleanNet 在结果中保留过多的噪声,TD

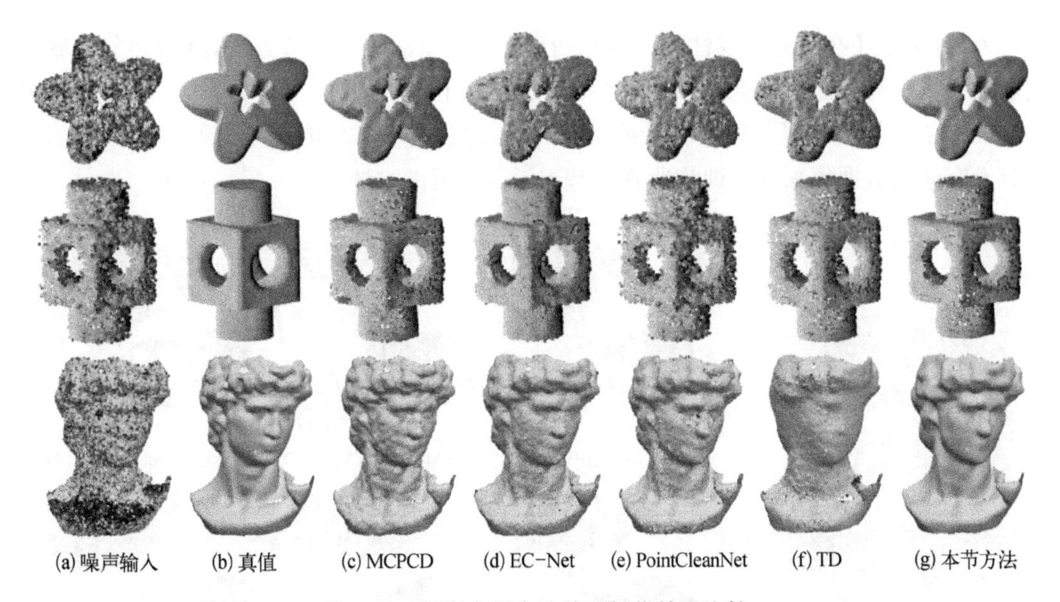

图6-9　不同去噪方法的可视化效果比较

往往会过度平滑点云中的几何特征。MCPCD 和 GeoDualCNN 都是基于学习方法产生的法线结果，所以这两种方法的去噪结果都比其他方法更令人满意，而且，在正确的法线引导下，两种方法在去噪精度上(定量误差是通过测量真值点到去噪后的模型中最近的点之间的平均倒角距离)都优于其他方法。另外，本节还给出了所有基于深度学习的方法在合成的基准数据集上的平均倒角距离，如图6-10所示，其中 ours1 表示使用传统点更新算法，ours2 表示使用点更新方法，结果显示本节方法产生了最小的误差。

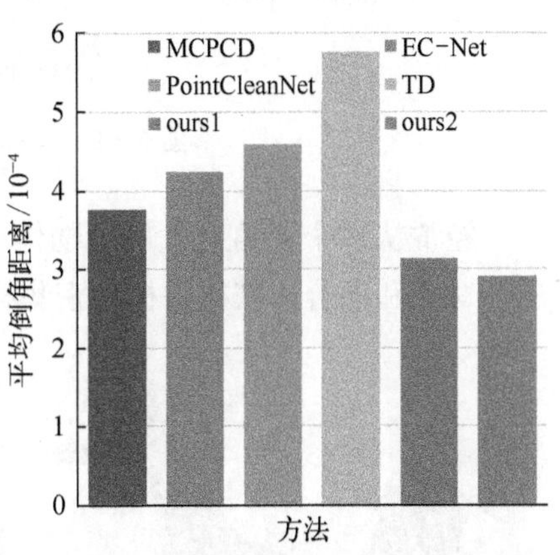

图6-10　不同方法的平均倒角距离误差

表6-2　不同去噪方法的平均倒角距离误差和运行时间比较

模　型	点数	MCPCD		PointCleanNet		EC-Net		TD		本节方法	
		误差/10^{-4}	时间/s	误差/10^{-4}	时间/s	误差/10^{-4}	时间/s	误差/10^{-4}	时间/s	误差/10^{-4}	时间/s
图6-9第一行	24 440	1.15	3 100	1.43	180	1.48	18	4.32	6	1.14	12
图6-9第二行	8 765	7.78	873	8.09	41	5.49	7	10.07	2	7.63	7
图6-9第三行	51 789	0.54	6 219	1.04	260	0.69	26	2.20	600	0.53	23

另外，本节还在具有挑战性的大型原始户外场景下验证了本节方法，测试部分从城市数据集中裁剪得到。从视觉结果看，与其他方法相比，本节方法在严重噪声去除方面(图6-11中的车轮，其明显从原始有严重噪声的场景数据中恢复)能产生更好的结果，此外，本节没有使用数据集来重新训练所有的基于深度学习的方法。

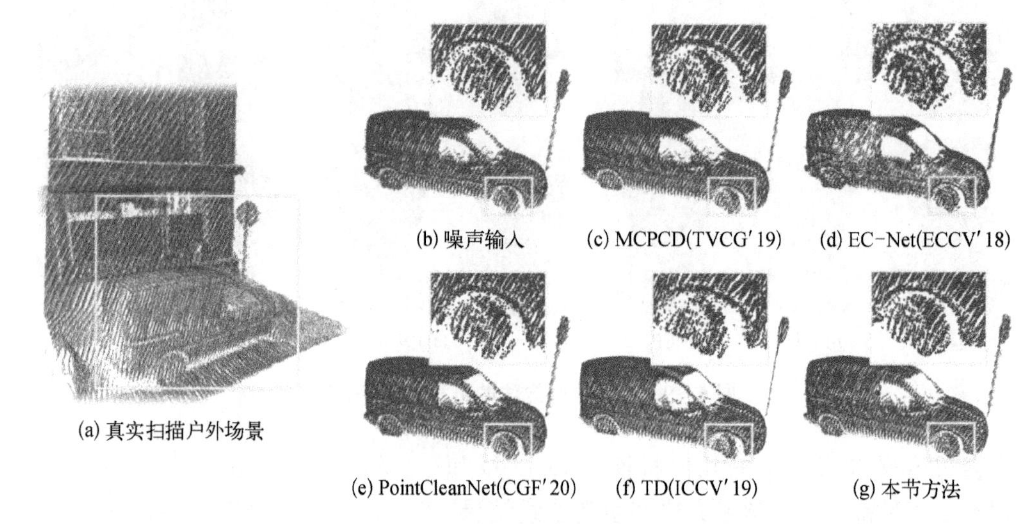

(a) 真实扫描户外场景　(b) 噪声输入　(c) MCPCD(TVCG′19)　(d) EC-Net(ECCV′18)　(e) PointCleanNet(CGF′20)　(f) TD(ICCV′19)　(g) 本节方法

图6-11　不同方法对真实扫描的点云去噪结果

经常从多个视角对大尺度物体(图6-12中的战斗机)进行扫描，还可以对多次扫描进行对齐和融合来获得目标的密集样本(如图6-13中的直升机)，在这种情况下，可以利

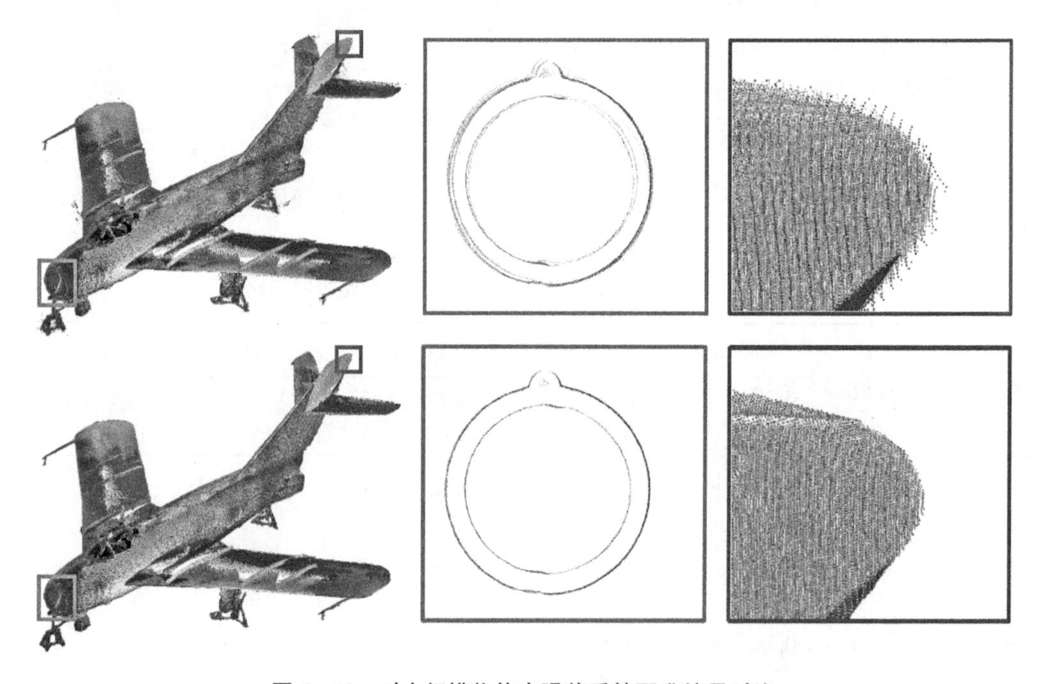

图6-12　对大规模物体去噪前后的配准结果对比

用两次连续扫描的信息来估计噪声点局部邻域内的方差，用这个作为先验信息来引导去噪过程。实验证明，当方差不可获取时，GeoDualCNN在每次扫描大尺度物体时的表现均良好。如图6-12所示，去噪后的结果对配准精度的贡献更大。此外，原始数据可以先配准，然后去噪，尽管没有使用有价值的方差，GeoDualCNN也获得了较好的结果（图6-13）。

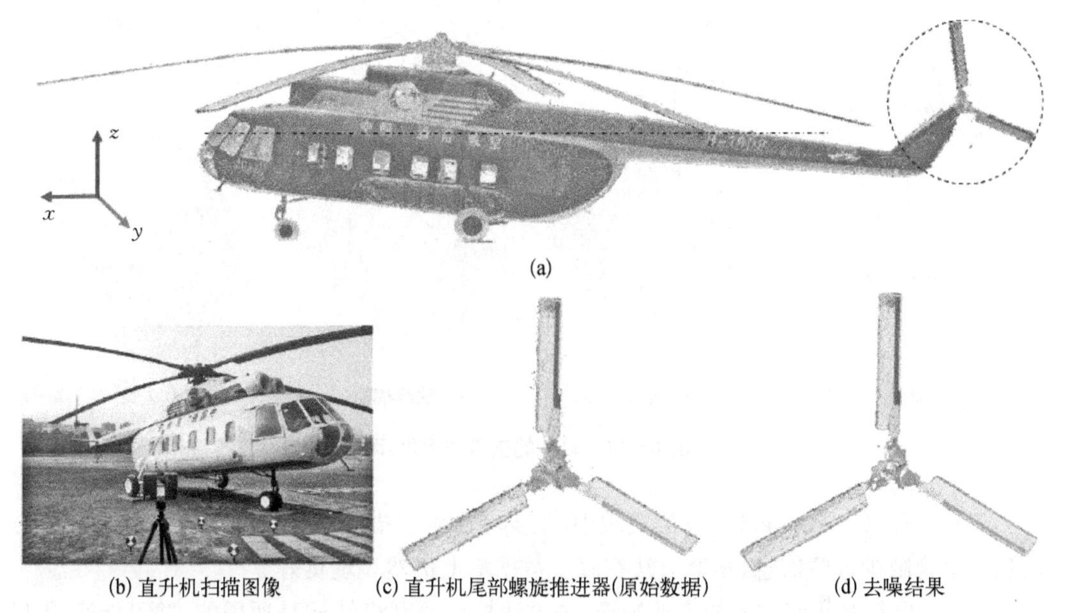

图6-13　对多次扫描、对齐和融合的点云去噪

为了分析网络中各主要模块的贡献，本节对GeoDualCNN及其四个变体进行了比较，S1使用k近邻取代HoNe，S2仅使用HoHM网络分支，S3仅使用HoNM网络分支，S4只在HoNe上执行法线估计（即缺少学习部分）。从图6-8中可以看出，每个模块都有助于提高最终的法线估计结果，将HoNe结果与两个分支网络结合后，本节的完整方法产生了最精确的结果。该方法有以下几个方面的限制，现分述如下。

（1）尽管GeoDualCNN对输入的噪声分布没有具体的假设，但是经过设计良好的神经网络训练后，其应该适用于任意噪声模式的输入点云，如高斯噪声、均匀噪声和伽马噪声。因此，与许多基于2D/3D深度学习技术一样，训练数据的噪声分布与测试数据的噪声分布之间会存在差别，例如，在合成数据集上训练的模型可能不适合处理真实世界的原始数据。幸运的是，使用的数据集缓解了这一问题，该数据集使用Artec SpiderTM扫描仪（精度为0.5 mm）对7个物体进行扫描，得到高分辨率的结果作为真值，然后采用Kinect对同样的7个物体再次进行扫描，得到噪声数据，其中未知但真实的大尺度噪声主要来自扫描原理。

（2）GeoDualCNN在噪声非常大或输入点云非常稀疏的情况下会产生不理想的结果，因为使用几何领域的知识在这两种情况下效果会变差。以采样比为0.2的随机采样高分辨率的真值形状作为输入(图 6 - 14 中的第一行),然后用大量噪声破坏点云作为输入,最后得到了较差的去噪结果(图 6 - 14 中的第二行)。

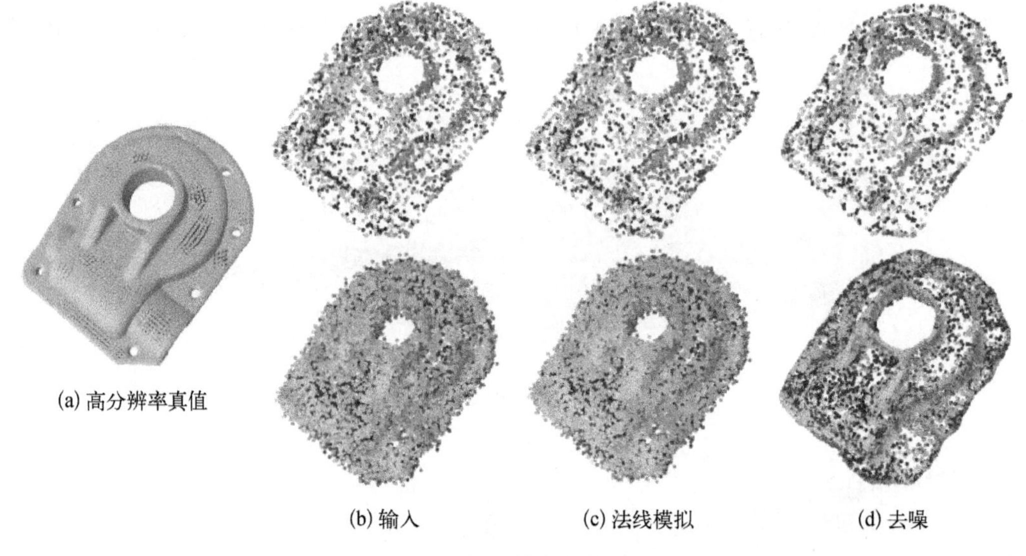

图 6 - 14　较差的去噪效果展示

(3) 目前,在 GeoDualCNN 的实现中,很少考虑对扫描的点云对齐和融合之间的潜在信息。尽管缺少这些信息,本节方法在真实数据集上仍然表现良好。

(4) 如果忽略几何方面的专业知识,该方法提出的网络结构是通用的,并可能适用于其他几何处理任务。例如,基于法线的局部表面编辑可以通过 GeoDualCNN 实现(PointShop)。

基于几何领域的知识和传统的双边滤波方法,本节提出了一种几何支持的对偶卷积神经网络(GeoDualCNN)用于点云去噪和法线估计任务。GeoDualCNN 的网络结构除了使用训练数据外,还利用了几何专业知识,从而可以在去除噪声时保持点云的特征。在各种实验中,本节方法产生了比较好的可视化效果和数值结果。在未来,我们将尝试简化算法并加快其执行速度,还可以将非局部的先验融入此框架中。

6.3　几何知识驱动的三角网格法线滤波技术

6.3.1　算法概述

本节主要介绍基于几何统计数据的法线滤波神经网络算法,简称 NormalF-Net。该算法中,首先在网格模型全局范围内寻找几何结构相似的块区,将这些块的面片法线对齐,使其具有刚性不变的特性。其次,将变换后的法线重塑成列向量并填充进非局部块法线矩阵(non-local patch-group normal matrices, NPNMs)。然后,在级联网络部分,先学习从噪声 NPNMs 到无噪声模型的对应 NPNMs(低秩)的映射,得到低秩 NPNMs 来进行去噪,再通过学习低秩 NPNMs 到无噪声的法线进行细节修复,最后根据级联网络输出的滤波后的法线迭代更新顶点位置。

网格曲面上存在许多特征结构十分相似的块,在现有研究工作中,认为其是非局部相似性的先验知识。由这些相似块中的面片法线组成矩阵,因列与列之间呈高度线性相关,矩阵本应该是低秩的。但实际上,由于模型被噪声干扰,该矩阵的秩往往较高。

与现有的基于非局部相似性的网格去噪方法不同的是,本节并没有直接采用低秩恢复模型,而是提出了全自动法线滤波神经网络算法,构造了一系列具有规则属性的 NPNMs,模拟低秩恢复的过程,先学习噪声 NPNMs 到真实 NPNMs(低秩)的映射训练去噪子网络(denoising subnetwork),接下来通过学习低秩 NPNMs 到真实法线的映射训练了法线细节恢复子网络(refinement subnetwork),迭代这个级联网络,得到最终去噪结果。本节构造 NPNMs 的过程相当于对模型表面的局部几何结构进行规则化编码,因而可得到适合神经网络的输入,不但避免了烦琐的参数调试过程,也没有体素化和投影操作。本节提出的三角网格法线滤波和细节恢复神经网络算法的流程图如图 6-15 所示,图中飞机为 A-380 模型。

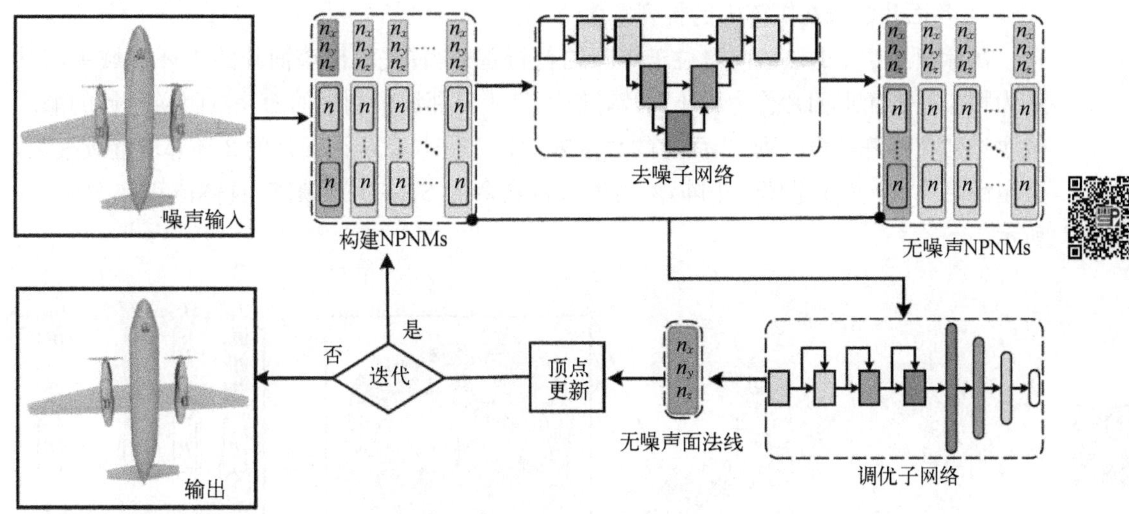

图 6-15　NormalF-Net 算法流程图

6.3.2　非局部块组法线矩阵

具体地,在网格中的每个三角面片的周围都有一个块(由当前面片周围一定数量的三角形面片组成,块组中面片的数量定义为 N_p),将该块组重塑为块向量,组成 NPNMs 中的一列,另外再搜索与当前面片所在块区最相似的 S_k-1 个块组,填入 NPNMs 的其他列中。由于法线量是三维的数据,NPNMs 的大小为 $N_p\times 3\times S_k$。

在实验中，将每个块的大小 N_p 设置为16，并在当前面片的8环邻域搜索16个相似块组，即 S_k 为16。

1. 张量投票

在三角网格中，网格面片的法线张量由其相邻面(1环和/或2环中的三角形面片组成的邻域)的法线协方差矩阵计算得到，定义为

$$T(f_i)=\sum_{f_j\in P}\mu_{f_j}n_jn_j^{\mathrm{T}} \tag{6-16}$$

式中，P 代表面片的邻域面片集；f_j 为权重系数；n_j 为邻域面片集合 P 中的面片法线。

由上述定义可知，法线投票张量是一个半正定张量，其也可表示为

$$T(f_i)=\lambda_1e_1e_1^{\mathrm{T}}+\lambda_2e_2e_2^{\mathrm{T}}+\lambda_3e_3e_3^{\mathrm{T}} \tag{6-17}$$

式中，张量 $T(\cdot)$ 的特征值 e_k 为特征值 λ_k 对应的特征向量。

受Sun等(Sun et al., 2007)启发，使用此特征值去度量不同块组之间的几何相似性，将与目标面片所在块区几何相似程度最接近的 S_k-1 个块组聚集在一起，计算方法为

$$\rho_{i,j}=\|\lambda_{1,i}-\lambda_{1,j}\|^2+\|\lambda_{2,i}-\lambda_{2,j}\|^2+\|\lambda_{3,i}-\lambda_{3,j}\|^2 \tag{6-18}$$

2. 块向量重塑

1）各面片法线在矩阵中的排列顺序

目标面片 f_{ref} 的法线向量位于矩阵的首行首列，首先求出该面片的1环邻域中与其最为相似的三角形面片作为种子面片，随后，该1环邻域中剩余的面片按照逆时针的顺序依次排列在矩阵的第一列，当面片的数量未达到 N_p 时，就从该面片的2环邻域继续搜索，直至满足 N_p 个法线量填入矩阵，然后依次将剩余的 S_k-1 列填满，具体流程如图6-16所示。

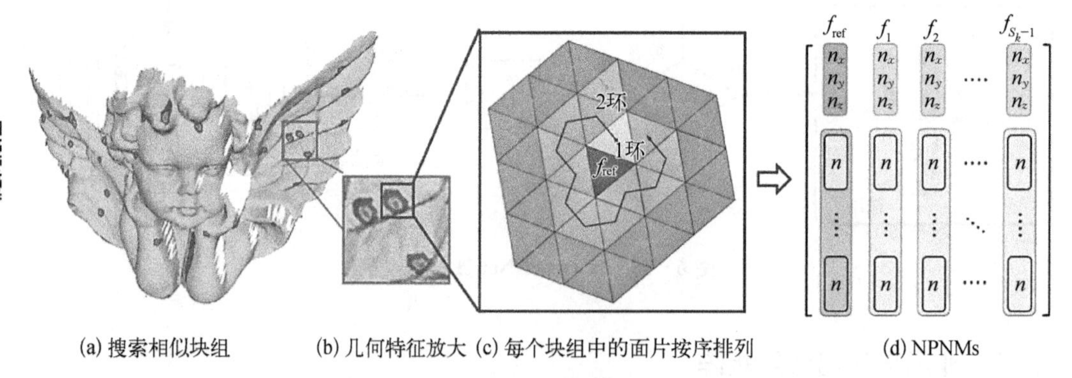

(a) 搜索相似块组 (b) 几何特征放大 (c) 每个块组中的面片按序排列 (d) NPNMs

图6-16 非局部块组法线矩阵构造过程

2）旋转不变性

尽管在全局范围内找到了一些几何结构相似的块区，但是在实际应用中，每个中心面片的法线朝向各不相同，如图6-17所示。

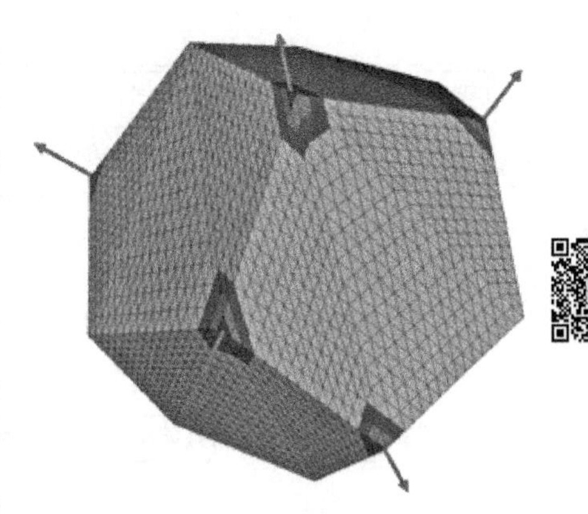

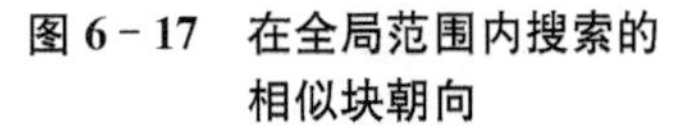

图 6-17　在全局范围内搜索的相似块朝向

因此，需要在构建块组矩阵之前对块组法线进行旋转，使其具有旋转不变性。本节引入 Zheng 等(Zheng et al., 2010a)使用的旋转矩阵，该旋转矩阵由张量 $T(\cdot)$ 的特征向量组成，表示为 $R=[e_1, e_2, e_3]$，然后对每个中心面片的法线 n_i 乘以 R^{-1}。

在实验中，尝试扩展了 NPNMs 矩阵的大小，即从 16×16 扩展至 32×32，发现在大多数模型上效果提升都不很明显(如 Gargoyle 模型，见图 6-18)，计算成本反而升高了。另外，本节还测量了去噪结果到真实模型的平均角度差，NPNMs 的大小为 16×16 时，该项指标为 6.21°；当矩阵大小为 32×32 时，平均角度差为 6.19°。因此，在后续的实验中，仍然将 NPNMs 的大小设置为 16×16。

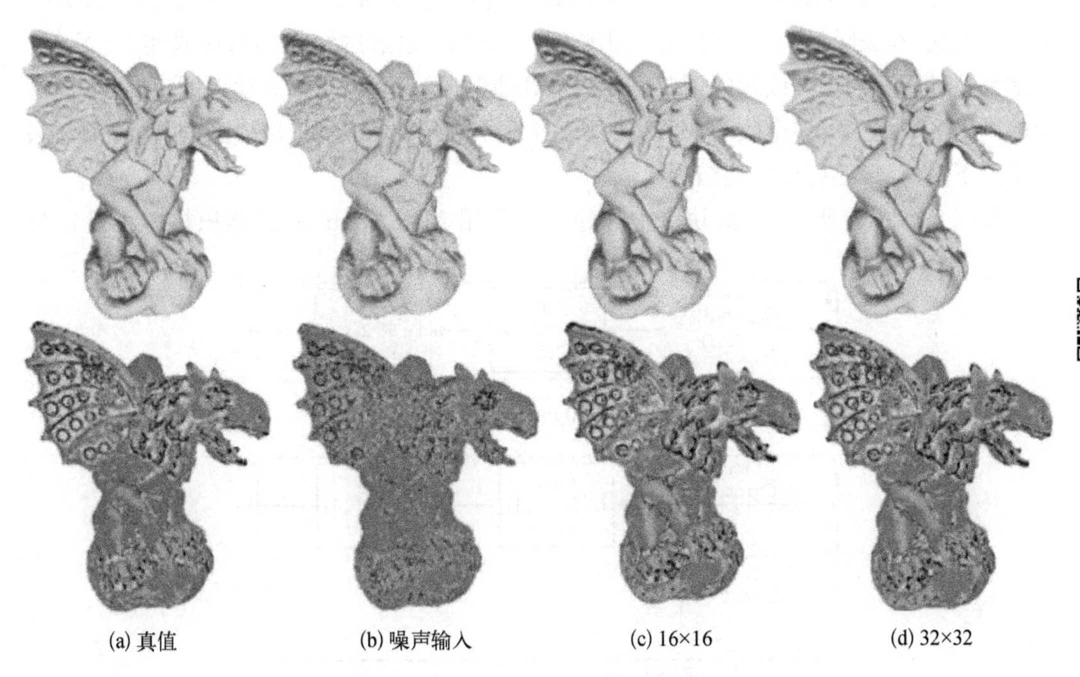

(a) 真值　(b) 噪声输入　(c) 16×16　(d) 32×32

图 6-18　不同矩阵大小的视觉效果对比

6.3.3　NormalF-Net 网络结构

网格去噪通常包含两个稍有冲突的网格曲面构造的估计：噪声(需要去除)和几何细节信息(需要保留)。假设噪声和细节特征都是高频分布的且其幅度非常相似，如果只是用单个网络同时学习这两个结构是非常困难的，因此本节提出了级联网络结构，可以做到协同去噪和特征保留。整个级联网络结构如图 6-19 所示，由去噪模块(上)和细节恢复模块(下)组成。

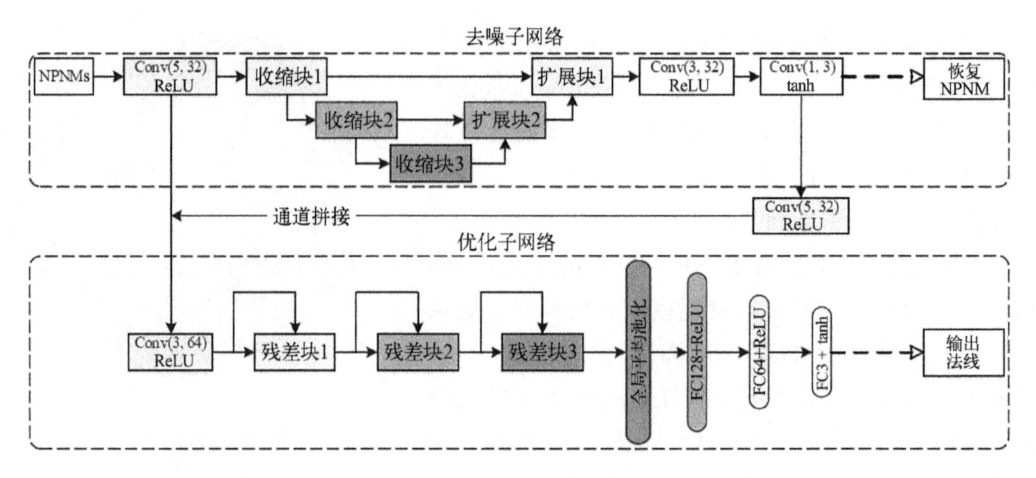

图 6-19　NormalF-Net 神经网络结构图

本节提出算法的核心是模仿低秩矩阵恢复的过程，从而便于恢复去噪过程中丢失的细节。因此，在去噪子网络部分，输入为噪声 NPNMs，通过网络输出对应真实 NPNMs。考虑到这种矩阵到矩阵级别的回归需要精确到像素级的预测，受相关学者的启发，本节提出的网络框架包含了多个收缩块和扩展块，因此可以从多个维度提取模型的特征，不仅保留了上下文信息，还可以实现精确定位。

如图 6-20(a)所示，收缩块 i 中的池化层采用 Max Pooling，其卷积核大小设置为

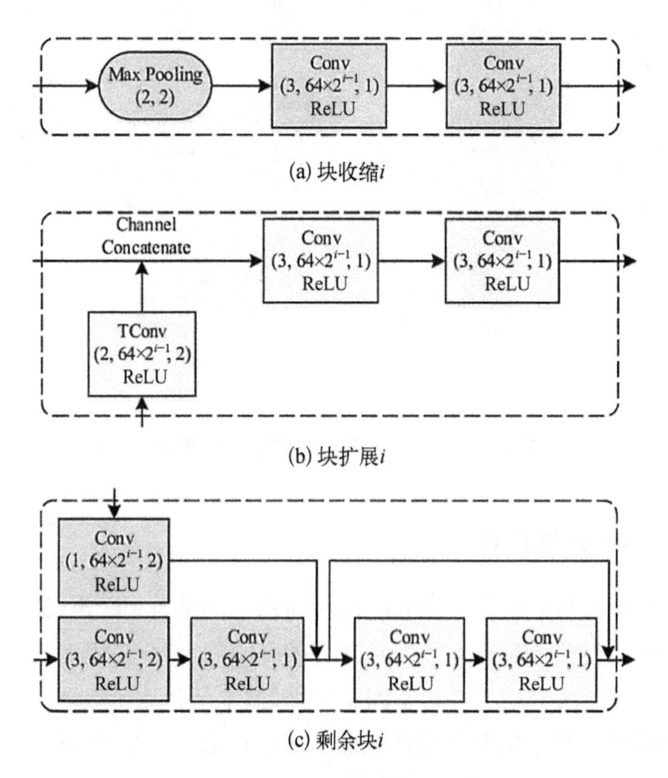

图 6-20　本节方法使用的各网络模块

2×2，步长为2，在卷积层中使用3×3的卷积核，块i的通道数是$64\times2^{i-1}$，步长是1。扩展块中使用的TConv代表来自高维的上采样的转置卷积。由于在第一个模块中没有下采样操作，在第一层收缩块没有使用最大池化层。在扩展块[图6-20(b)]中，输入有两个，一个与相同维度的通道连接，另一个输入来自更高维度的转置卷积输出，即TConv，这样将有助于特征聚合。除了收缩块和扩展块，本节还引入了残差块，主要用于细节恢复子网络中，残差块同样接收两个不同的输入，一个用于特征提取，另一个通过1×1的卷积进行下采样，但在第一个残差块中没有使用1×1的卷积。

卷积层、全连接层后面一般都会接非线性变换层，以增强网络的表达能力，在CNNs里最常使用的为ReLU激活函数。如图6-20所示，最后一次卷积操作使用tanh激活函数，以确保网络输出是在单位法线向量内，其余的卷积层后都添加了ReLU激活函数。由于NPNMs是面片法线的集合，在低秩恢复NPNMs中的每个法线都经过了归一化处理。

为了缓解网格中部分区域的过度光滑现象，本节在去噪网络像素级回归后，学习从低秩矩阵M_t到真实法线的映射，即从矩阵回归得到细节恢复后的法线。

受相关研究人员的启发，残差网络具有强大的特征提取能力并且可以避免梯度消失现象，本节设计的细节恢复子网络结构如图6-19的下半部分所示，共包含3个残差块，用于提取模型特征，以及三个全连接层，可以将高维的特征转换为法线向量的特征空间。与去噪子网络相似的是，在细节恢复子网络的最后一层采用tanh激活函数，从而使得网络输出的结果更符合法线的取值范围。在本节的实现中，在细节恢复模块串联原始NPNMs以扩展输入的特征(如图6-19中两个模块间的纵向箭头所示)，从而补偿了像素级去噪中丢失的信息。不同于上一节使用最大池化，本节使用全局池化，进一步降低了特征维度。

去噪子网络部分的损失函数为

$$\mathrm{Loss}_1=\frac{1}{N_p\times S_k}\|\Lambda(M_t)_3-M_g\|_2^2 \tag{6-19}$$

式中，M_t和M_g分别表示低秩恢复的NPNMs和真实NPNMs；$\Lambda(\cdot)_i$表示在维度i上的单位化操作，由于NPNMs的大小为$N_p\times3\times S_k$，即单位化后，第三维的向量长度为1。

细节恢复子网络部分的损失函数为

$$\mathrm{Loss}_2=\|\Lambda(N_t)-N_g\|_2^2 \tag{6-20}$$

式中，N_t和N_g分别表示网络输出及真实法线。

综上两部分网络的损失函数，本节提出的级联网络的综合损失函数表达式如下：

$$\mathrm{Loss}=\alpha\,\mathrm{Loss}_1+(1-\alpha)\mathrm{Loss}_2 \tag{6-21}$$

式中，α为权衡两部分网络的系数，其值恒正，经过实验测试，发现$\alpha=0.7$时可以较好地保持去噪和细节恢复两部分网络的均衡表现。

6.3.4 顶点位置更新

通常情况下,三角网格的顶点需要进行更新来匹配滤波后的三角形面片法线。本节采用 Sun 等(Sun et al., 2007)提出的迭代方法来更新顶点位置:

$$v_i^{\text{new}} := v_i^{\text{old}} + \frac{1}{3 \mid \Omega(v_i) \mid} \sum_{f_k \in \Omega(v_i)} \sum_{e_{ij} \in \partial f_k} [\hat{n}_k \cdot (v_j^{\text{old}} - v_i^{\text{old}})]\hat{n}_k \tag{6-22}$$

式中,$\Omega(v_i)$ 指代顶点 v_i 的 1 环邻域;e_{ij} 是三角形 f_k 的一条边,其两个端点记为 v_i 和 v_j。

这个迭代更新顶点的过程本质上可以当作以固定的步长优化下一个半正定的能量函数,在实验中,迭代次数设置为 20 就足以获得满意的结果。

6.3.5 实验结果分析

为了验证 NormalF-Net 在对噪声的鲁棒性和几何特征感知两方面的优越性,在人工合成的数据和扫描仪得到的原始数据上进行实验对比并作了定性和定量分析。对比方法涵盖滤波法、优化法、基于低秩恢复的方法,以及数据驱动的方法。

1. 数据集与参数选择

本节训练数据集和测试数据集均来自 Wang 等(Wang et al., 2016)提出的数据集,包括 4 类含有不同类型不同级别噪声及曲面特征各异的数据模型。

在合成数据集中,共有 21 个网格模型用于训练,30 个网格模型用于测试,在本节实验对比中,又将这些几何模型分为 CAD 模型、光滑模型和具有多尺度几何特征的模型,接下来将会对算法参数选择、实验结果对比及算法局限性进行介绍。

真实扫描模型分别来自扫描设备 Kinect 一代、Kinect 二代和 Kinect-Fusion。此外,通过高分辨率激光扫描仪获得的模型被用作无噪声的真实模型。根据 CNR 的训练方法,可分别在这四类数据集上训练 NormalF-Net。

1) 本节方法参数

合成数据集中的模型添加的高斯噪声标准差分别是 $0.1\,\tilde{l}_e$、$0.2\,\tilde{l}_e$ 和 $0.3\,\tilde{l}_e$,其中 $\tilde{l}_e$ 是每个网格的平均边长。通过这种方式得到了 63 个带噪声的三角形网格,总共 300 万个三角形面片。由于模型中经常有很多面片具有相似的局部几何特征,为了减少网络计算并节省内存资源,对训练集中的模型都进行了下采样,并确保有 50 万个 NPNMs 输入网络。测试集中一共包括 90 个含不同噪声级别的模型,总共有 700 万个面片。

为了更好地训练 NormalF-Net,选取了默认设置的 Adam 算法作为优化算法,每次选择 64 个样本训练,即批大小(mini-batch size)为 64,初始学习率为 0.000 1。每 400 次训练出现一次学习率衰减,衰减率为 0.95。NormalF-Net 重复执行了 3 次,每次迭代训练了 5 个 epoch,可以产生令人满意的结果。

之后,也分别在真实扫描数据集 Kinect 一代、Kinect 二代和 Kinect-Fusion 训练了网络,由于真实数据较少,用于训练的面片总数不如合成数据集多,数据集的最大时期增加了,以确保至少执行30 000个训练步骤。具体来说，Kinect一代和Kinec二代都是5个epoch，而Kinect-Fusion的epoch设置为10。其他参数均与合成数据集中使用的参数相同。

2）待比较算法参数

与本节方法对比的其他去噪算法涉及的参数有：Fleishman等（Fleishman et al.，2003）的基于网格顶点的BMF算法中直接针对网格顶点双边滤波的位置更新迭代次数n；Zheng等（Zheng et al.，2010a）的基于网格法线的BNF算法中法线差异高斯函数的标准差σ_s、法线迭代次数n_1及第二步中的网格顶点迭代次数n_2；Zhang等（Zhang et al.，2015a）的GNF算法中的标准差σ_r、法线更新时迭代更新次数n_1和第二步中的网格顶点迭代更新次数n_2；He等（He et al.，2013）L_0最小化网格去噪算法的参数包括权重μ、λ，以及正则项的初始值α_0，其中μ一般设置为$\sqrt{2}$，$\lambda=0.02l_e^2\bar{\gamma}$，$l_e$是初始三角网格曲面的平均边长，$\bar{\gamma}$是从初始表面以弧度为单位测量的二面角，可测量表面中的初始噪声量；Wei等（Wei et al.，2018a）的基于块协同的PcFilter共有8个参数，该算法的去噪结果由原作者提供；CNR是基于学习的方法，所以不需要调节任何参数，输入待处理的噪声网格模型即可；另外，NormalNet的结果也是由原作者提供。需要说明的是，为了公平起见，对其他方法的参数进行了调整，并选择最佳结果。

2. 实验结果对比

在本小节中将展示本节提出的保持特征的法线滤波神经网络算法的去噪结果，并和一些经典的网格去噪算法进行比较。本节的所有去噪结果都在开源软件MeshLab中进行渲染，以更好地表现三维模型的几何细节特征。

1）具有多尺度几何特征的模型去噪结果对比

具有多尺度几何特征的模型通常表面较为光顺，包含很多小尺度的特征，如图6－21所示，Armadillo模型表面特征丰富，既有尖锐的特征，也有光顺的区域，将真实模型与噪声模型（添加的高斯噪声强度σ_E为0.2）及各对比方法去噪结果用MeshLab进行渲染。其中，BMF算法的参数为$n=10$；BNF算法的参数为$\sigma_s=0.35$，$n_1=20$，$n_2=10$；GNF算法的参数为$\sigma_r=0.35$，$n_1=20$，$n_2=10$；L_0算法的参数为$\mu=\sqrt{2}$，$\alpha=0.1\bar{\gamma}$，$\lambda=0.02\ell_e^2\bar{\gamma}$；PcFilter算法的参数为$\sigma_s=0.40$，$n_1=20$，$n_2=10$。通过放大的细节可以看出，NormalF-Net在特征保持方面更胜于其他方法，如模型的掌纹细节等。同时，NormalF-Net也没有给模型表面引入任何缺陷（过度光顺或者模糊细节）。一些基于滤波的方法及优化的方法反而会过度光顺模型的细节特征。在图6－22所示的GandHi模型的去噪结果中，本节方法很好地保留了胡须的纹理结构；如图6－23所示，对比BNF、GNF、NormalNet及CNR这几个方法，NormalF-Net取得了更好的去噪效果，而且一些细节特征（特别是狮子的面部结构）与真实模型最为接近。此外，图6－24展示了儿童模型的去噪结果，BMF算法在去噪方面稍微逊色，其他方法的去噪效果都较为明显，但是这些方法往往过度光顺了儿童模型发髻处的细节特征，而本节方法在去噪后进行了细节恢复处理，因此保留了更多的几何细节。

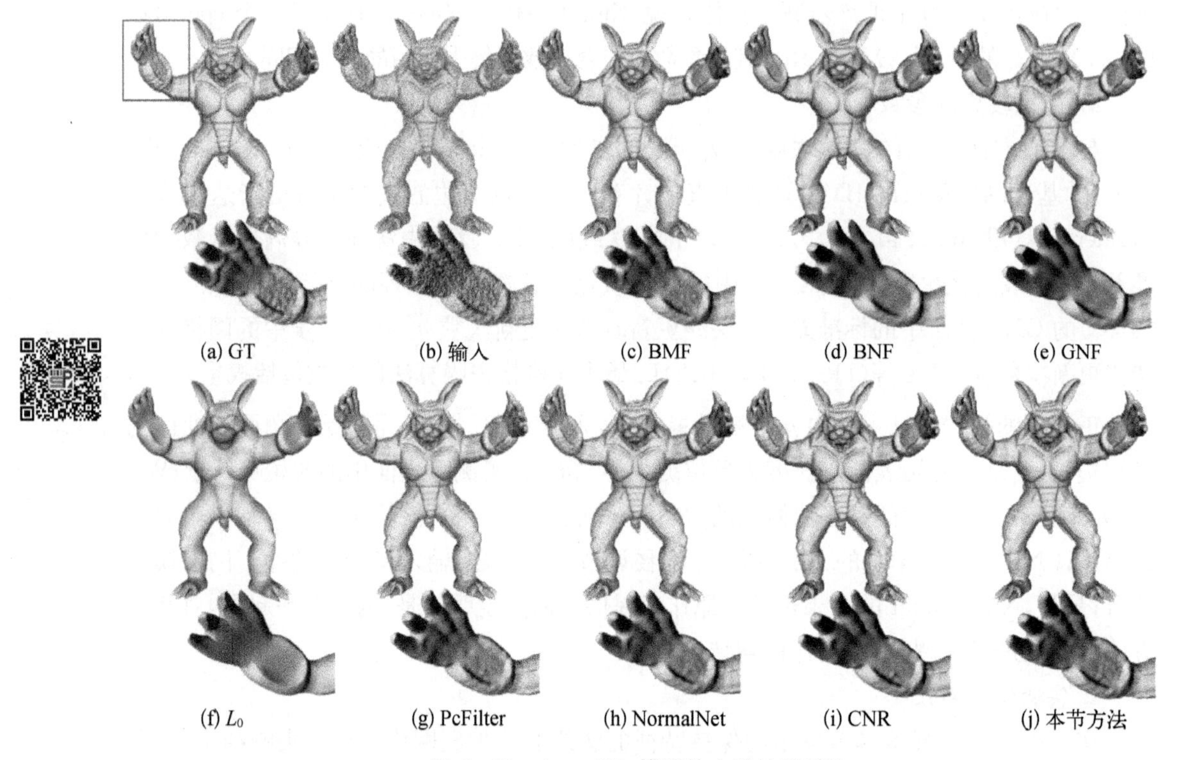

图 6-21 Armadillo 模型的去噪结果对比

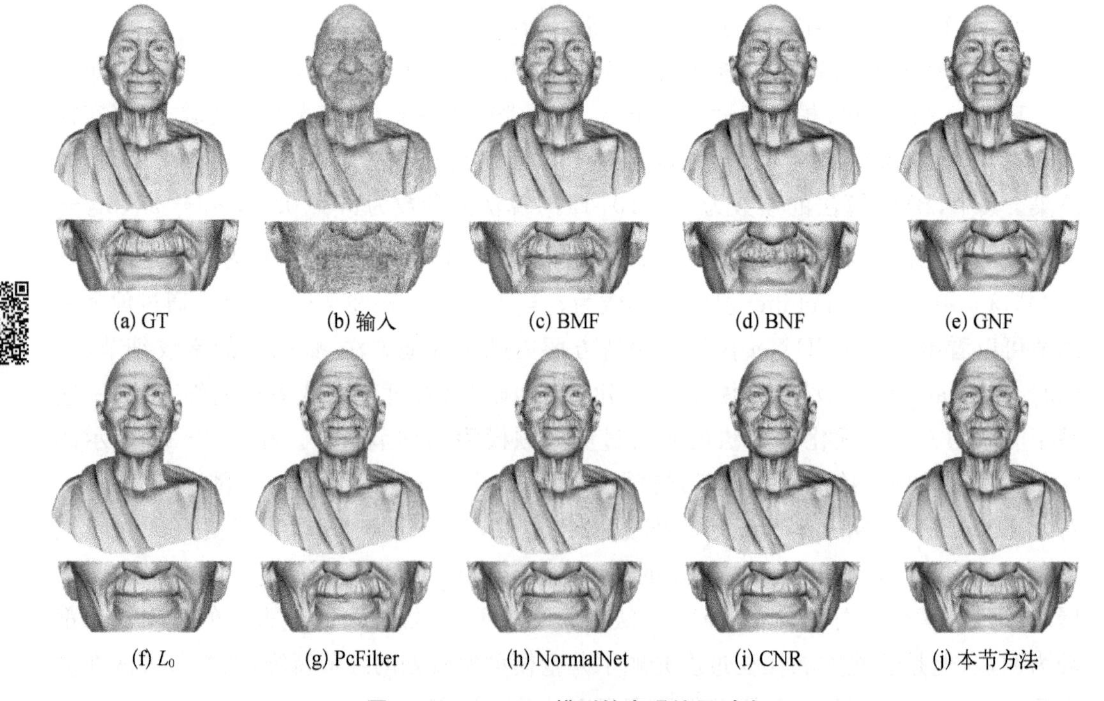

图 6-22 GandHi 模型的去噪结果对比

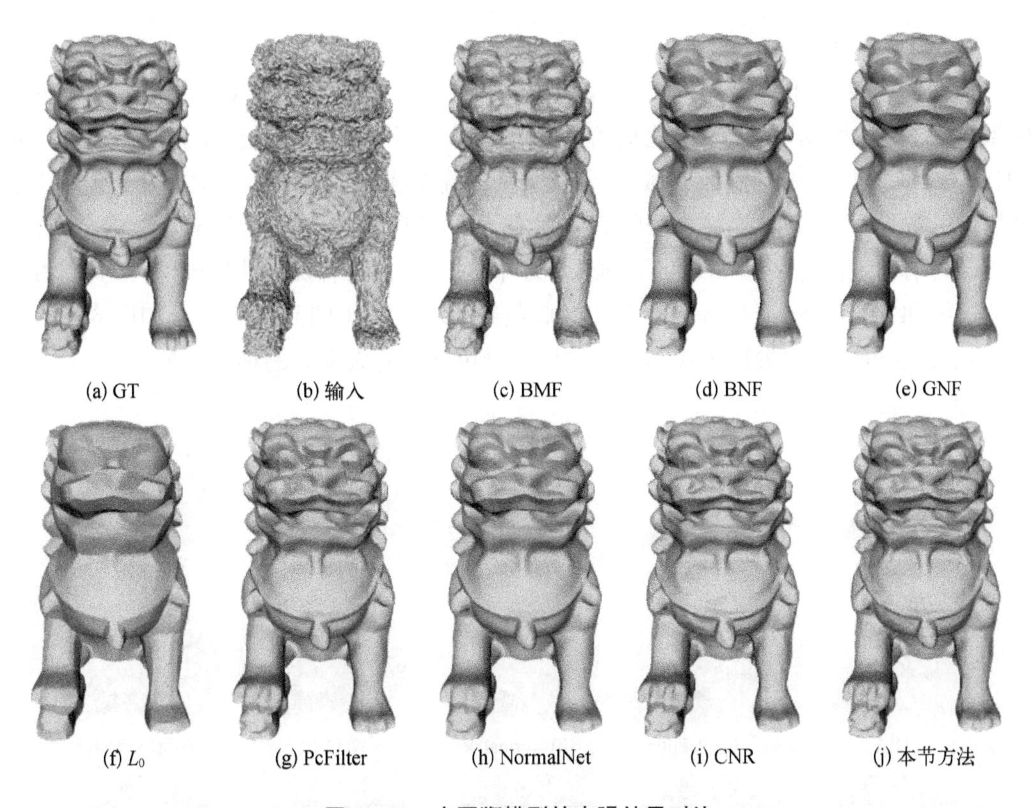

图 6 - 23　中国狮模型的去噪结果对比

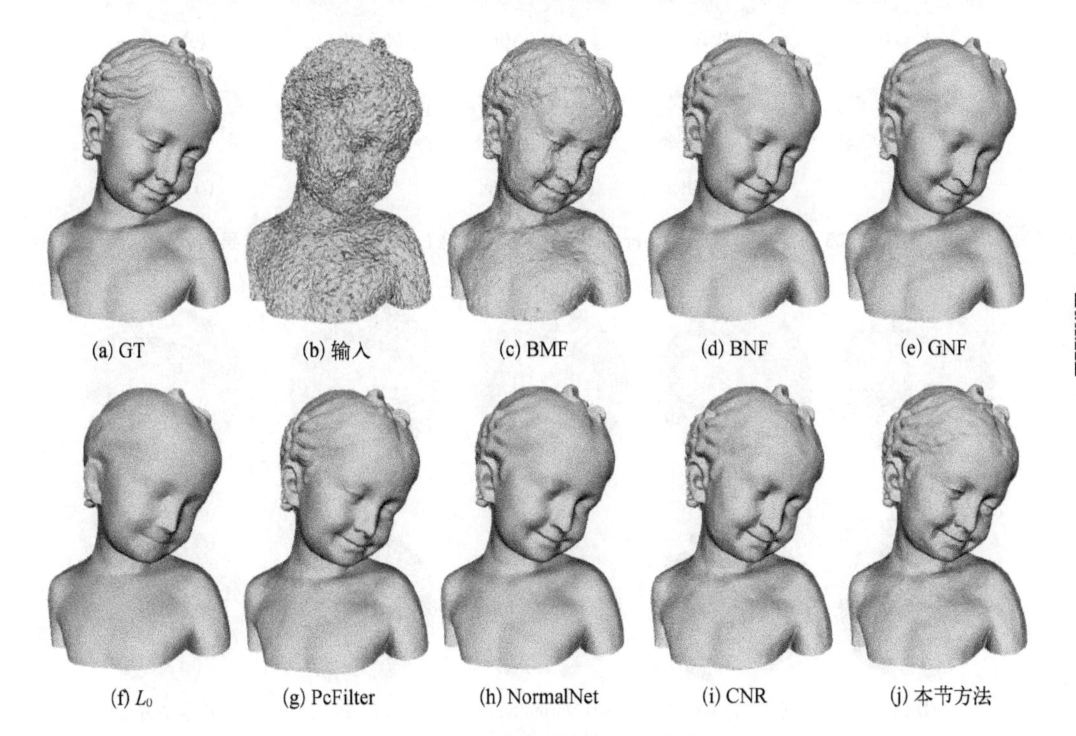

图 6 - 24　儿童模型的去噪结果对比

2) CAD 模型

接着，在一些工业界常用的 CAD 模型（包含较多数量的边角等尖锐特征的一类网格模型）中对各去噪算法进行对比研究。如图 6－25 所示，Fertility 模型（1～2 行）和 GRAYLOC 模型（3～4 行）都被强度 σ_E 为 0.1 的高斯噪声所破坏，本节方法不会产生过度模糊的效果，相比其他滤波类去噪算法在 Grayloc 模型中的表现，NormalF-Net 能在去噪的同时清晰地保持字母“GRAYLOC”。另外，对于非常具有挑战性的模型，如具有许多弯曲边缘和尖角的 SharpSphere 模型（添加了强度 σ_E 为 0.1 的高斯噪声），如图 6－26 所示，本节方法可以去除尖锐边缘和拐角周围的噪声并恢复大部分的细节特征。

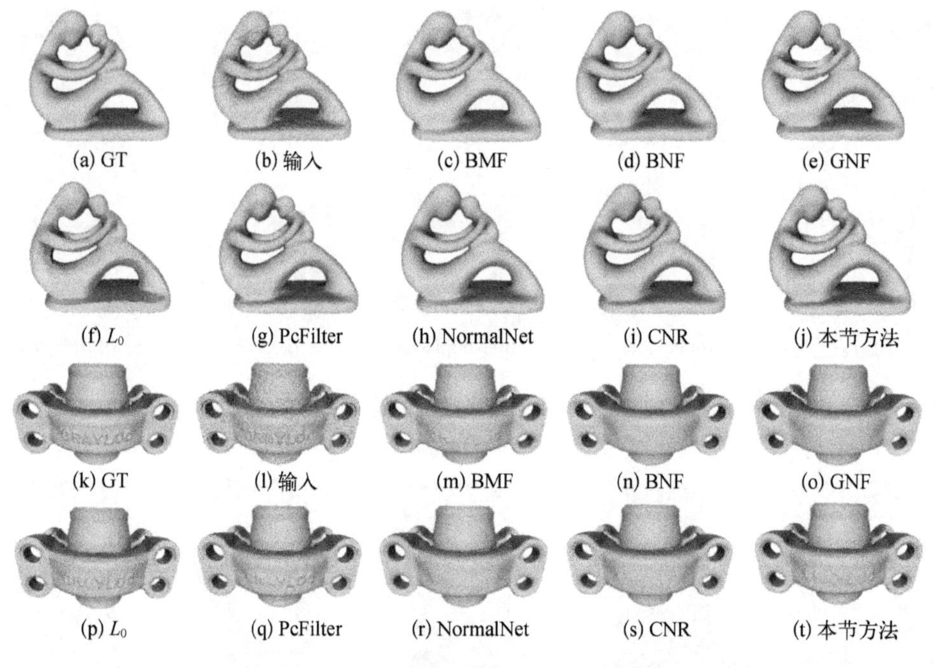

图 6－25 各去噪算法对 Fertility 模型和 GRAYLOC 模型的去噪结果对比

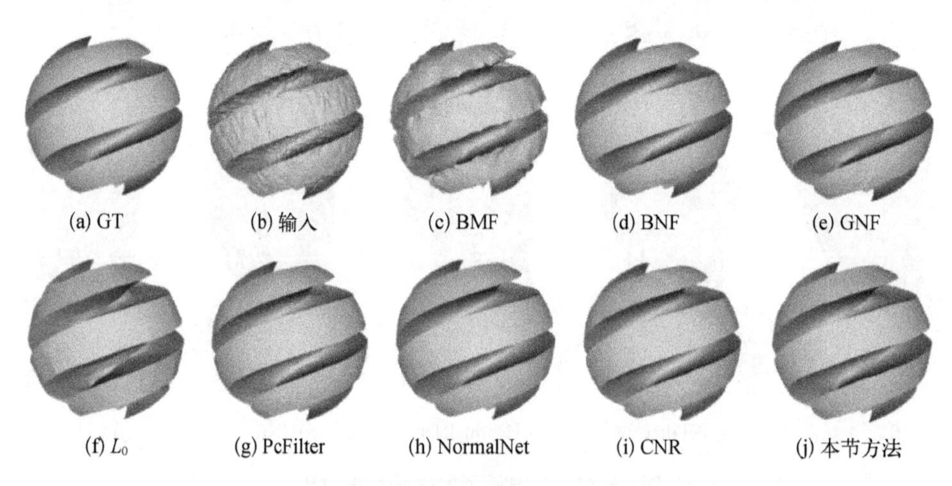

图 6－26 各去噪算法对 SharpSphere 模型的去噪结果对比

值得注意的是，本节还对一些飞机模型进行了实验对比（图 6-27），结果表明，对于网格面片分布不均匀的飞机模型，一些基于学习的方法使得飞机尾翼形状过度变形，而本节提出的 NormalF-Net 则可以很好地保持尾翼的形状，且不会过度光顺模型表面细节，这与该方法的核心目标一致，因此也进一步验证了该方法在大型装备与结构外形制造精度的数字化测量与分析方法中的有效性。

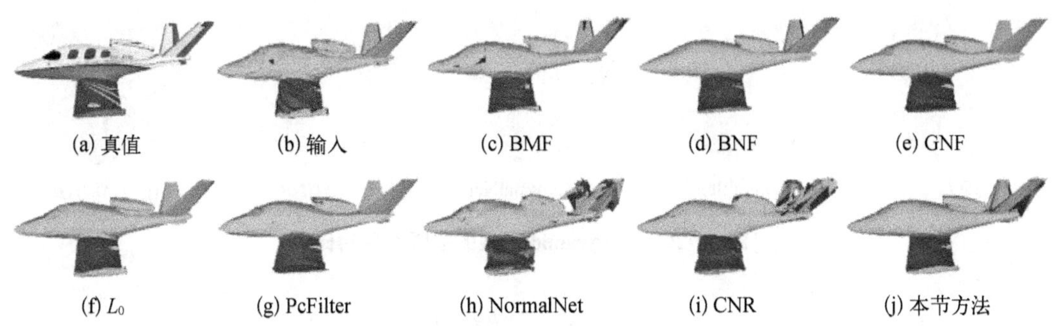

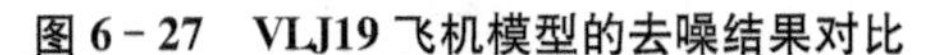
图 6-27　VLJ19 飞机模型的去噪结果对比

3）扫描数据的视觉效果比较

除了合成数据，NormalF-Net 在具有挑战性的真实扫描数据中也同样取得了不错的去噪结果。根据图 6-28[图中第一行为大卫（David）模型，第二行为男孩模型]和图 6-29 的结果可以看出，本节方法始终能够保持模型表面的光滑度和特征，而其他方法则过分锐化了特征和/或在光滑区域出现了一些凸起。

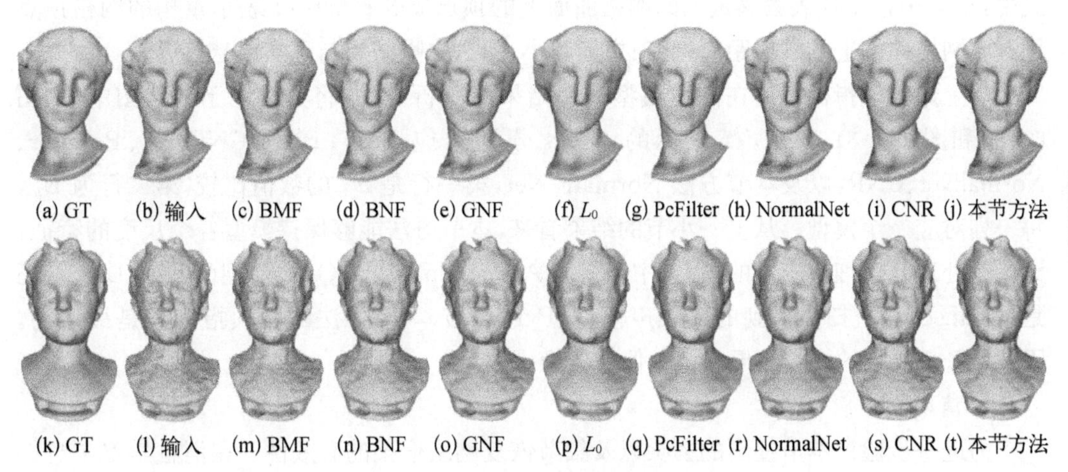

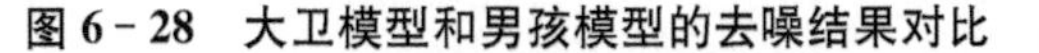
图 6-28　大卫模型和男孩模型的去噪结果对比

3. 量化结果对比

此外，本节还通过以下指标评估了各去噪算法的有效性。E_a 定义为输出网格面片法线和真实网格面片法线之间的平均角度差值，公式为

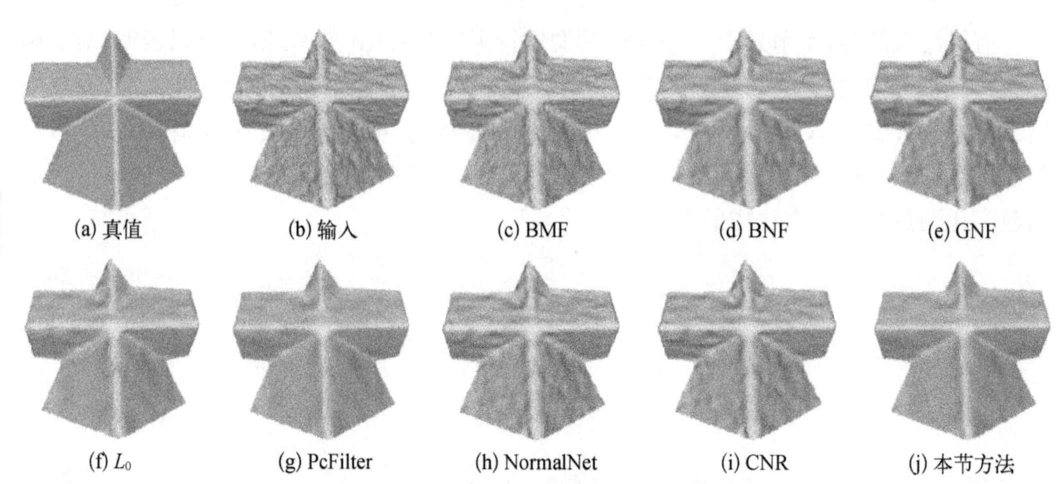

图 6-29 对 Pyramid 模型的去噪结果对比

$$E_a = \sum_{i=1}^{r} \angle \frac{n_d, n}{r} \tag{6-23}$$

式中，n_d 为去噪后面的法线量；n 为未加噪声时网格的面法；r 代表网格面片的总数量。E_a 的值越小，说明去噪后网格曲面特征与原始未加噪网格的特征结构更为接近；反之，则说明滤波效果越差。

E_d 表示重构的网格与真实网格的平均单侧 Hausdorff 距离，计算公式为

$$E_d = [\text{dist}(v_1, M_g), \cdots, \text{dist}(v_s, M_g)] \tag{6-24}$$

式中，$v_1, \cdots, v_s$ 代表去噪重构的网格曲面上的顶点集合；$\text{dist}(\cdot)$ 表示重构的网格顶点到真实网格曲面上的欧氏距离，此项指标越小，那么去噪结果与真实值越接近。

将上述数值指标应用在网格模型去噪结果的分析中，并将其绘制于柱状图中，如图 6-30 和图 6-31 所示，横坐标的 1～8 分别对应 BMF、BNF、GNF、L_0、PcFilter、NormalNet、CNR，以及本节方法 NormalF-Net，第一行是 E_a 的数值比较，第二行为 E_d，每一列对应一个模型。从上一小节的结果看来，本节方法能够保持模型各个尺度的特征，无论是处理几何细节丰富的模型（中国狮和 Armadillo），或者 CAD 模型（GRAYLOC），还是用 Kinect 相机扫描得到的高噪声模型（Pyramid），本节方法的两项指标都是最低的。因此，E_a 和 E_d 的统计结果和视觉保持较为一致。

4. 消融学习

为进一步验证本节提出的去噪以及细节恢复网络框架的有效性。在消融学习中对如下方法进行对比分析。

(1) S1：学习从噪声 NPNMs 到真实 NPNMs（低秩）的映射，并使用中值滤波器更新面片法线。

(2) S2：学习从噪声 NPNMs 到真实面片法线的映射。

(3) S3：本节提出的方法。

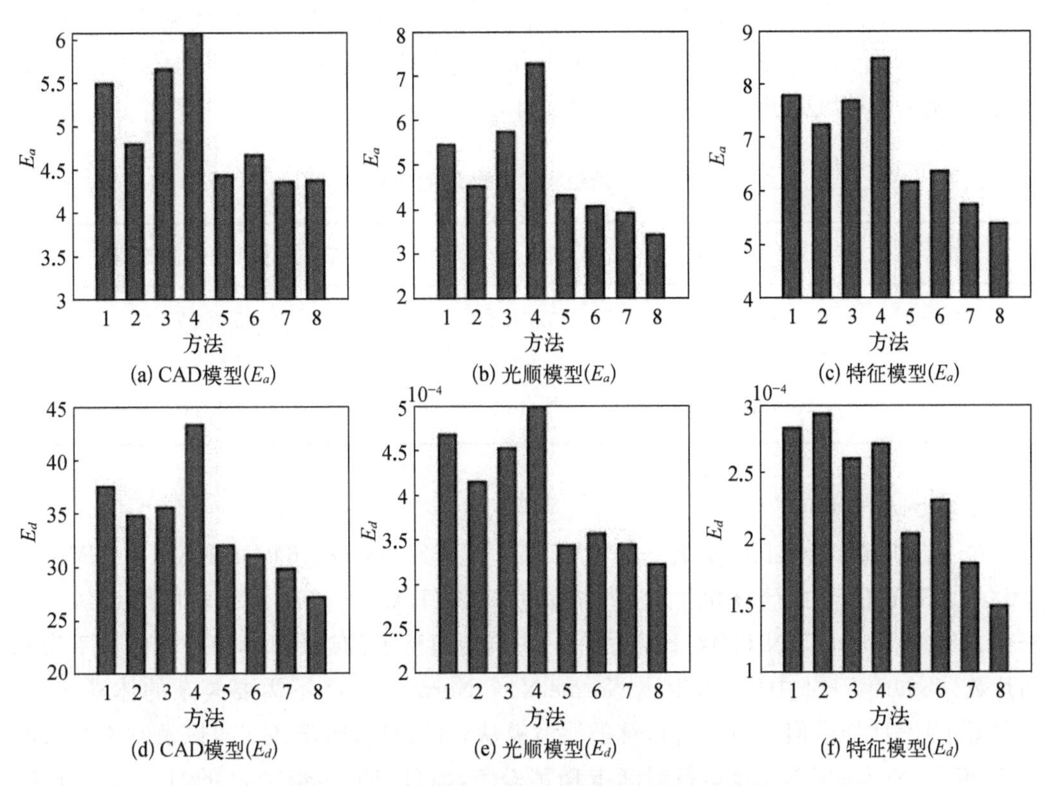

(a) CAD模型(E_a)　(b) 光顺模型(E_a)　(c) 特征模型(E_a)

(d) CAD模型(E_d)　(e) 光顺模型(E_d)　(f) 特征模型(E_d)

图 6－30　合成数据集中各去噪算法的量化结果

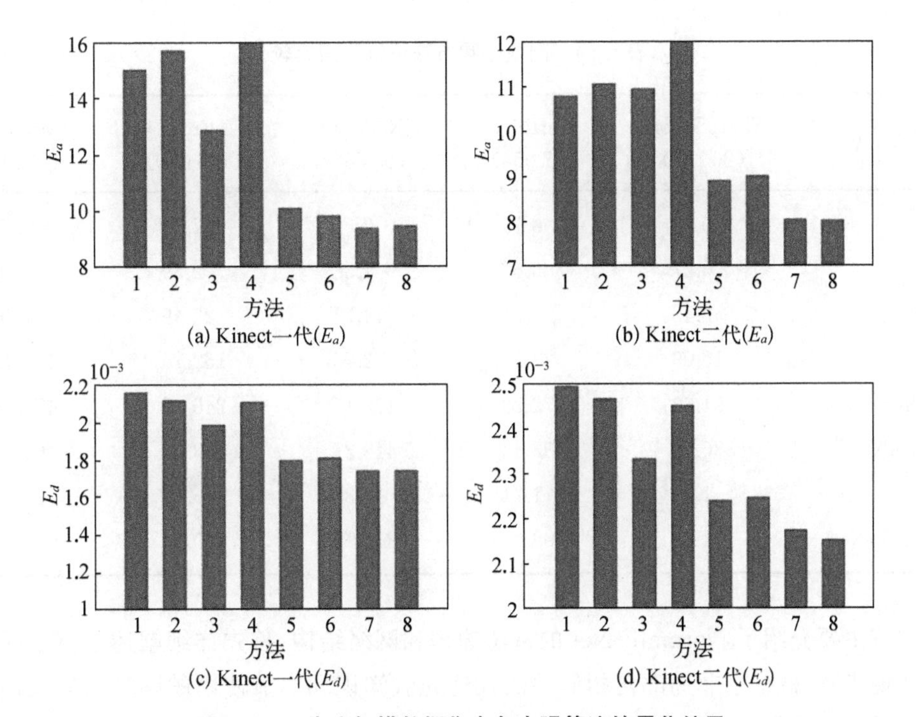

(a) Kinect一代(E_a)　(b) Kinect二代(E_a)

(c) Kinect一代(E_d)　(d) Kinect二代(E_d)

图 6－31　真实扫描数据集中各去噪算法的量化结果

表 6－3 统计了不同类型模型在 S1、S2 和 S3 三类方案下求得的法线夹角平均值，相比 S1 和 S2 两个分解方案，S3 得到的去噪结果与真实模型面片的法线平均角度差总是最小的，说明去噪结果更接近于真实网格的表面。

表 6－3　消融学习中的 E_a 数值对比

方案	CAD 模型/(°)	光滑模型/(°)	具有多尺度几何特征的模型/(°)
S1	4.542 8	3.450 2	5.662 7
S2	4.511 4	3.442 7	5.603 2
S3	4.379 0	3.440 7	5.401 0

5. 算法运行时间

在一台配备了 Intel Xeon E5－2650 CPU(主频 2.2 GHz)、64 GB RAM 和 NVIDIA GTX－1080Ti 的台式计算机上进行实验，在 MATLAB 中实现了级联网络训练。表 6－4 总结了 NormalF-Net 和对比方法在一些典型模型上的运行时间(括号内数字表示面片数)。如表 6－4 中所示，相比 NormalNet，NormalF-Net 不需要复杂的体素化，因此节省了计算时间，但是与一些传统的滤波算法，如 BMF、BNF、GNF，以及基于学习的 CNR 相比，NormalF-Net 在运行时间上稍稍逊色，而且，NormalF-Net 的时间也会比 L_0 和 PcFilter 更长。

表 6－4　网格去噪方法运行时间比较　　(单位：s)

模　型	SharpSphere (20 882)	Fertility (27 954)	GRAYLOC (68 580)	Eros (100 000)	Gargoyle (171 112)
BMF	0.64	0.75	2.55	2.64	7.55
BNF	0.27	0.66	1.38	2.39	3.86
GNF	3.45	4.81	14.77	25.49	51.76
L_0	15.09	27.72	72.75	162.78	158.81
PcFilter	51.63	72.23	172.15	246.47	473.53
NormalNet	836.12	1 132.42	5 418.27	9 163.24	20 763.28
CNR	1.27	1.71	3.35	5.16	10.04
NormalF-Net	97.37	109.63	344.76	480.55	975.05

本节主要介绍了 NormalF-Net 的算法原理和网络结构，首先详细阐述了算法原理和算法实现步骤，概括了非局部自相似性的几何先验知识和本节使用的网络结构及训练的方法，具体介绍了本节提出的含细节恢复步骤的级联网络，并简单介绍了网格中顶点位置

更新的方法；之后对本节方法使用的各个参数和训练时使用的数据集进行了说明，并讨论了对比算法中的具体参数，介绍了本节提出算法的消融学习的情况。最后，从视觉效果、量化结果及运行时间三个方面对本节选取的去噪方法进行了对比，分析了其在人工合成数据集和真实扫描数据集上的表现，详细说明了各类算法的优缺点。与已有去噪算法对比，本节提出的 NormalF-Net 仍有以下几点不同之处：

(1) NormalF-Net 的线上运行阶段是全自动的；

(2) 一些基于学习的方法需要复杂的体素化或者投影操作来将不规则的网格结构转换为规则结构输入神经网络中，而本节方法不需要以上操作；

(3) NormalF-Net 的第一个子网络模拟低秩矩阵恢复的过程，然而，非局部自相似性的几何先验知识此前从未在学习的方法中出现过；

(4) 单级网络结构不能满足在去噪的同时保持模型各个尺度的特征结构，而 NormalF-Net 结合传统去噪算法和基于学习的方法的优点，采取了级联网络模式，不仅能达到较好的去噪结果，同时也能恢复去噪过程中丢失的细节特征。

6.4　基于级联几何恢复的三角网格逆向滤波技术

6.4.1　算法概述

当使用不同的网格滤波器去进行网格去噪时，表面上的噪声去除过程通常都伴随着几何形状的丢失。该方法使用神经网络来学习网格去噪的逆过程，然后用学习好了的回归函数对去噪后的网格进行逆向滤波处理。神经网络的学习过程主要是针对面法线场，因为一阶法线的变化比顶点处的变化更能描述整个表面的变化程度。在最顶层，该方法将执行两个步骤：离线训练步骤及运行时的逆向滤波步骤，如图 6－32 所示。

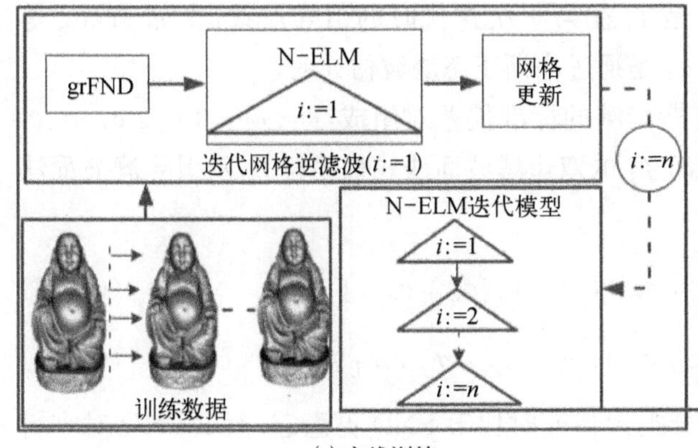

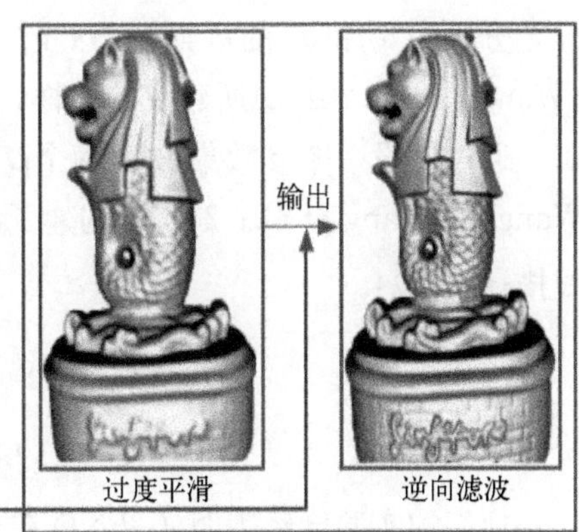

(a) 离线训练　　(b) 运行时逆向滤波

图 6－32　网格逆向滤波的流程框架

1. 离线训练

该方法对一组真实模型进行平滑处理，从中获取其过度平滑的结果。使用一组网格滤波器生成这些过度平滑的模型，这些模型会在不同程度上丢失一些表面的几何形状。该方法提出了广义反向滤波面法线描述符(grFND)作为特征描述符，然后将每个真实面法线 n_i 定义为对过度平滑的表面的 grFND 描述符 S_i 的函数 Ψ：$n_i=\Psi(S_i)$，该方法通过法线极限学习机 N-ELM：$S_i \mapsto n_i$ 在 grFND 描述符和真实的面法线之间学习 Ψ 函数。学习过程需要多次迭代，因为第一个回归函数只是粗略地找到了从 grFND 描述符到真实法线的对应关系。该方法从输出面法线重建过度平滑的网格，并提取其 grFND 描述符，以输入下一次回归迭代，从而获得更精细的近似结果。

2. 运行时逆向滤波

对于过度平滑的输入，学习过的迭代 N-ELM 模型(由 Ψ 组成)在提取到的 grFND 描述符上使用，以获得其新的面法线。该方法最终使输入变形，以匹配其新的面法线，从而达到逆向滤波的效果。

6.4.2 广义反向过滤面法线描述符

本小节将介绍广义反向滤波刻面法线描述符(grFND)和法线极限学习机(N-ELM)的详细信息，用来构建过度平滑的网格和真实网格之间的关系。

双边法线过滤器定义如下：

$$n_i^{k+1}=\Lambda\left[\sum_{f_j\in N_i}A_jG_S(\|c_i-c_j\|)G_r(\|n_i^k-n_j^k\|)n_j^k\right] \tag{6-25}$$

引导双边法线过滤器定义为

$$n_i^{k+1}=\Lambda\left[\sum_{f_j\in N_i}A_jG_s(\|c_i-c_j\|)G_r(\|g_i^k-g_j^k\|)n_j^k\right] \tag{6-26}$$

式中，k 表示迭代次数；$\Lambda(\cdot)$表示归一化操作；n_i^{k+1} 为面 f_i 的过滤法线，f_j 是面 f_i 的 1 环相邻面集 N_i 中的面；A_j 为面 f_j 的面积；c_i 和 c_j 分别为面 f_i 和 f_j 的质心；G_s 和 G_r 都是标准差分别为 σ_s 和 σ_r 的高斯函数；g_i^k 是 f_i 在第 k 次迭代时的引导法线，正如 Wang 等(Wang et al.，2015a)所建议的那样，g_i 是通过高斯正态滤波估计的。

通过假设一个参数集 Θ 由两个高斯函数的标准偏差对组成，即 $\Theta:=(\sigma_{s_j},\sigma_{r_j})_{j=1}^{L}$，Wang 等(Wang et al.，2015a)构建了面 f_i 的双边滤波面法线描述符 D_i 及引导滤波面法线描述符 D_i^g：

$$D_i:=[n_i(\sigma_{s_1},\sigma_{r_1}),\cdots,n_i(\sigma_{s_L},\sigma_{r_L})] \tag{6-27}$$

$$D_i^g:=[n_{g,i}(\sigma_{s_1},\sigma_{r_1}),\cdots,n_{g,i}(\sigma_{s_L},\sigma_{r_L})] \tag{6-28}$$

他们的实验已经表明，G-FND 在分类大特征时比 B-FND 更稳定，而 B-FND 对小特征更敏感。然而，G-FND 和 B-FND 都不太适合从过度平滑的表面恢复丢失的几何形状，主要原因有如下。

首先，FND 实际上是一种滤波操作，用于减少噪声表面的信息。然而，该方法的目标是恢复表面丢失的几何形状。因此，作为特征描述符的反向 FND(rFND)将是更可取的，因为它们更接近于真实法线(图 6-33)。B-FND 和 G-FND 都可以改为其逆公式：

$$D_i^r :=\{\Lambda[2n_i - n_i(\sigma_{s_1}, \sigma_{r_1})], \cdots, \Lambda[2n_i - n_i(\sigma_{s_L}, \sigma_{r_L})]\} \tag{6-29}$$

$$D_i^{gr} :=\{\Lambda[2n_{g,i} - n_{g,i}(\sigma_{s_1}, \sigma_{r_1})], \cdots, \Lambda[2n_{g,i} - n_{g,i}(\sigma_{s_L}, \sigma_{r_L})]\} \tag{6-30}$$

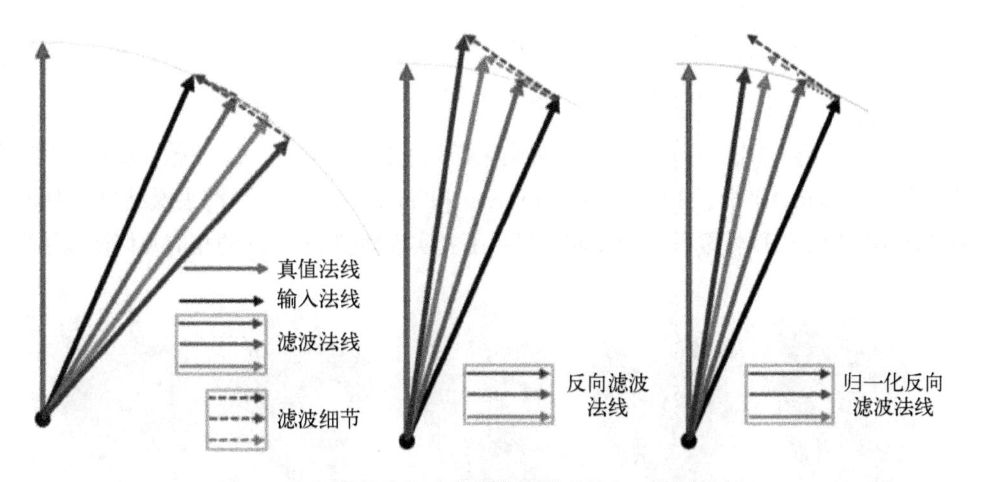

图 6-33　创建反向过滤面法线描述符(rFND)的过程

其次，FND 无法表现任意过度平滑表面的特征。用户通常可以随意选择各种网格滤波器来去除给定噪声表面上的噪声，这些滤波器会导致不同程度的表面几何形状丢失。理想情况下，几何描述符最好可以覆盖所有网格过滤结果，这样在处理任意过度平滑的情况时才能足够灵活。该方法将三种简单通用的网格法线滤波器的结果集成到 FND 中，分别是均匀拉普拉斯法线滤波器、中值法线滤波器和单边法线滤波器。三种法线滤波器定义为来自属于中心面 f_i 的相邻平面的所有法线的加权法线平均值：

$$n_i^{k+1} = \Lambda\left(\sum_{f_j \in N_i} w_j n_j^k\right) \tag{6-31}$$

其中：① 对于均匀拉普拉斯法线滤波器，权重 $w_j = 1$；② 中值法线滤波器，对于中值元素，$w_j = 1$[按 f_i 的法线与相邻面集 N_i 的面 f_j 的法线之间的角度 $\angle(n_i, n_j)$ 排序]，对于其他元素，$w_j = 0$；③ 对于单边法线滤波器，有

$$w_j = \begin{cases} (n_i \cdot n_j - T)^2, & n_i \cdot n_j > T \\ 0, & \text{其他} \end{cases} \tag{6-32}$$

式中，$0 \leqslant T \leqslant 1$，是用户确定的阈值。

如果将均匀拉普拉斯法线滤波器表示为 $n_i(w_1)$，将中值法线滤波器表示为 $n_i(w_M)$，将单边法线滤波器表示为 $n_i(w_1)_1^L$，其中 L 个阈值为 T，可以通过扩展 B-FND 和 G-FND 获得 gFND：

$$S_i := [D_i, n_i(w_1), n_i(w_M), n_i(w_{T_1}), \cdots, n_i(w_{T_L})] \tag{6-33}$$

$$S_i^g := [D_i^g, n_i(w_1), n_i(w_M), n_i(w_{T_1}), \cdots, n_i(w_{T_L})] \tag{6-34}$$

因此,可以如下定义广义反向 FND(grFND):

$$\begin{aligned} S_i^r := \{ & D_i^r, \Lambda[2n_i - n_i(w_1)], \Lambda[2n_i - n_i(w_M)] \\ & \Lambda[2n_i - n_i(w_{T_1})], \cdots, \Lambda[2n_i - n_i(w_{T_L})]\} \end{aligned} \tag{6-35}$$

$$\begin{aligned} S_i^{gr} := \{ & D_i^{gr}, \Lambda[2n_i - n_i(w_1)], \Lambda[2n_i - n_i(w_M)] \\ & \Lambda[2n_i - n_i(w_{T_1})], \cdots, \Lambda[2n_i - n_i(w_{T_L})]\} \end{aligned} \tag{6-36}$$

图 6-34 顶行分别显示了噪声和不规则采样后的模型($\sigma_E = 0.2$ 的脉冲噪声)及其通过拉普拉斯(Laplacian)平滑、APSS①、HC Laplacian 和 Taubin 的 λ/μ 平滑去噪结果。中间一行显示了使用原始 rFND 恢复的结果。底行显示了真实模型和 grFND 的相应几何恢复结果。

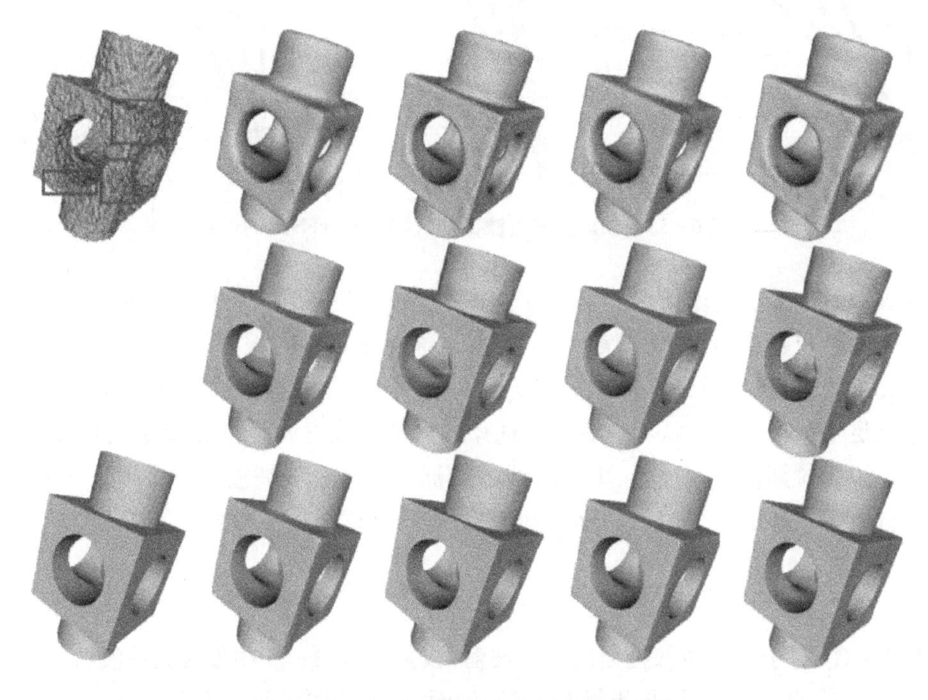

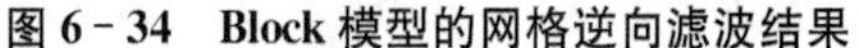

图 6-34 Block 模型的网格逆向滤波结果

再次,为了恢复更多的几何细节,该方法在各向同性邻域而不是常用的各向异性邻域上计算 grFND 描述符。各向同性邻域可以通过 Yagou 等(Yagou et al., 2002)的 mRTV 轻松估算出来。该方法已经在 ISNE(isotropic neighborhood)和 ANNE(anisotropic neighborhood)上测试了 grFND 描述符。使用商业软件(未知原理)和三种最先进的去噪方法获取过度平滑的去噪结果作为输入,逆向滤波后的结果表明,在 ISNE 上计算的

① APSS 表示基于代数点集曲面(algebraic point set surfaces)的去噪方法。

grFND 描述符比在 ANNE 上可以更好地恢复几何细节。在图 6-35 中，由于这些细节的尺度与噪声的尺度相似，这五种方法在一定程度上模糊了几何细节。同样，ISNE 和 ANNE 的方案都可以恢复这些被模糊的几何细节。然而，ISNE 总是可以更好地呈现这些小特征（参照兵马俑的面部特征和身上的护甲）。

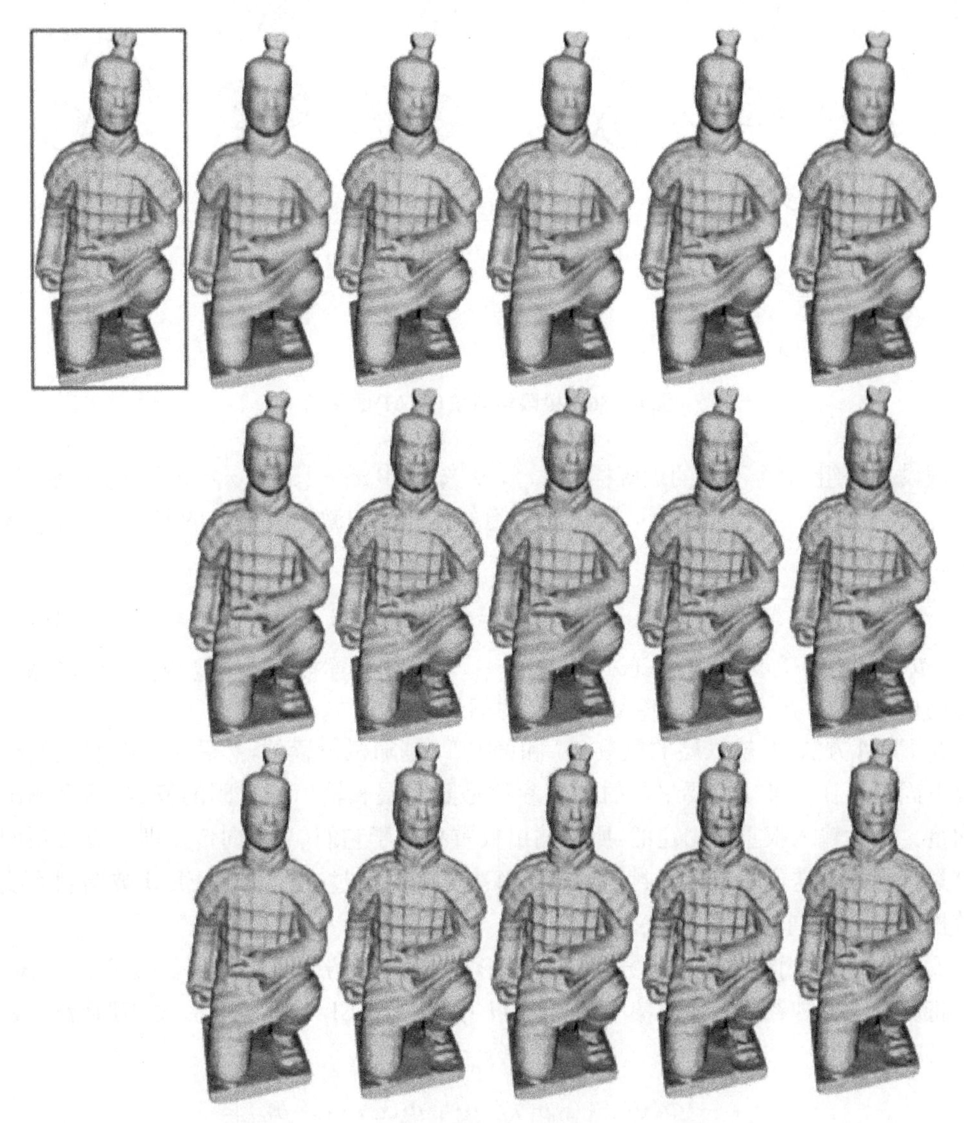

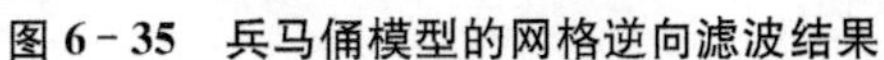

图 6-35　兵马俑模型的网格逆向滤波结果

6.4.3　基于法线的极限学习机

1. 经典 ELM 模型

ELM 是一种极快的学习算法，最初开发用于训练单隐藏层的前馈神经网络[图 6-36(a)]，ELM 的正式描述如下。

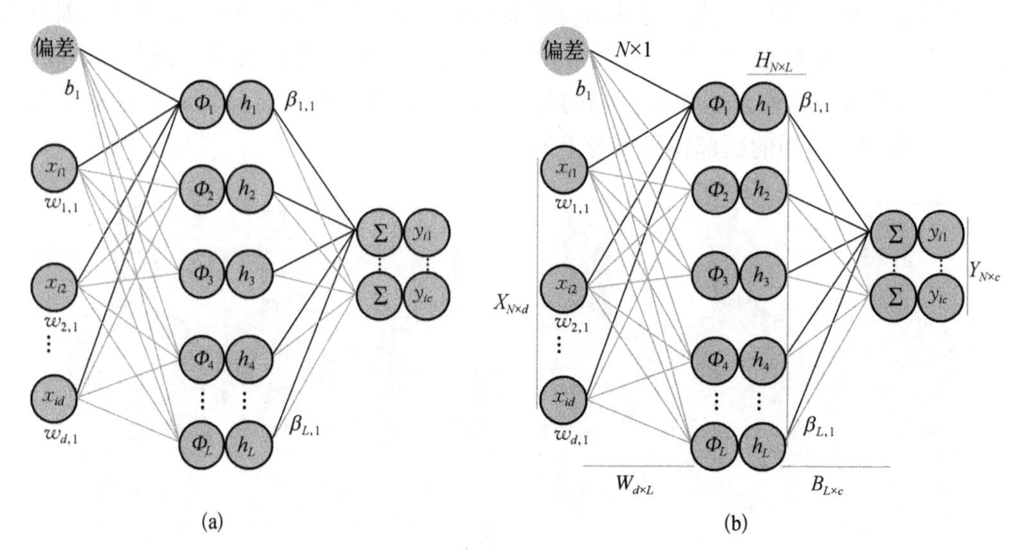

图 6-36 极限学习机(ELM)的图示

假设有一组 N 个不同的训练样本 (x_i, y_i)，其中 $x_i=[x_{i1}, x_{i2}, \cdots, x_{id}]^{\mathrm{T}} \in \mathbb{R}^d$ 且 $y_i=[y_{i1}, y_{i2}, \cdots, y_{ic}]^{\mathrm{T}} \in \mathbb{R}^c$，具有 L 个隐藏神经元和激活函数 Φ 的 ELM 的数学模型如下：

$$\Phi(w_j \cdot x_i + b_j)\beta = y_i, \quad i \in [1, N] \tag{6-37}$$

式中，$\Phi=[\Phi_1, \cdots, \Phi_L]$；$w_j=(w_{1j}, w_{dj}, \cdots, w_{dj})$，是连接第 j 个隐藏神经元和输入神经元的权重向量；b_j 是第 j 个隐藏神经元的阈值。

在 ELM 方法中，输入层的权重 w_j 和偏差 b_j 是随机设置的，然后在没有迭代调整的情况下固定不变。唯一需要学习的自由参数是隐藏层和输出层之间的权重，然后输出权重向量。因为输入权重是固定的，所以输出权重独立于它们(与反向传播训练方法不同)，并且具有不需要迭代的直接或封闭形式的解决方案。通过这种方式，ELM 被调制为线性参数模型，相当于求解线性系统。

ELM 通过封闭形式的解决方案以矩阵形式求解，该方法高效且易于实现。具体讲，通过将所有隐藏神经元的输出集中到矩阵 H 中来构建 ELM 的矩阵形式[图形表示如图 6-36(b)所示]：

$$H=\begin{bmatrix} \Phi(w_1x_1+b_1) & \cdots & \Phi(w_Lx_1+b_L) \\ \vdots & \ddots & \vdots \\ \Phi(w_1x_N+b_1) & \cdots & \Phi(w_Lx_N+b_L) \end{bmatrix} \tag{6-38}$$

如果将训练数据目标矩阵表示如下：

$$T=\begin{bmatrix} t_1^{\mathrm{T}} \\ \vdots \\ t_N^{\mathrm{T}} \end{bmatrix}=\begin{bmatrix} t_{11} & \cdots & t_{1c} \\ \vdots & \vdots & \vdots \\ t_{N1} & \cdots & t_{Nc} \end{bmatrix} \tag{6-39}$$

在 ELM 学习阶段，连接隐藏层和输出层的权重用 β 表示，通过最小化平方误差意义上的近似误差来求解：

$$\min_{\beta} \| H\beta - T \|^2 \tag{6-40}$$

式中，$\|\cdot\|$ 表示 Frobenius 范数。

最优解如下：

$$\beta^* = H^{\dagger} T \tag{6-41}$$

式中，$H^{\dagger}$ 表示矩阵 H 的 Moore-Penrose 广义逆。

解决上述问题的有效方法有很多，如高斯消元法、正交投影法、迭代法和单值分解(single value decomposition，SVD)法。

2. 正则化 ELM 和 ELM 内核

正则化 ELM 旨在通过实现最小的训练误差和最小的输出权重范数来达到更好的泛化性能：

$$\min_{\beta} L_{\mathrm{ELM}} = \frac{1}{2} \| \beta \|^2 + \frac{C}{2} \| T - H\beta \|^2 \tag{6-42}$$

式中，C 为正则化超参数。上述问题广泛称为岭回归或正则化最小二乘法。

通过将 L_{ELM} 相对于 β 的梯度设置为 0，有

$$L_{\mathrm{ELM}} = \beta^* - CH^{\mathrm{T}}(T - H\beta^*) = 0 \tag{6-43}$$

如果 H 的行数多于列数 ($N > L$)，这通常是在训练图案的数量大于隐藏神经元的数量时出现的情况，则有以下的封闭形式解：

$$\beta^* = \left(H^{\mathrm{T}} H + \frac{I}{C}\right)^{-1} H^{\mathrm{T}} T \tag{6-44}$$

式中，I 为维度 L 的单位矩阵。

如果训练图案的数量小于隐藏神经元的数量 ($N < L$)，H 的列数将多于行数，这通常会产生欠定最小二乘问题。此外，在这种情况下，反转 $L \times L$ 矩阵的效率较低。为了解决这个问题，该方法将 β 限制为 H 中行的线性组合，即 $\beta = H^{\mathrm{T}}\alpha$ ($\alpha \in \mathbb{R}^{NC}$)。注意，当 $N < L$ 时，H 为满行秩，HH^{T} 是可逆的。将 $\beta = H^{\mathrm{T}}\alpha$ 代入式(6-43)，两边乘以 $(HH^{\mathrm{T}})^{-1}H$，设计如下：

$$\alpha^* - C(T - HH^{\mathrm{T}}\alpha^*) - 0 \tag{6-45}$$

于是有

$$\beta^* = H^{\mathrm{T}}\alpha^* = H^{\mathrm{T}}\left(HH^{\mathrm{T}} + \frac{I}{C}\right)^{-1} T \tag{6-46}$$

式中，I 为维度 N 的单位矩阵。

因此,当训练图案与隐藏神经元相比更丰富时,该方法使用式(6-45)计算输出权重,否则使用式(6-46)。式(6-44)中的 $H^{T}H$ 和式(6-46)中的 HH^{T} 也称为 ELM 核矩阵,其中 $h(x_i)\cdot h(x_j)$ 为 ELM 核。

6.4.4 网格逆向滤波

该方法学习了从过度平滑网格的 grFND 描述符到其真实值的映射。给定一个与训练数据共享几何图案的过度平滑表面,该方法可以使用学习过的映射函数来自动恢复其丢失的几何图形。

1. 离线训练

训练是基于面的(即 grFND 描述符和来自真实网格的面法线形成训练对)。训练对集表示为 $\Delta=\{S_i^r, n_j\}_{i=1}^{N_\Delta}$,其中 N_Δ 是训练对总数。根据 grFND 描述符的相似性将 Δ 分为四个集群 $\{C_S\}_{S=1}^{4}$ 以加速训练过程,其中每个集群都是独立训练的。

该方法收集了两个分别名为 D1 和 D2 的数据集。其中 D1 有 38 个用于训练数据的网格[图 6-37(a)],包括几何形状丰富的网格、平滑网格和类似 CAD 的网格。D2 包含来自 Ohtake 等(Ohtake et al., 2002)借用的高分辨率真实扫描的 7 个雕像网格。对于 D1,训练数据中的每个真实网格对应于由不同网格过滤器生成的 10 个过度平滑的网格。对于 D2,通过多种现有方法对每个雕像网格对应的 Kinect 单帧网格去噪,以得到用于训练数据的过度平滑模型。

图 6-37 D1 的训练和测试数据集

对于每个集群 C_S,该方法将回归函数 $\Phi_{S(\cdot)}$ 模拟为具有 N_r 个隐藏节点的单隐藏层前馈网络,从而进行有效训练。实现时,该方法将单层前馈网络建模为具有高斯径向基激活

函数的 ELM，定义为

$$\Phi_{i,k}=\Phi_k(S_i^r)=\exp\left(-\frac{\| w_k^{\mathrm{T}}\bar{S}_i^r+b_k-c\|^2}{r^2}\right) \tag{6-47}$$

式中，$\bar{S}_i^r$ 为集群 C_S 中 S_i^r 的特征标准化版本；$k\in[1, N_r]$，是第 k 个节点的索引；参数 c 表示径向基函数(radial basis function，RBF)核的中心，核大小 r 控制高斯核的感受野尺度；权重参数 $w_k\in\mathbb{R}^{3K}$(k 为 grFND 描述符的长度)和 $b_k\in\mathbb{R}$ 是根据任何连续概率分布随机生成的(独立于训练数据)。

有了上面的准备，根据式(6－38)和式(6－39)可以得到矩阵 H_{C_S} 和 N_{C_S}：

$$H_{C_S}=\begin{bmatrix}\Phi_{1,1} & \cdots & \Phi_{1,N_r}\\ \vdots & \ddots & \vdots\\ \Phi_{|C_S|,} & \cdots & \Phi_{|C_S|,N_r}\end{bmatrix} \tag{6-48}$$

$$N_{C_S}=\begin{bmatrix}n_1\\ \vdots\\ n_{|C_S|}\end{bmatrix} \tag{6-49}$$

式中，$|C_S|$ 表示 C_S 中的面总数。

正则化 N-ELM 的输出权重 β_{C_S} 是通过最小化式(6－50)来逼近的：

$$E_{C_S}=\|\Lambda(H_{C_S}\beta_{C_S})-N_{C_S}\|^2+\lambda\|\beta_{C_S}\|^2 \tag{6-50}$$

式中，$\Lambda(\cdot)$表示归一化操作；λ 根据经验设置为 0.15，以平衡回归误差和正则化项。

在训练过程中，将每个集群 C_S 中的 $\Delta(C_S)$ 分为两组：训练集 $\Delta_T(C_S)$ 和验证集 $\Delta_V(C_S)$。该方法从 C_S 中随机收集 20%的样本来生成验证集，一旦验证集上的回归误差 $\sum_{f_i\in\Delta_V(C_S)}\|\Lambda\{\Phi_S[(S_i)^r]\beta_{C_S}\}-n_i\|^2$ 增加，就停止更新参数 β_{C_S}。

在进行网格重建时，面法线反向过滤的第 i 次迭代一旦完成，该方法即更新顶点位置，以匹配归一化回归输出。该方法采用 Fleishman(Fleishman et al.，2003)提出的简单而有效的顶点更新方案。基于面的二次方程写为

$$E_1(v')=\sum_{f\in N_v(f)}[n_f^{\mathrm{T}}(v'-c_f)]^2 \tag{6-51}$$

式中，n_f 为面 f 的细化单位法线；c_f是其三角形重心。

该二次方程计算了从 v'(v 的新位置)到其 1 环面的平方距离总和。为了鼓励在优化中尽可能多地沿着顶点的法线方向移动，将额外的基于线的二次曲面定义为

$$E_2(v')=(v'-v)^{\mathrm{T}}(v'-v)-[n_v^{\mathrm{T}}(v'-v)]^{\mathrm{T}}[n_v^{\mathrm{T}}(v'-v)] \tag{6-52}$$

式中，n_v 表示顶点 v 的单位法线；$n_v^{\mathrm{T}}(v'-v)$ 项描述了从向量 $(v'-v)$ 到顶点法线 n_v 的投影。

因此,这个基于线的二次曲线计算了从顶点法线到优化顶点 v' 的平方距离。最后,将两个二次曲面一起最小化,完成顶点更新:

$$\underset{v'}{\operatorname{argmin}}[E_1(v')+E_2(v')] \tag{6-53}$$

式(6-53)只是个 3×3 的线性方程。在实现过程中,顶点更新的迭代次数设置为 10。

图 6-38 中的第一个模型是通过基于图像的建模技术从一系列图像中重建的,这导致模型的分辨率较低。第二个模型是使用 3D 扫描设备捕获的,其中浅层特征(如汉字)很容易模糊。并且第三个模型被压缩成较低的分辨率,以方便网络传输。该方法可以很好地恢复每个模型丢失的几何形状。图 6-38 中从左列到右列分别为由于上述原因丢失几何特征的输入模型、该方法的几何恢复结果、真实图像。

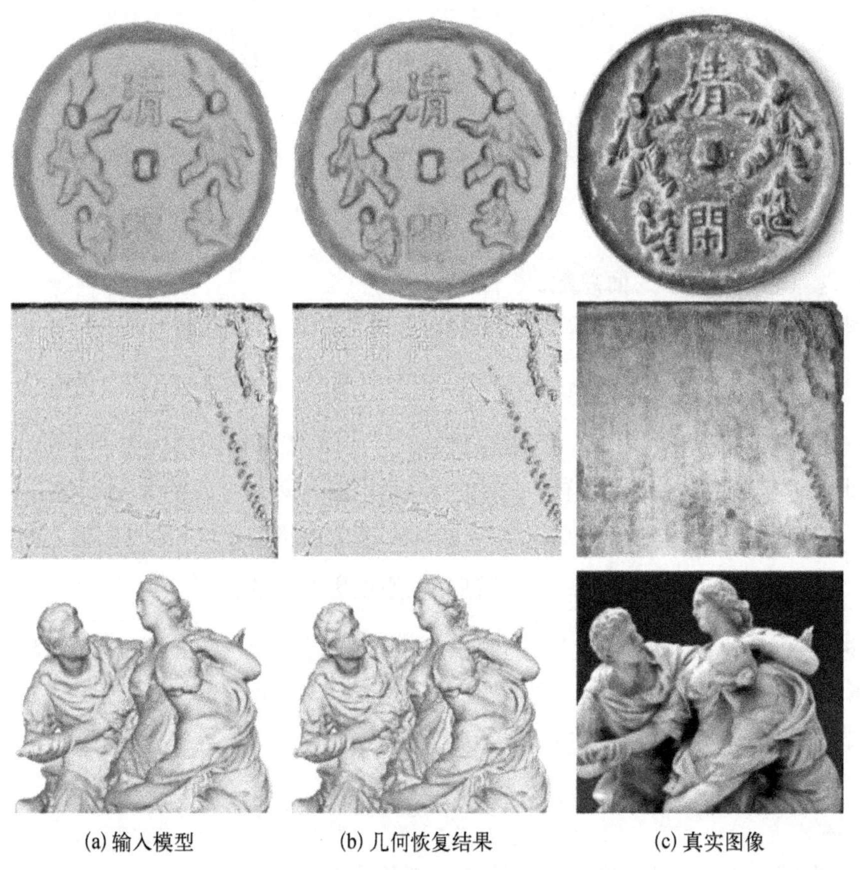

(a) 输入模型　　(b) 几何恢复结果　　(c) 真实图像

图 6-38　三个古代遗迹的网格逆向滤波结果

2. *运行时逆向滤波*

该方法执行以下操作:

(1) 对于每个网格面,计算其 grFND 描述符并将其提供给回归函数;

(2) 使用回归函数更新网格模型以获得新的面法线;

(3) 这两个步骤依次执行,直至找到最后的回归函数。

6.4.5　实验与讨论

为了评估该方法的几何形状恢复能力，逆向滤波器模型已经分别在合成数据集和原始数据集上进行了训练，并在使用 18 个网格过滤器获得的去噪模型上进行了测试。该方法已经涵盖了大多数实际场景，接下来给出数据收集、参数设置和几何恢复结果。

1. 数据收集

D1 有两部分：训练数据和测试数据。训练数据有 38 个复杂的网格[图 6 - 37(a)]。测试数据有超过 28 个网格，它们与训练数据有相似的几何形状[图 6 - 37(b)]。D2 包含 7 个高分辨率真实扫描的雕像网格(Ohtake et al., 2002)。

$$\sigma_s = 0.35, \quad n_1 = 20, \quad n_2 = 10$$

对于 D1 和 D2 的训练部分，该方法使用了 7 个常用的网格滤波器来生成滤波结果。这些滤波器包括 Laplacian 平滑 ($n=10$)、Sun 等(Sun et al., 2007)的单边滤波器 ($n_1=5$, $n_2=10$, $T=0.4$; $n_1=10$, $n_2=20$, $T=0.5$)、Taubin(Taubin et al., 2001)的 λ/μ 滤波器 ($n=20$, $\mu=-0.53$, $\lambda=0.5$)、Fleishman 等(Fleishman et al., 2005)的双边网格滤波器 ($\sigma_1=1\times L$, $\sigma_2=0.35$, $n=15$; $\sigma_1=2\times L$, $\sigma_2=0.5$, $n=10$)、Zheng(Zheng et al., 2010a)等的双边法线滤波器 ($\sigma_1=1\times L$, $\sigma_2=0.35$, $n_1=20$; $\sigma_1=1\times L$, $\sigma_2=0.45$, $n_1=30$)、He 等(He et al., 2013)的 L_0 平滑 ($\lambda=2\lambda_0$)，以及 Wang 等(Wang et al., 2015a)的 CNR。因此，训练数据中的每个真实网格都对应 10 个由不同网格滤波器生成的平滑/去噪网格。

对于 D1 的测试部分，该方法添加了不同级别和类型的噪声，即随机高斯噪声和脉冲噪声。对于 D2 的测试部分，噪声是由 Kinect 设备和重建算法的错误引起的。然后，采用近 18 个网格滤波器来产生其去噪结果。对每种方法进行微调，以便为每种方法产生最佳的视觉效果。

这里包括各向异性滤波器，如 Fleishman 等(Fleishman et al., 2005)的 BMF、Sun 等(Sun et al., 2007)的单边过滤器(UF)、Zheng 等(Zheng et al., 2010a)的 BNF、He 等(He et al., 2013)的 L_0 平滑(L_0)、Zhang 等(Zhang et al., 2017a)的 GNF、Wang 等(Wang et al., 2015a)的 CNR、Wei 等(Wei et al., 2019)的张量投票引导过滤器、Lu 等(Lu et al., 2017a)的网格过滤器、Centin 等(Centin et al., 2017)的网格过滤器、Yadav 等(Yadav et al., 2017)的网格过滤器和 Zhao 等(Zhao et al., 2005)的 NormalNet，以及各向同性过滤器，如 Laplacian 过滤器、APSS、HC Laplacian 过滤器和 Taubin(Taubin et al., 2001)的 $\lambda \mid \mu$ 过滤器。该方法还使用了三种未知原理的商业软件进行滤波操作，如 Geometrica Studio。

2. 视觉结果

通过该方法恢复的几何信息(几何细节、几何结构和平滑区域)是否恢复了真实的几何细节？以下视觉结果表明，逆向滤波模型的几何图案与原始模型的几何图案非常相似。该方法取得了成功是由于观察到大多数网格滤波器在很大程度上抑制，但没有完全去除各种尺度的几何形状。这样的信号残留虽然在视觉上并不突出，但可以为学习法线变化提供重要线索，以帮助恢复丢失的几何形状。

对于合成数据集，图 6-39 和图 6-40 中使用的滤波方法可以有效地处理噪声，因为设计了各向异性网格过滤器来保留主要几何结构。但是，小尺度的几何形状会不可避免地出现不同程度的丢失。由于几何形状的丢失，图 6-39 中的翅膀和图 6-40 中的弱浅浮雕变得模糊。该方法提炼的结果贴近真实数据，因为这三个模型中重复的细节、清晰的结构和平滑的区域都得到了有效恢复。

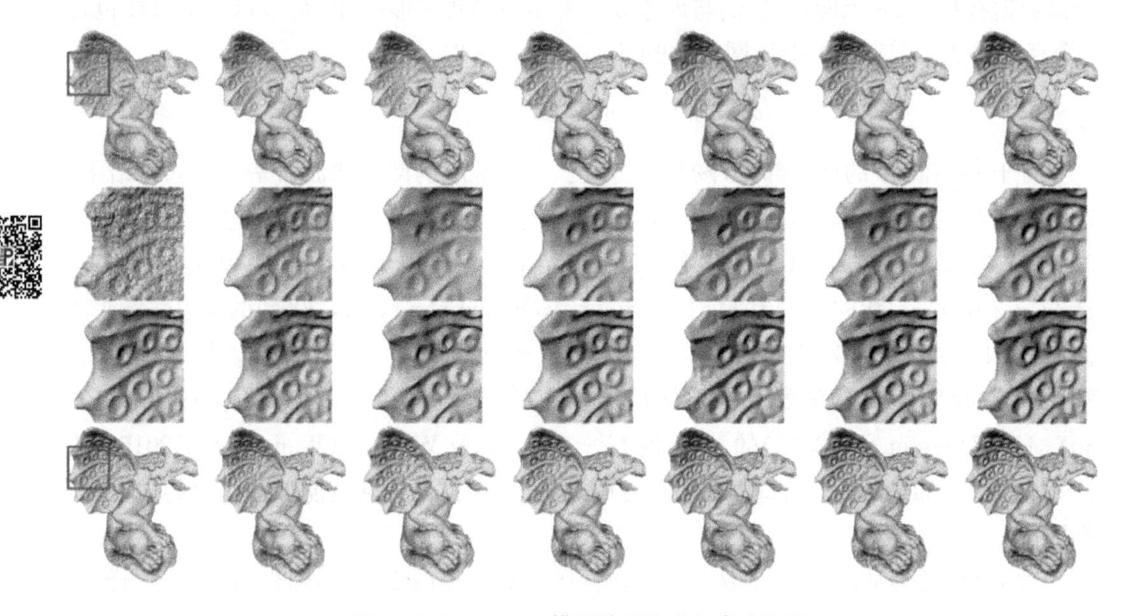

图 6-39 Gargoyle 模型的网格逆向滤波结果

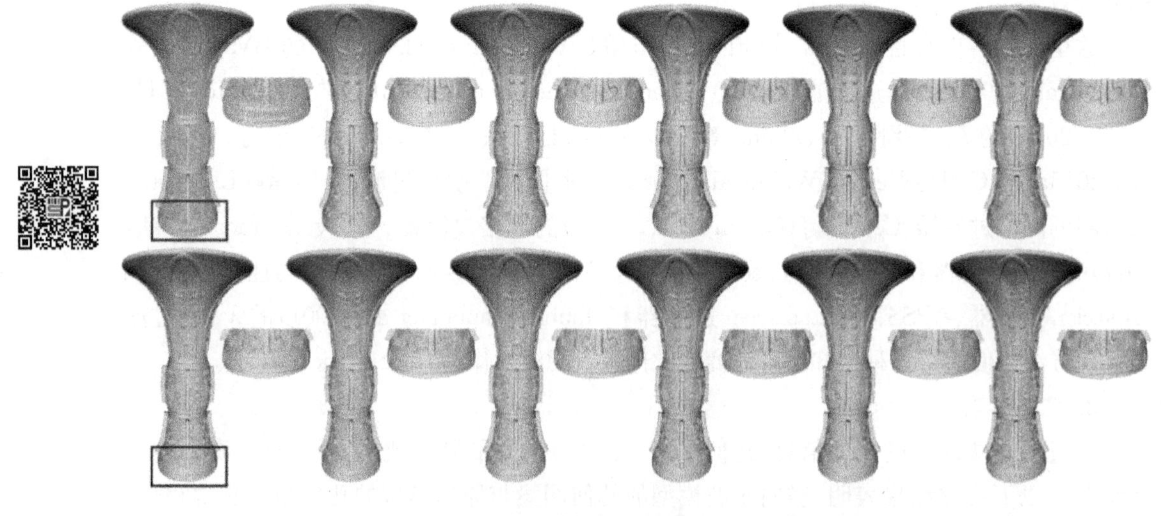

图 6-40 我国青铜器模型的网格逆向滤波结果

该方法已经在各向同性滤波器上进行了测试。各向同性滤波器很少依赖于表面几何形状。这种性质会导致锐利特征模糊和形状失真，尤其是当表面存在不规则采样时。在图 6-34 和图 6-35 中，该方法很好地恢复了两个 CAD 模型的形状边缘和角落。

在合成数据集上训练的逆向滤波器也可以处理去噪结果，其中噪声可能来自真实扫描过程。去噪后的表面都恢复了清晰的细节，如图 6-35 所示。

最后不得不提的一点是，该方法可以处理因各种操作而导致几何丢失的模型。图 6-40 为我国青铜镜 3D 模型，是由一系列图像重建的，其中几何细节严重丢失，但该方法仍然可以在一定程度上恢复这些模型丢失的几何形状。

除了合成样本外，还使用 Kinect 一代、二代和融合技术生成的高级噪声在 7 个模型上验证了该方法，图 6-41 和图 6-42 展示了两个结果。在高级别噪声的情况下，大多数现有方法无法在保留细节的同时有效去除噪声。幸运的是，该方法可以进一步解决这些问题。对于这些来自 Kinect 一代、二代和融合技术的特殊数据，该方法的恢复结果的亮边使其更贴近于高分辨率的真实扫描模型。

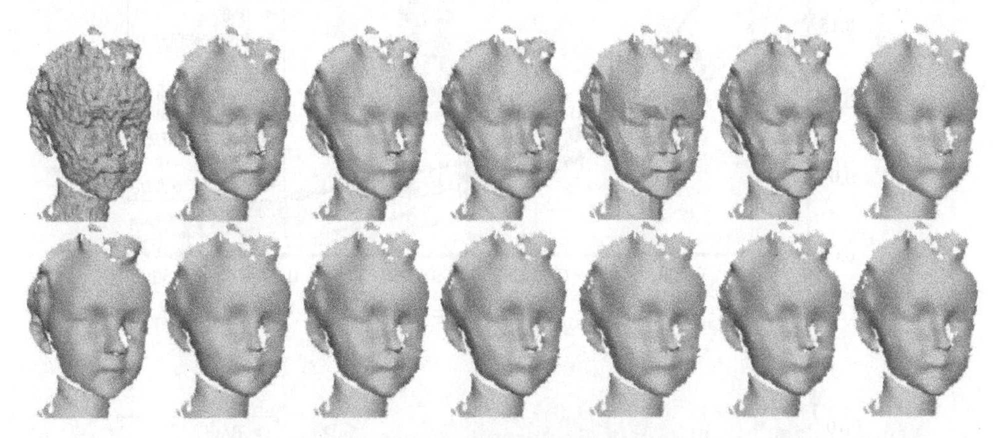

图 6-41　男孩 1 模型的网格逆向滤波结果

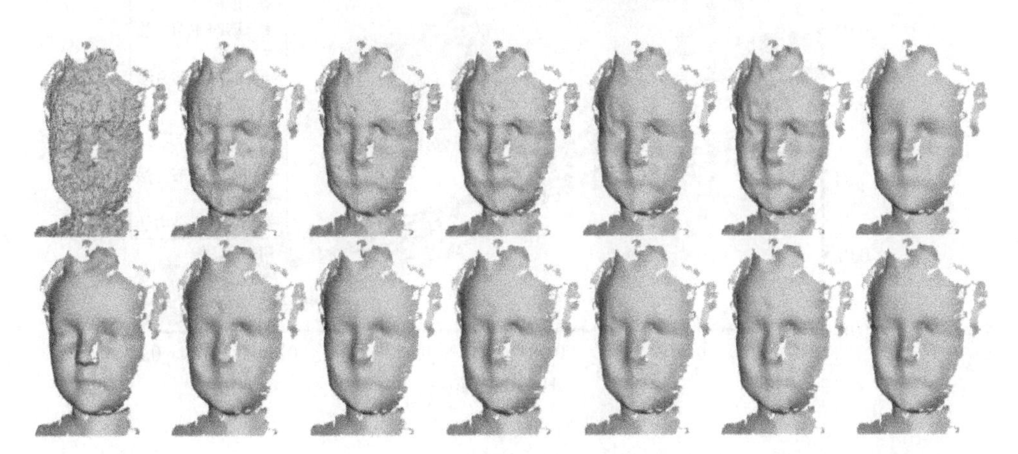

图 6-42　男孩 2 模型的网格逆向滤波结果

3. 数值分析

视觉结果表明该方法改进了不同滤波器的去噪结果。为了客观地评估结果，该方法采用了两个数值度量，权衡了去噪结果和相应改进结果相对于底层表面的保真度，分别如下：① 去噪/恢复网格和真实网格的面法线之间的平均角差 D_n；② Hausdorff 距离 D_H（基于一侧顶点到表面）。

图 6-43 和图 6-44，以及表 6-5 和表 6-6 显示了这些指标在应用于有真实数据的模型时的统计数据。无论是处理几何丰富的模型还是类似 CAD 的模型及来自 Kinect 的高级噪声模型，该方法通常只会导致较小的错误。因此，该方法可以产生相对于下层表面更近的表面。

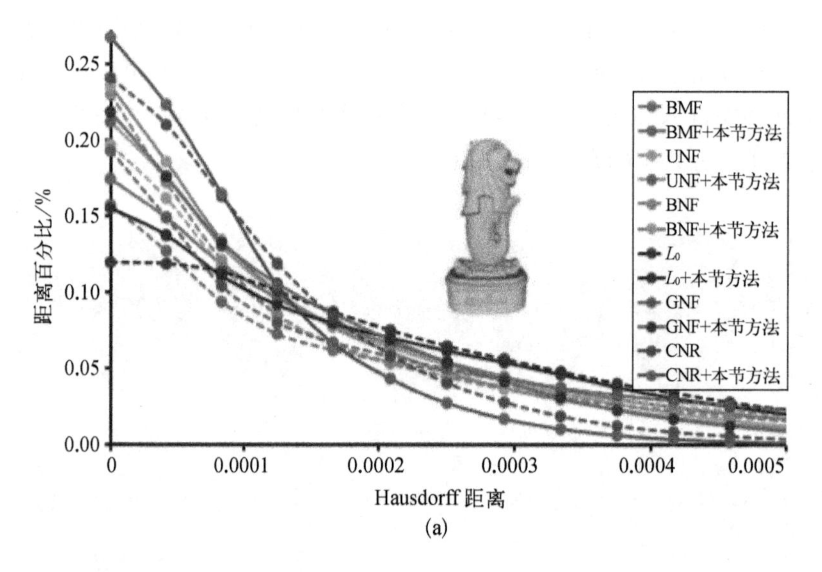

(a)

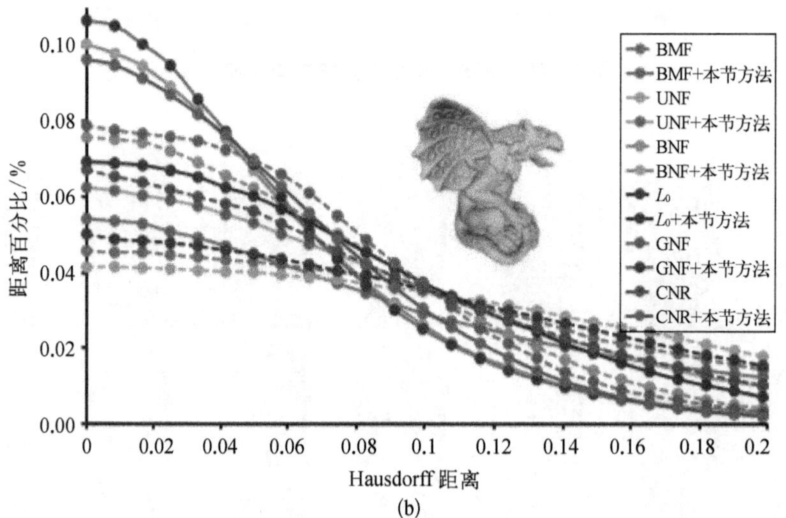

(b)

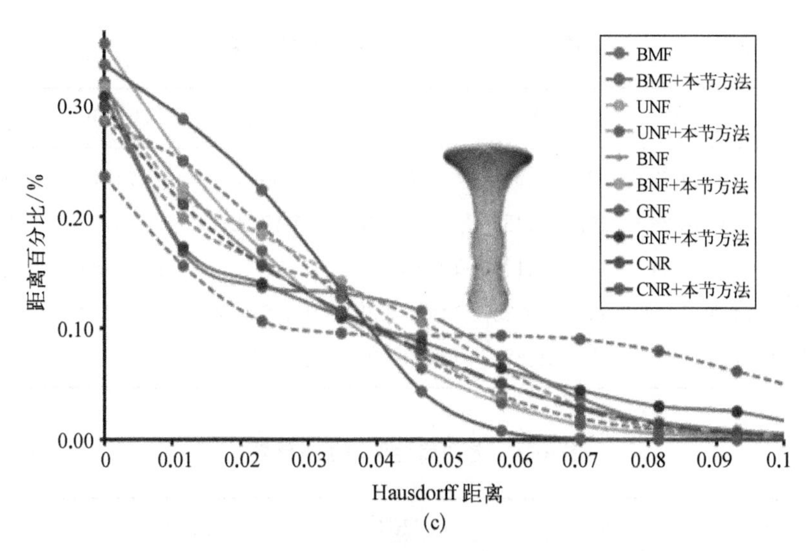

(c)

图 6-43　三种模型的 Hausdorff 距离比较

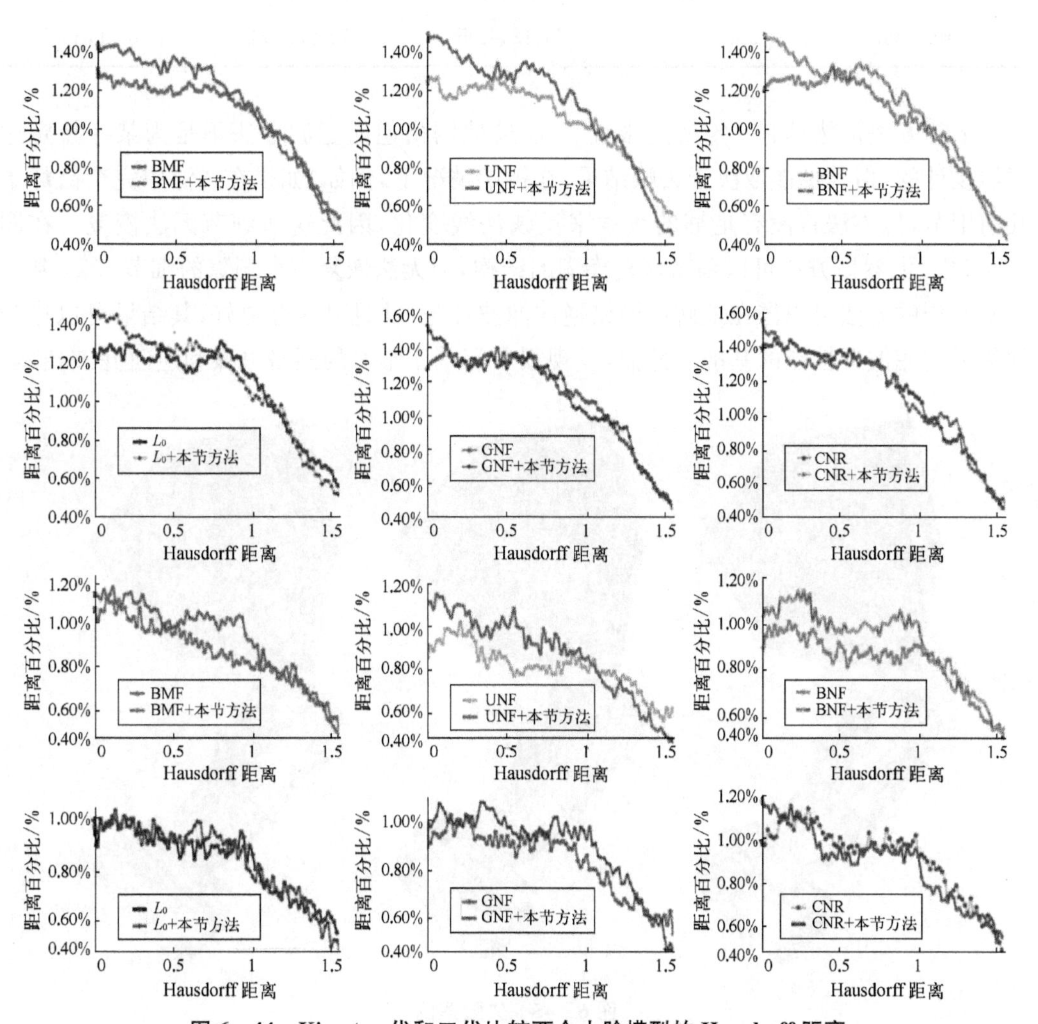

图 6-44　Kinect 一代和二代比较两个人脸模型的 Hausdorff 距离

表 6-5 各向异性平均法线角度差 [单位：(°)]

	BMF	UNF	BNF	L_0	GNF	CNR
Merlion	7.25,4.93	6.42,4.74	5.82,4.19	7.36,5.76	5.74,4.08	4.21,3.57
Gargoyle	9.09,6.24	10.55,7.45	7.07,5.48	11.17,8.96	7.15,5.57	8.23,6.72
Bronze	10.87,6.94	11.05,7.17	10.30,7.63	—	12.04,8.09	9.78,6.42
Kinect 一代	14.20,10.09	14.28,11.36	14.82,9.82	14.20,9.32	13.2,9.52	10.6,8.67
Kinect 二代	11.45,9.85	12.95,9.28	12.2,8.78	12.2,9.12	11.4,8.92	9.9,8.38

表 6-6 各向同性平均法线角度差 [单位：(°)]

	APSS	HCL	LAP	TAB
Block	8.83,4.71	9.30,4.03	12.21,5.47	10.43,4.93
Trim-star	9.47,3.89	11.12,4.95	12.14,5.32	10.61,3.97

本节方法仍然具有一定的局限性。① 虽然网格逆向滤波方法不是为某些特定过滤器设计的，但其性能取决于去噪结果，在极端情况下，例如，如果在过滤中完全破坏了几何细节，该方法将没有足够的线索来反映法线变化，因此这些细节无法恢复。在图 6-45 中，虽然该方法可以稍微恢复模糊的结构，但无法恢复完全删除的细节。② 基于网格卷积的方法可以潜在地解决网格逆向滤波任务，并且可能会更好，其结果可以作为评估逆向滤波器性能的基准。然而，发现很少有基于学习的网格去噪和逆向滤波技术，

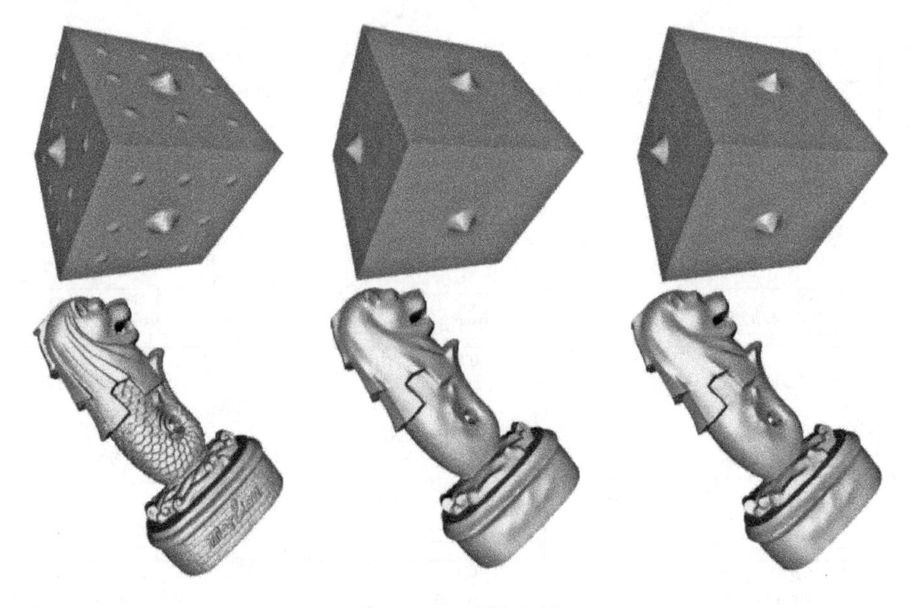

图 6-45 失败案例

一个主要原因是，3D 表面的网格表示很难直接输入网络架构中。③ 逆向滤波器不能完全恢复丢失的几何形状。基于深度学习的网格去噪方法（如 NormalNet）可以产生足够好的去噪结果。然而，在实验中发现，其结果可以通过逆向滤波器几何形状恢复进一步细化（图 6-46）。

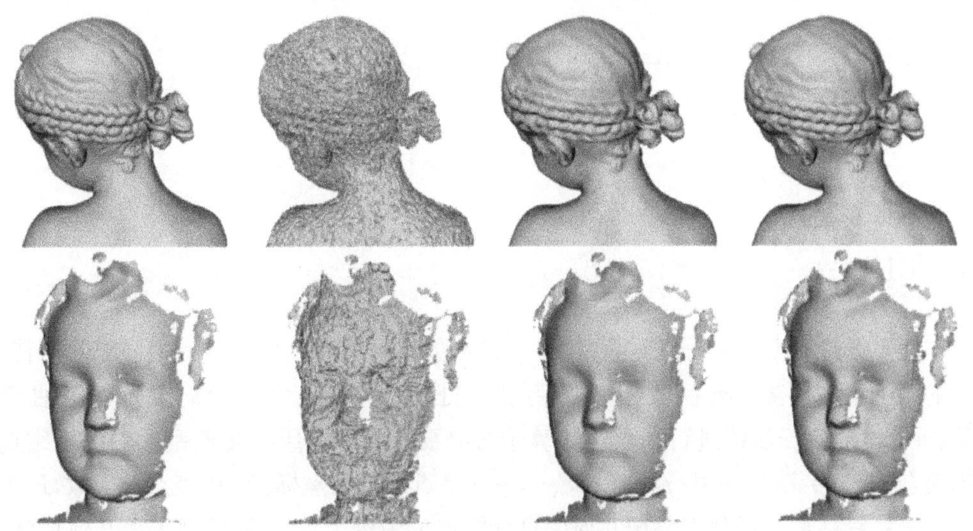

图 6-46　儿童和男孩 2 的网格逆向滤波结果

6.5　本章小结

本章介绍了三种基于特征描述子的数据优化方法。第一个方法基于局部各向同性邻域建立了两个特征描述子：各向同性高度图和各向同性法线图，并以此构建一个对偶卷积神经网络来实现点云的去噪。第二个方法基于非局部相似块建立特征描述子，构建了一个去噪子网络和细节恢复子网络，模拟低秩矩阵恢复过程，对网格法线进行滤波。第三个方法从过度平滑的模型中提取特征描述子，重新估计模型的法线来恢复模型过度平滑丢失的几何信息。本章的实验证明，一个好的特征描述子可以有效地提取更多的几何特征，数据优化方法可保持模型更多的几何细节。

第 7 章

基于混合特征的测量数据智能优化技术

7.1 引言

作为点云最重要的微分几何属性之一，法线能有效地表达物体表面的局部几何特征。法线的精确程度直接影响后续的语义级别点云处理，如目标检测、物体分割和高阶曲面重建等。因此，对点云法线进行高质量估算十分必要。给定一组大量散乱无序的三维点构成的集合 $P=\{p_i\}_{i=1}^{N}$，其中 $p_i=(x_i, y_i, z_i)$ 是点的空间坐标，N 代表点的个数，P 为点云。点云法线估算是指利用邻域几何信息计算点云中每个点 p_i 的局部表面几何形状，进而得到该点的法线。最常见的几何假设是 p_i 的局部邻域可以拟合成唯一确定的平面，该平面的法线量即为 p_i 的法线。然而，由三维扫描仪和深度相机等设备采集的点云数据通常包含大量噪声和外点。同时，对特征区域采样不足及物体遮挡等问题，会导致点云中点分布不均匀。这些不利因素都提高了点云法线估算的难度。

一种良好的法线估算方法应该具备两个优点：① 尽可能保留物体的几何特征来维持数据的保真度；② 适应未知分布的数据噪声。然而，法线估算的根本难点在于如何区分微小尺度的表面特征和高频噪声。传统方法通常利用一些预先设计的规则(如 L_0 极小化、低秩恢复)或假设存在的噪声分布(如高斯噪声、脉冲噪声)来保持/恢复几何特征。这些基于先验的方法，虽然在某些噪声模型上取得了显著的成功，但不能很好地推广并解决各种类型的点云输入。此外，它们严重依赖于参数调整，如平面拟合的邻域尺度变化，会导致产生过度平滑或过度锐化的法线估算结果。

近年来，基于深度学习的法线估算方法得到了广泛关注。现有的方法，要么使用卷积神经网络(CNN)架构，要么使用 PointNet/PointCNN 架构，试图设计单一的神经网络模型直接预测点云法线。然而，有两个核心问题导致这些方法的效果并不理想。首先，许多方法在利用多尺度邻域大小时，忽略了多类型特征的使用。一些先前的研究表明，不同模态的特征信息表示都可以独立地建模点云的几何属性。图 7－1 中展示了从噪声点云中计算得到的几种特征，如局部结构的点坐标和高度图等。从输入点云(黑色箭头)中探索不同种类的特性，并将它们合并到 Refine-Net 架构(蓝色箭头)中。绿色箭头表示得到初始法线的法线估计方法，该方法可通过多尺度方案进行扩展。

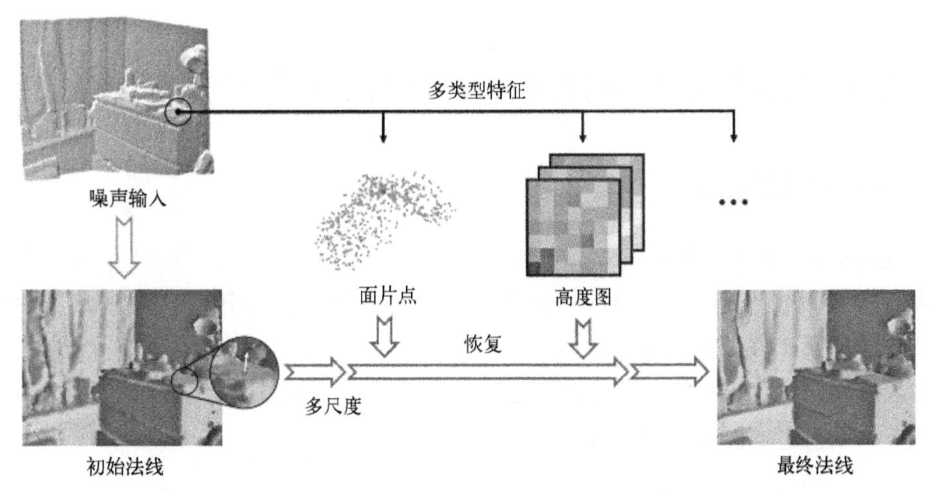

图 7－1　多类型特征在法线估算中的运用

本章的主要贡献点有，通过一系列实验，验证了不同类型的特征可以相互补充，从不同的角度，为点云法线估算作出贡献。此外，采用多尺度方案来提高深度网络模型学习的鲁棒性。以此设计出了一种多特征和多尺度相结合的点云几何属性学习框架。

综上所述，提出了一种基于混合特征引导的几何信息融合法线估算网络，即 Refine-Net。Refine-Net 的网络结构如图 7－2 所示，Refine-Net 通过从多种模态的不同特征表示中提取有效的几何信息，来优化每个点的初始法线。初始法线是网络中的主要特征，在几个分支中经过两步的优化处理，输出最终的法线。首先，使用双边滤波将初始法线量处理为一个多尺度版本的法线向量，以扩大局部点的感受野。然后，将过滤后的法线送入各个分支进行多特征优化。根据提取的信息，引入点特征类型，在连接模块中与法线融合。类似地，在第二步中，使用与法线和点相关的高度图特征来进一步微调中间结果。然后，通过多特征融合来优化输入的法线。最后，Refine-Net 收集所有分支的输出，得到预测的法线信息。并且，通过实验进一步证明 Refine-Net 是一个通用的法线估算框架，它可以与任何其他法线估算和特性模块相结合。

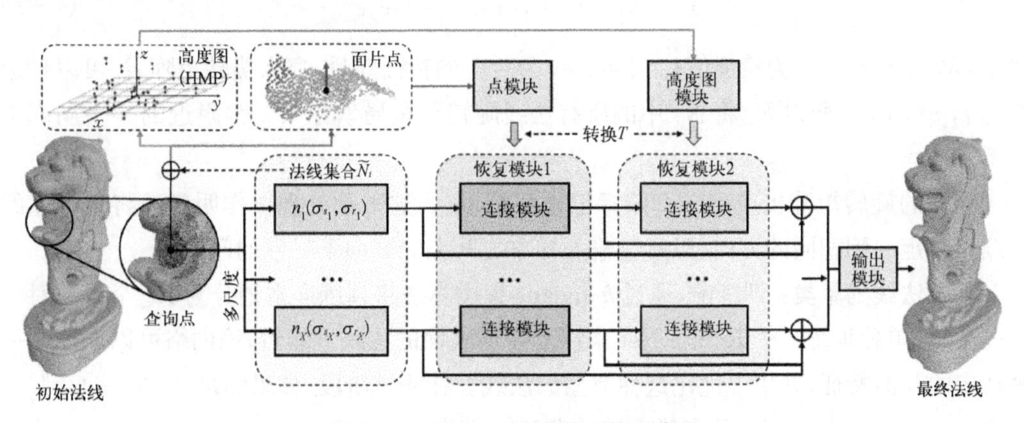

图 7－2　Refine-Net 网络结构示意图

7.2 基于混合特征引导的几何信息融合法线估算技术

7.2.1 多尺度法线滤波

首先，网络的输入是噪声点云 $P=\{p_i\}_{i=1}^{N}$ 和每个点的初始法线 $N=\{\hat{n}_i\}_{i=1}^{N}$，其中 N 是噪声点云点的数量。将每个点的初始法线作为法线估算过程中的主要特征，并利用双边法线滤波将其扩展到多个尺度。

多尺度双边滤波器： 首先对法线双边滤波进行简单介绍，定义点 p_i 的邻域 $N(i)$ 及其法线 $\hat{n}_i$，则双边滤波的计算过程为

$$n_i'=\Lambda\Big[\sum_{p_j\in N(i)}W_s(\|p_i-p_j\|)W_r[(\|\hat{n}_i-\hat{n}_j\|)\hat{n}_j]\Big] \tag{7-1}$$

式中，$\Lambda(*)$为向量归一化函数；W_s 和 W_r 为高斯权重函数，分别表示一对点之间的空间相似度和法线相似度，如 $W_\sigma(x)=\exp[-x^2/(2\sigma^2)]$。

使用 σ_s 与 σ_r 作为标准差。这里使用多尺度滤波：选取两组参数 $P_s=\{\sigma_{s_1}, \sigma_{s_2}, \cdots\}$ 和 $P_r=\{\sigma_{r_1}, \sigma_{r_2}, \cdots\}$ 并通过两两组合获得过滤后的法线。因此，加上初始法线，构成了点 p_i 的法线集，定义为：$N_i=\{n_1, n_2, n_3, \cdots, n_X\}$。每一个过滤后的法线都会输入单独的网络分支中进行优化操作。

逐点法线重定位： 在深入后续的网络分支之前，考虑点方向的法线重定向，以降低学习难度。为此，对过滤后的法线执行全局旋转，使其具有刚性不变性。具体地说，首先计算点 p_i 的法线张量：

$$T_i=\sum_{j=1}^{X}n_j\times n_j^{\mathrm{T}},\quad n_j\in\hat{N}_i \tag{7-2}$$

T_i 融合 p_i 的局部邻域法线特征，可分解为

$$T_i=\lambda_1e_1e_1^{\mathrm{T}}+\lambda_2e_2e_2^{\mathrm{T}}+\lambda_3e_3e_3^{\mathrm{T}} \tag{7-3}$$

式中，$\lambda_1\leqslant\lambda_2\leqslant\lambda_3$，为特征值；$e_1$、$e_2$、$e_3$ 为对应的特征向量，那么旋转矩阵 R_i 可以构造为 $[e_1, e_2, e_3]$，所以 R_i 将 N_i 中的所有法线旋转到全局坐标系 z 轴附近的一个局部坐标系。

同样的旋转矩阵也应用于真值标记来匹配输入，这种预处理操作明确地将每个点的法线重新定向到相同的方向，以解决输入样本之间全局方向不一致的问题。

基于法线的聚类： 训练前，通过 k-means 聚类算法将训练样本划分为 K_c 个簇。对于每一个簇，单独训练一个 Refine-Net 来恢复物体表面的法线。然后，该网络可以专注于一种特定的几何特征，并集中优化这种类型的法线。在测试阶段，如果满足 $\|\tilde{N}_i-C_l\|\leqslant\|\tilde{N}_i-C_k\|$，$\forall k$，那么单点样本被分发到这些簇中。其中，$C_k$ 为这些簇的中心。

7.2.2 点模块

本节引入点特征来进一步优化法线。对于一个目标点 p_i，以其作为中心点，定义一个邻域点集 $P_i=\{p_1, p_2, \cdots, p_n\}$。从局部结构中提取额外的信息来优化法线。为了简化输入空间，将 $P_i=\{p_1, p_2, \cdots, p_n\}$ 平移到原点，并按路径半径进行归一化。为了匹配上面得到的法线特征，局部结构同样应用于对应的矩阵 R_i，在其初始法线的指导下旋转所有点。进一步使用初始法线提取全局法线，而不是逐点计算。

为了处理点集，采用了 PointNet 结构。PointNet 在每个点上分别应用一组共享函数，并使用对称函数收集全局特性：

$$f(P_i)=g[h(p_1), \cdots, h(p_n)] \tag{7-4}$$

式中，$g(*)$ 为对称函数，如池化函数操作；$h(*)$ 为多层感知机。

其中，$p_j \in \mathbb{R}^3$ 只包含 (x, y, z) 坐标信息。点模块将全局特征作为输入，然后利用全连接层处理，得到维度为 d_1 的特征向量，而 d_1 长度由连接模块决定。

7.2.3 HMP 模块

构造 HMP 特征与点法线和点位置相关，将局部点映射到网格状结构上。点 p_i 本身及其一个经过过滤的法线 $n_t \in \tilde{N}_i$ 定义一个切平面，相关的 HMP 建立在这个平面上。定义一个矩阵，用 $m \times m$ 大小的 bins 来描述局部点的位置，矩阵的中心定义在点 p_i。通过加权平均每个 bins 的中心，并以 b_j 为中心点构造球形邻域 $N_{\text{ball}}(b_j)$：

$$v_{b_j}=\frac{\sum_{p_k \in N_{\text{ball}}(b_j)} w(b_j, p_k) H[T(p_i, n_t), p_k]}{\sum_{p_k} w(b_j, p_k)} \tag{7-5}$$

式中，$T(p_i, n_t)$ 是由 p_i 与 n_t 定义的切平面；$H[T(p_i, n_t), p_k]$ 是 p_k 到平面的投影距离；$w(b_j, p_k)=\exp\left(-\frac{\| b_j-p_k \|^2}{\sigma_d^2}\right)$，是空间高斯权重函数，$\sigma_d$ 为残差距离。

将所有 HMP 集合在一起，就会得到每个点的高度图特征 $\{\text{HMP}_1, \text{HMP}_2, \cdots, \text{HMP}_x\}$。需要注意的是，对于与 HPM 相关的定义平面，其局部坐标系的 z 轴也由矩阵 R_i 旋转。因此，x 轴和 y 轴的方向在点上是一致的。将该特征输入高度图模块中，HMP 使用几个卷积层和最大池化层进行连接和处理，然后是全连接层。同样，该模块的输出是为优化准备的 d_2 维向量。

7.2.4 连接模块

在前面中提到，引入了额外的特性来优化每个分支中的法线。现在的重点是如何组合他们产生最好的效果，例如，法线向量 $V \in \mathbb{R}^3$ 和点特征 F（图 7-2 中优化 1 的连接模块）之间的组合，因为它们属于不同的数据类型，其关键思想是利用点特征 F 学习一个与

V 大小匹配的中间变换矩阵 T，然后利用矩阵乘法得到更高层次的特征 $Y = T \cdot V$（一种新的法线特征）。下面讨论构造转换目标 T 的几种选择。

旋转矩阵：在三维欧几里得空间中，三维旋转是一种常用的操作，可以应用于法线向量。这样，便可以从输入特征 F 学习一个旋转矩阵，F 参数化了与 V 相关的局部点。因此，矢量 V 可以在点特征的引导下旋转。具体来说，使用点模块学习四元数，这意味着 $d_1 = 4$ 设置在输出维度，并从单位四元数构造一个 3×3 旋转矩阵 T。

变换矩阵：另一个生成转换矩阵的选项，不需要四元数进行旋转。直观地，将输出维数设为 $d_1 = 9$，然后简单地将其重塑为一个 3×3 矩阵，这是一个更直接的解。注意，这与旋转操作符的作用不同。一个重要的区别是，它不是严格为旋转设计的。这种结构可以看作应用于输入法线向量 V 的普通三维变换。

权重矩阵：更为常规的做法是，可以构造一个权重矩阵 $T = [t_1, t_2, \cdots, t_p]^{\mathrm{T}} \in \mathbb{R}^{p \times 3}$，其中每个 $t_i = [w_{x,i}, w_{y,i}, w_{z,i}]^{\mathrm{T}}$ 包含与 V 三维对应的学习值。因此，在连接模块之后，输出维度更加灵活，不再局限于三维空间。通过矩阵乘法，具有更多参数的权重矩阵比单一的 3×3 矩阵能更好地从附加特征中提取信息。在输出维度中设定 $d_1 = 3 \times p$，并将其重塑为$(p, 3)$矩阵 t。在本节工作中，即采用这样的方法。

具体来说，在图 7-2 的优化过程中，设定 $d_1 = 3 \times 64$，将过滤后的法线转换为 64 维的新法线特征（图 7-3 的顶部部分）。类似地，高度图模块设定 $d_2 = 64 \times 64$ 进行二次优化（图 7-3 的底部部分）。这两个特征连同它们过滤后的法线被堆叠在输出中。

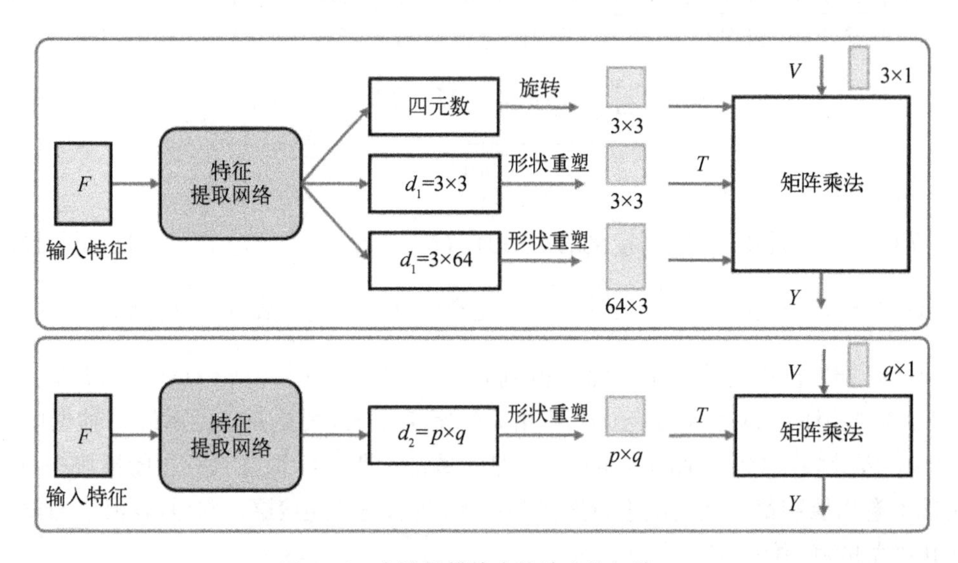

图 7-3　在连接模块中构造变换矩阵 T

作为一种推论，上述设计的选择也可以为具有类似输入的其他任务提供可靠的连接。权重矩阵选项接收两个不同大小的输入，可以产生高维输出。在后续的实验中，发现简单地连接两个不同的特征向量的方法可能会导致不兼容，这将反而会限制学习能力。在连接模块中使用矩阵乘法的尝试显示了它与其他学习方案相比的优势。

输出模块与损失函数：将所有分支的精优化特性收集后用于输出。Refine-Net 使用几个全连接层，输出最终预测的法线值 $N^* = (N_x, N_y, N_z)$。该模块的每一层都包含了批标准化和 ReLU。

通过最小化输出法线 N^* 与真值 $\hat{N}$ 的均方误差损失来训练整个网络模型：

$$\text{Loss} = \| \Lambda(N^*) - \hat{N} \|^2 + \lambda E_{\text{reg}} \tag{7-6}$$

式中，$\Lambda(*)$ 表示向量归一化函数；E_{reg} 为网络参数上常用的 L_2 正则化，以避免过拟合，其中 $\lambda = 0.02$。

7.2.5　法线优化框架

Refine-Net 使用两个特性模块来优化初始的法线(法线模块)。当扩展到一般的法线优化框架时，这些模块可能会被替换。也就是说，其他方法得到的法线可以进一步优化，其他特征模块可以一并纳入网络。它们被包含在连接模块中，以获得预测结果。

在本节，Refine-Net 网络中同时引入了点和高度图特征。在 7.2.4 节中，展示了单个特征模块已经足够获得一个较好的结果。此外，通过在分支中添加其他特征模块，可以吸收更多与点几何细节相关的信息。

初始法线选择对采收率有显著影响。本节选择使用传统的法线计算方法，即 7.2.1 节中的多尺度法线滤波，与基于学习的技术相比，它可以更多地关注几何信息。它的设计是为了保留清晰的特征和精细的细节，这些很难通过学习简单的映射恢复。在其他典型初始法线上进行训练的 Refine-Net 也可以产生更好的法线结果。

7.2.6　多尺度拟合路径选择

如前所述，对于初始法线估算，选择设计一个传统的几何估算。在计算每个点的初始法线之前，首先应用局部协方差分析(4.2 节)，将所有点划分为候选点(靠近尖锐特征)和光滑点(远离尖锐特征)，通过主成分分析可以简单地计算光滑点的法线。

如图 7-4 所示，为了估算候选点的法线，一种常用的策略是随机选择三个非共线的点来构造一组候选平面，并选取一个最能描述底部表面的局部结构。通常，将局部结构 Q_j^k(点 p_j 的 k 个最近点)定义为 p_j 的邻域。然后，在这个局部结构上选择的平面可以通过以下目标函数来确定：

$$E_{Q_j^k}(\theta) = \frac{1}{|Q_j^k|} \sum_{p_k \in Q_j^k} W_{\sigma_j}(p_k, \theta) \tag{7-7}$$

$$\theta_{Q_j^k}^* = \underset{\theta}{\operatorname{argmax}} E_{Q_j^k}(\theta) \tag{7-8}$$

式中，$W_{\sigma_j}(p_k, \theta) = \exp(-r_{k,\theta}^2 / \sigma_j^2)$，是高斯函数，其中 $r_{k,\theta}$ 表示从点 p_k 到平面 θ 的距离，σ_j 表示为 p_j 的残差值，因此 $\theta_{Q_j^k}^*$ 是选定的平面，该平面的法线可以视为 Q_j^k 的局部结构法线。

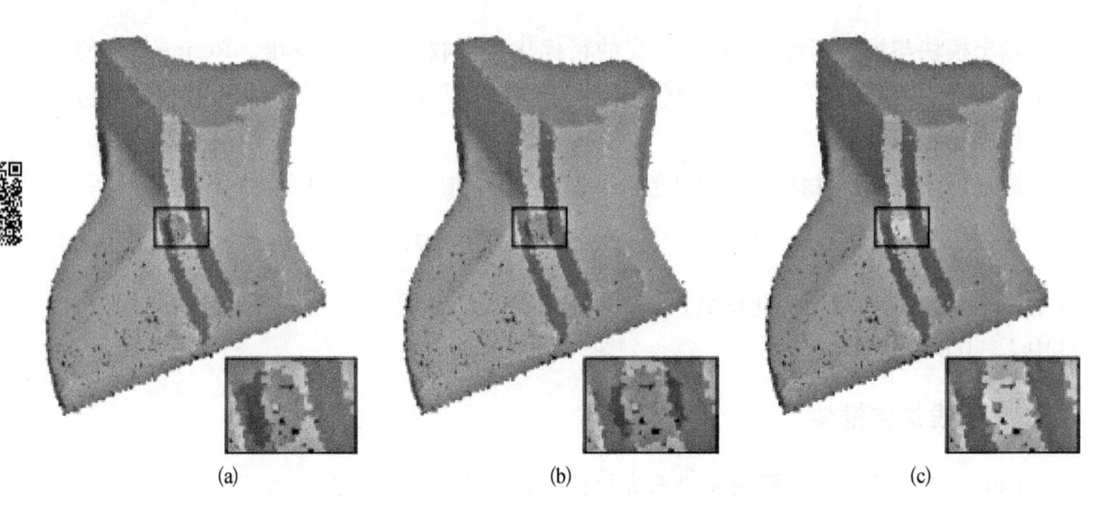

图 7-4　目标点(红点)周围的三个候选局部结构

图 7-5(a)表示靠近锐边的输入点和真实标记法线 N_{GT}。图 7-5(b)和(c)分别描述选取的两条各向异性法线及其对应的局部结构点。黑色箭头表示从 p_i 到 p_j^{ret} 的有标志距离,它决定了更好的路径(局部结构路径 2)。

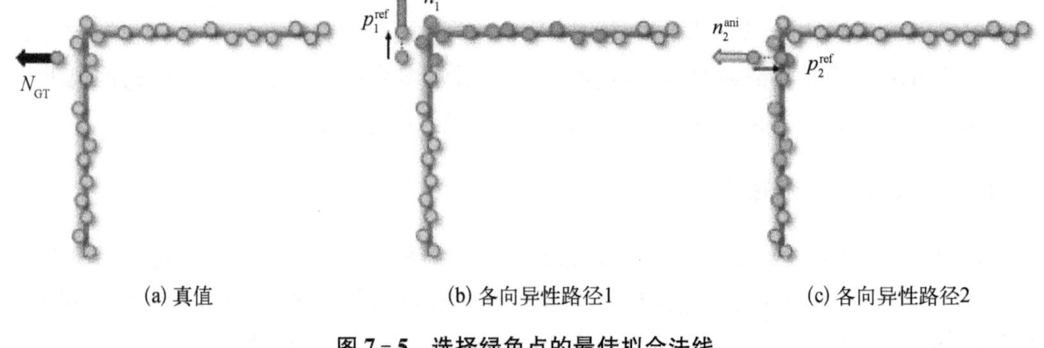

图 7-5　选择绿色点的最佳拟合法线

多尺度策略: 如果 p_j 位于一个边/交点的邻域,那么对应的局部结构 Q_j^k 可能会被来自其他边的点损坏,从而对得到的 p_j 估算法线进行过平滑(图 7-4)。考虑到这一点,选择一个更一致和合适的邻域,这样可以更容易地确定法线。对于每个候选点 p_i,本节试图找到包含 p_j 的最佳拟合局部结构。请注意,光滑点的法线已经通过 PCA 计算出来了。

首先,将局部结构大小扩展为一个多尺度参数集 $K=\{k_1, k_2, \cdots, k_\infty\}$。对于点云中的每个点 p_j,每个比例尺大小 $t_k \in K$ 都定义了一个类似于上面局部结构的 Q_j^t 来计算这个局部结构的平面。然后,对于候选点 p_i,将 $S_i=\{Q_j^i \mid p_i \in Q_j^t\}$ 表示为包含 p_i 的所有局部结构。图 7-4(b)显示了一个更好的邻域结构,以确定在尖锐的边缘,而不是一个中心在目标点[图 7-4(a)]。此外,多尺度策略为单尺度无法适应不同点密度结构的复杂区域提供了更多的选择(图 7-4)。在实验中,规模参数默认设置为 $K=500$、100、150。任意 Q_j^t 的一致性可以测量为

$$D(Q_j^t)=E_{Q_j^t}(\theta_{Q_j^t}^*)\eta(k_t) \tag{7-9}$$

$$\eta(k_t)=\beta+(1-\beta)\frac{k_t-k_{\min}}{k_{\max}-k_{\min}} \tag{7-10}$$

式中,$k_t\in K$;$E_{Q_j^t}(\theta_{Q_j^t}^*)$ 来自式(7-7),$E_{Q_j^t}(\theta_{Q_j^t}^*)$ 越大,平面拟合误差越小;$\eta(k_t)$ 是一个权衡参数,用于惩罚相对较小的局部结构,因为较大的局部结构在嘈杂区域更受青睐;根据经验,设定 $\beta=0.9$。对测量值进行排序,为接下来的路径选择做好准备。

选择合适的局部结构:S_i 可能包含在交叉口不同侧面采样的局部结构,因此应该决定放弃不需要的局部结构[图 7-5(b)]。为此,首先从 S_i 中选择几个各向异性路径,并挑选适合候选点 p_i 的路径[图 7-5(c)]。

$A_i=\{(Q_1^{\text{ani}},n_1^{\text{ani}}),(Q_2^{\text{ani}},n_2^{\text{ani}}),\cdots\}$ 中添加一个新的局部结构 $Q^*\in S_i$ 及其对应的法线 n^*,如果 $D(n^*,n_j^{\text{ani}})>w_j$,$\forall_j$,其中度量 D 被计算为两条法线的角度误差。w_j 是一个角度阈值,在实验中将 w_j 设置为 60°。

最后一步是从 A_i 中选择一个最能描述 p_i 的下表面。对于每个 $Q_j^{\text{ani}}\in A_i$,通过将 p_i 投影到其平面 $\theta_{Q_j^{\text{ani}}}^*$ 上来找到参考点 p_j^{ref}[参见图 7-5(b)和图 7-5(c)中的黑色箭头]。其次,每个法线 n_j^{ani} 被重新定向到表面的外部,这意味着它必须满足以下条件:

$$\sum_{p_k\in N_i} n_j^{\text{ani}}(p_j^{\text{ref}}-p_k)<0 \tag{7-11}$$

式中,N_i 为 p_i 的邻域。计算值 $\{n_j^{\text{ani}}\cdot(p_j^{\text{ref}}-p_i)\}$,$j=1,2,\cdots$,最小值对应候选点 p_i 的初始法线。请注意,p_j^{ref} 仅用于路径选择,而不是点云中的新点。

在 Refine-Net 中使用输出的初始法线,利用几何支持,可以更好地处理具有微小细节的清晰特征区域。与基于学习的解决方案相比,这个初始的法线选择将在以下部分进行评估。

在合成的 PCPNet 数据集上的法线估算结果如表 7-1 所示,评估为角度均方根误差。

表 7-1　合成的 PCPNet 数据集上的法线估算结果

方　法	噪声 δ				密　度		平均值
	无	0.001 25	0.006	0.012	梯度	条纹	
PCA	12.29	12.87	18.38	27.5	12.81	13.66	16.25
Jet	12.23	12.84	18.33	27.68	13.39	13.13	16.29

续 表

方 法	噪声 δ				密 度		平均值
	无	0.001 25	0.006	0.012	梯度	条纹	
HoughCNN-ss	10.23	11.62	22.66	33.39	12.47	11.02	16.9
HoughCNN-ms	10.02	11.51	23.36	36.7	10.67	11.95	17.37
PCPNet-ss	9.68	11.46	18.26	22.8	11.74	13.42	14.56
PCPNet-ms	9.62	11.37	18.87	23.28	11.7	11.16	14.34
Nesti-Net	6.99	10.11	17.63	22.28	8.47	9.00	12.41
Lenssen 等	6.72	9.95	17.18	21.96	7.73	7.51	11.84
DeepFit	6.51	9.21	16.72	23.12	7.31	7.92	11.8
MFPS	7.22	11.19	17.91	24.07	7.27	7.87	12.58
本节方法	6.27	9.18	16.59	22.57	6.61	7.02	11.37

注：MFPS 表示多尺度拟合结构选择(multi-scale fitting patch selection)。

7.3 实验结果分析

在本节中，将在 synthetic 和 real-scanned 数据集上评估 Refine-Net，并提供了详细的网络架构和比较。

7.3.1 实验设置

网络体系结构：Refine-Net 的网络结构如图 7－2 所示。之后的第一个优化中，局部结构半径被设置为与点云的边界框的长度相关，大小为 0.05，最多使用 300 个点。对于超过 300 点的邻域，采用随机抽样，对于较少点的邻域，将其余部分填充为零(局部结构中心)。使用 PointNet 体系结构来处理输入点特征。首先，应用一个共享的多层感知机(64，64，64，128，1 024)来获得每个点的 1 024 维特征。然后，使用 Max-pooling 层获取整个局部结构的全局特征，然后输出 d_1。

一维向量应用全连接层(256，128)，在最后两个全连接层中引入了保持概率为 0.3 的 dropout。

在第二次优化优化中，对于 HMPs 的构建，使用 $7 \times 7(m = 7)$ 高度图网格，其邻域大小与上面的局部结构的半径相同。然后，使用几个卷积层和全连接层处理这些 HMPs。在连接模块中，使用权重矩阵选项，即 $d_1 = 64 \times 3$。

两个法线特征(64)和原始过滤法线[由 FC(64，64)扩展]连接为每个分支的输出。最后，对于输出模块，采用全连接层(512，256，3)来获得预测法线。Dropout 同样包含在所有全连接层中。所有层都使用批处理规范化和 ReLU。

初始化和过滤：在优化步骤之前，先计算每个点的初始法线。所提出的几何法线估算方法在捕捉细节结构和鲜明特征方面具有重要作用。在MFPS中，多尺度邻域尺寸K是最实用的可调参数。对于synthetic模型，$K=50$、100、150。双边滤波使用的参数设置为$P_s=\{0.25\,\bar{l}_d,\ 0.5\,\bar{l}_d\}$和$P_r=\{0.1,\ 0.2,\ 0.35,\ 0.5\}$，其中$\bar{l}_d$为边界框的对角线长度。因此，连同初始法线（未过滤的法线），Refine-Net包含9个独立的分支。

7.3.2　PCPNet数据集实验

数据集：将模型与PCPNet数据集上最先进的深度网络进行比较。该数据集由30种形状组成，其中8种形状用于训练，22种用于测试。这些形状混合了雕像、人造物体和可微分表面，所有形状均以100 000个点进行均匀采样。遵循Umehara等（Umehara et al.，1976）和Fleishman等（Fleishman et al.，2003）的实验设置，每个形状用高斯噪声进行增强，其标准差分别为边界框对角线长度的0.12%、0.6%和1.2%。此外，每个形状都生成了采样密度不同的两个类别（渐变和条纹）。为了进行评估，使用来自每个点云的5 000个点的相同子集，遵循Guerrero等（Guerrero et al.，2018）的方案。

训练：使用学习率为0.000 1的随机梯度下降优化器，并且在所有epochs都不使用学习速率衰减。所有训练簇的批大小为512，批标准化的动量为0.9。使用PyTorch实现Refine-Net，并在RTX 2080 Ti GPU上进行训练。

结果：表7-1报告了主流的点云去噪方法的均方根误差（root mean square error，RMSE）。表7-1给出了本节提出的MFPS方法的法线估算结果和本节提出的Refine-Net的法线估算结果。另外，HoughCNN和PCPNet均具有两个版本，即单尺度（ss）版本和多尺度（ms）版本，在此一并给出两个版本的估算结果。对于传统PCA和Jet方法，表7-1中给出了中等邻域大小的估算结果。可以看出，本节方法在大多数类别上都达到了最佳性能。针对所有比较的方法而言，对于具有较大噪声的模型，它们可以正确预测模型上点法线的大致方向，然而它们几乎都会丢失几何细节。此外，可以看到，由于本节采用了多尺度的局部块选择方案，本节方法在密度不同的点云上比其他模型表现更出色。

7.3.3　更多合成数据实验

数据集：为了对传统几何方法和基于深度学习的方法进行更全面的评估，使用了Wang等（Wang et al.，2014）的另一个合成数据集。该训练集包含21个具有不同采样密度的合成三角网格模型，并手动分为三类：类CAD模型、平滑模型和特征丰富模型。每种类型都是从代表典型几何特征的形状中收集的。只需将网格顶点提取为点样本，将网格法线提取为真值法线，以保留原始特征进行训练。为了产生噪声输入，为每个点云引入高斯噪声，其标准偏差为边界框对角线长度的0.1%、0.2%和0.3%。最终的训练数据集包含63个噪声点云中的1.5×10^6个点，其中20%的点样本用于验证。

为了在合成数据上测试法线结果，使用了Yagou等（Yagou et al.，2002）和Wu等（Wu et al.，2011）的测试集。类似地，测试集包括4类：尖锐特征、平滑表面、细节特征和大噪声,其中分别有 11、8、8 和 8 个模型。对于数据增强,SharpFeature 和平滑表面类别中的每个点云都会受到高斯噪声的干扰,其标准偏差分别为边界框对角线的 0.05%、0.1% 和 0.15%。对于细节特征类别,引入了 0.05%、0.1%、0.15% 和 0.2%的噪声;对于大噪声类别,引入了 0.2%、0.3%、0.4%和 0.5%的噪声。测试集包含 121 个点云,超过 3×10^6 个点样本。

结果:法线估算的评价指标是平均误差(mean)、RMSE 和良好点度量的比例 PGPα(角度误差低于阈值的点的百分比 α),其中 $\alpha \in [5°, 10°]$。

合成模型计算结果如表 7-2 和表 7-3 所示。比较了本节方法,包括 MFPS 的初始法线结果和整个管道,以及几种传统和深度学习的前沿技术:PCA、HF、低秩恢复(low-rank recovery, LRR)、PCV、HoughCNN、PCPNet 和 Nestin-net。对 HoughCNN、PCPNet 和 Nesti-net 在数据集进行了重新训练,以便进行公平的比较。另外,HoughCNN 有三个不同尺度的版本,PCPNet 有单尺度和多尺度的版本,需评估所有版本。对于上述方法,为三个类别设置相同的邻域大小 $K=100$:尖锐特征、细节特征和光滑曲面。特别地,HoughCNN3s 考虑了三种尺度:$K=50$、100、200,并得到了推荐。对于大噪声类,将邻域大小加倍,即 HoughCNN3s 中 $K=100$、200、400,其他单尺度方法的 $K=200$。 此外,HoughCNN5s 对所有类别考虑 5 个尺度,$K=32$、64、128、256、512。 从上面的比较来看,本节方法在所有类别上都优于其他方法,特别是在噪声水平较高的模型上。

表 7-2　比较合成数据集上的法线估算误差

方　法	大噪声		尖锐特征		细节特征		光滑曲面		平均值	
	mean	RMSE	mean	RMSE	mean	RMSE	mean	RMSE	mean	RMSE
PCA	8.53	13.8	8.7	13.61	6.94	9.84	8.04	6.83	8.05	11.02
HF	11.73	16.23	5.26	9.75	5.81	8.34	3.87	5.54	6.67	9.60
HoughCNN1s	8.76	15.68	5.4	11.2	6	9.05	5.05	7.44	6.3	10.84
HoughC.NN3s	8.61	15.16	5.52	11.23	5.61	8.49	5.89	8.55	6.41	10.86
HoughCNN5s	10.78	16.39	6.48	12.22	6.46	9.51	7.4	10.24	7.78	12.09
PCPNet-ss	9.61	14.26	12.84	16.23	6.84	9.78	12.84	15.87	10.53	14.04
PCPNet-ms	9.09	13.52	7.9	11.09	5.97	8.15	5.27	6.97	7.06	9.93
LRR	5.77	12.0s	4.39	8.37	4.86	7.18	4.66	8.22	4.92	8.96
PCV	5.89	11.92	4.52	8.5	4.8	6.87	3.97	6.24	4.8	8.38
Nesti-Net	5.1	10.86	4.28	7.89	4.62	6.371	4.2	5.76	4.55	7.72
MFPS	5.72	11.72	4.36	7.86	4.82	6.97	4.1	6.32	4.75	8.22
PCPNet-ms+Refine-Net	7.11	12.08	6.08	8.91	5.23	7.02	4.13	5.15	5.64	8.29

续　表

方　法	大噪声		尖锐特征		细节特征		光滑曲面		平均值	
	mean	RMSE	mean	RMSE	mean	RMSE	mean	RMSE	mean	RMSE
Nesti-Net+Refine-Net	4.79	10.63	3.76	6.93	4.25	5.74	3.64	4.78	4.11	7.02
本节方法	4.74	10.73	3.37	6.39	4.07	5.65	3.28	4.56	3.87	6.83

表 7-3　在合成数据集上使用 PGP5 和 PGP10 得到的法线估算精度对比

方　法	大噪声		尖锐特征		细节特征		光滑曲面		平均值	
	PGP5	PGP10	PGP5	PGP10	PGP5	PGP10	PGP5	PGP10	PGP5	PGP10
PCA	0.591	0.754	0.564	0.711	0.533	0.764	0.648	0.889	0.584	0.78
HF	0.316	0.608	0.739	0.893	0.601	0.853	0.757	0.937	0.603	0.823
HoughCNNls	0.624	0.782	0.774	0.882	0.618	0.828	0.682	0.875	0.675	0.842
HoughCNN3s	0.61	0.784	0.756	0.868	0.637	0.847	0.634	0.825	0.659	0.831
HoughCNN5s	0.468	0.691	0.695	0.835	0.576	0.806	0.530	0.748	0.567	0.77
PCPNel-ss	0.473	0.732	0.381	0.62	0.527	0.791	0.261	0.537	0.41	0.67
PCPNet-ms	0.464	0.737	0.508	0.772	1.564	0.040	0.613	0.887	0.537	0.809
LRR	0.732	0.885	0.793	0.901	0.675	0.895	0.744	0.902	0.736	0.896
PVjlsi	0.725	0.882	0.767	0.919	0.672	0.895	0.765	0.93	0.732	0.906
Nesti-Net	0.767	0.888	0.764	0.901	0.682	0.911	0.73	0.921	0.736	0.905
MFPS	0.732	0.884	0.779	0.918	0.674	0.896	0.751	0.919	0.734	0.904
PECPNet-ms+Retine-Net	0.623	1.8	0.608	0.852	0.616	0.88	1.703	0.945	0.637	0.871
Nesti-Nel+Reline-Net	0.783	0.895	0.796	0.923	0.709	0.927	0.763	0.948	0.763	0.923
本节方法	0.788	0.903	0.842	0.948	0.722	0.931	0.802	0.959	0.788	0.935

使用其他初始法线：另外，Refine-Net 可以对其他深层网络的结果进行精化，在表 7-2 和表 7-3 中显示。PCPNet 和 Nesti-Net 预测的法线分布可以通过替换系统中的初始法线分布得到显著改善。在本节实验中，分别对网络进行训练，然后将 Nesti-Net/PCPNet 的输出作为初始法线，生成最终的预测法线。设计端到端网络也是可行的，但是，在优化过程中应该放弃对多尺度法线的过滤，因为这需要完整的点云法线结果。本节更倾向在网络中保留这种多尺度的设计，它考虑了邻域中不同的法线方向，并且在

尖锐的特征上表现得更好。此外,图 7-6 描述了框架中使用 Nesti-Net/PCPNet 法线结果作为初始法线的可视比较,从边界框中的尖锐特征和细节区域可以看出明显的改进。

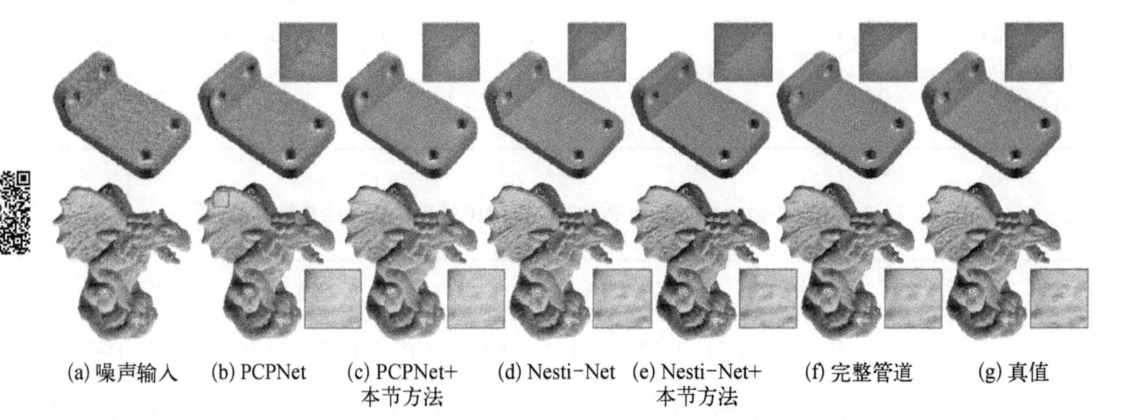

图 7-6 合成模型上估算法线的视觉比较

7.3.4 真实扫描实验

数据集:本节扩展了 Refine-Net 来恢复扫描点云上的真实面法线。真实扫描的数据揭示了更多的挑战,如平面上的波动源于三维传感器的投影过程。非高斯噪声和不连续噪声严重干扰了传统估算和基于学习的估算,不利于恢复底层表面。

此数据集包含使用 Kinect 一代扫描的 7 个真实模型的网格。训练集共有 71 次扫描,样本总数约为 260 万。此外,对于每一次扫描,使用另一个高分辨率扫描表面来帮助建立真值数据法线。基准测试集包含 73 次扫描和 930 000 个具有真值法线的样本。

此外,本节在 NYUD-V2 和 Paris-rue-Madame 数据集上测试训练网络。NYUD-V2 捕捉由 RGB 和深度相机记录的各种室内场景。从深度通道中提取三维点云作为噪声输入,原始深度图的缺失用像素填充。对于大规模的室外场景,采用了 Paris-rue-madame 数据集。

架构:使用与合成实验中类似的 Refine-Net 结构。过滤参数相同,但不包括未过滤的法线分支。因此,在网络中发展了 8 个分支结构。由于实际扫描的点云趋于密集且尺寸较大,在点模块中,将局部结构大小设置为 0.03,并将最大点数扩展到 500。HMP 构建中的邻域也进行了类似的大小调整,高度图网格大小为 $m=7$。

结果:法线估算结果的定量比较如表 7-4 所示。请注意,在相同的数据集上训练所有网络,以便进行公平的比较。根据所有的度量标准,本节方法优于目前先进水平。两个真实模型的视觉比较如图 7-7 所示。Refine-Net 在有效去除噪声的同时,可以保留更多的细节特征,如男孩和女孩模型上的眼睛和鼻子等细节部位。

表 7-4　Wang 等(Wang et al., 2013)对真实扫描数据集的法线估算结果的比较

方　法	错误		正确	
	平均误差	均方根误差	PGP5	PGP10
PCA	8.66	11.29	0.34	0.69
HF	8.14	11.99	0.46	0.75
HoughCNN	12.30	15.58	0.24	0.49
PCV	8.03	11.36	0.42	0.75
PCPNet	7.90	10.72	0.42	0.75
Nesti-Net	6.93	9.68	0.5	0.79
MFPS	8.22	11.62	0.41	0.74
本节方法	6.76	9.58	0.52	0.81

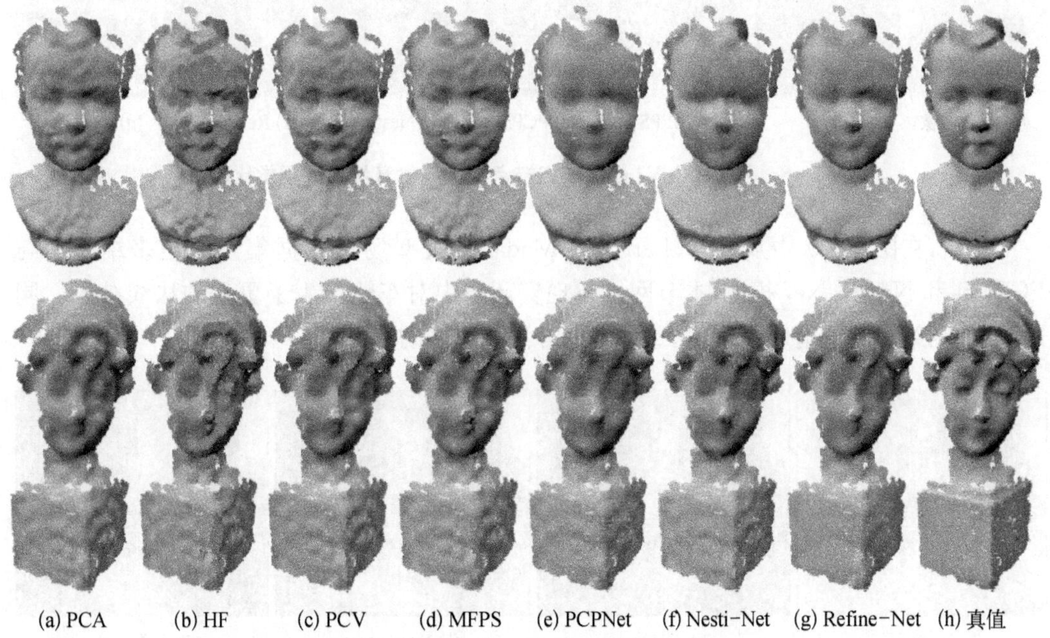

图 7-7　在两个真实扫描模型上估算法线的视觉比较

对于 NYUD-V2 数据集，在图 7-8 中显示了几个室内场景的真实扫描的可视比较。传统的几何估算器(HF 和 MFPS)可以保留微小的细节，但代价是保留噪声[参见图 7-8(b)和图 7-8(c)]。Nesti-Net 和 PCPNet 可以很好地平滑噪声表面，但过度平滑几何特征[参见图 7-8(e)和图 7-7(d)]。Refine-Net 可以很好地应对这两个挑战，例如，精细对象产生的法线结果在分别来自第三排和第四排的玩具和瓶子上更可靠。同时，本节方法能够去除平面上的扫描仪噪声。可以清楚地看到，在本框架中，如果对其他网络的预测法线进行精化，则可以恢复出更好的法线结果。建议读者仔细查观察第一排和第二排的抽屉和把手，其他方法往往会平滑这些细节，因为其局部区域类似于平面区域。然而，Refine-Net 产生的结果具有更好的细节，更忠实于真值数据表面。本节方法可以利用从两个特征模块提取的附加信息，并在实时扫描的点云上优于其他网络。

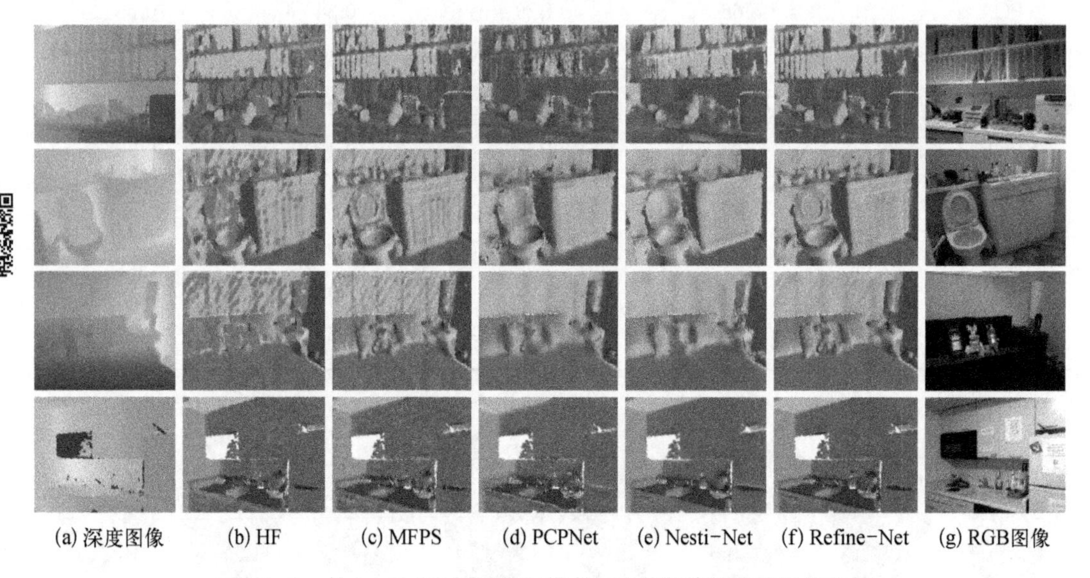

图 7-8　从 Depth V2 数据集扫描点云法线估算结果的视觉比较

最后，在图 7-9 中展示了 Paris-rue-Madame 大型场景数据集上的更多结果。与 PCPNet 和 Nesti-Net 相比，本节网络在现实环境中对车辆产生了更好的法线结果。同时，墙上的细节得到清晰的恢复，这是其他方法所忽略的。

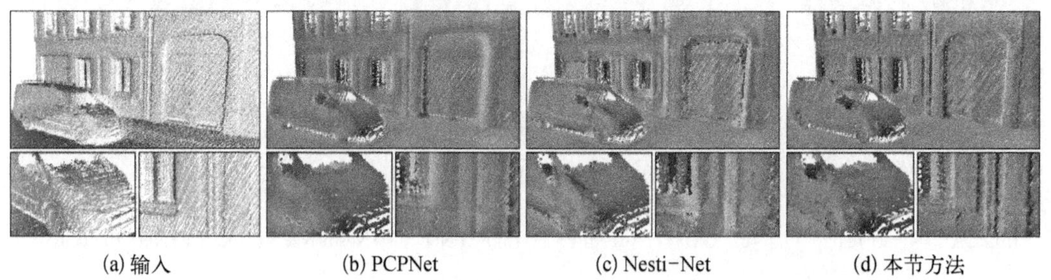

(a) 输入　(b) PCPNet　(c) Nesti-Net　(d) 本节方法

图 7-9　从 Paris-rue-Madame 数据集对大规模室外场景的法线估算结果的视觉比较

7.3.5　效率对比

本节在单个 RTX 2080 Ti GPU 上测试 Refine-Net 和其他网络模型，并在表 7-5 中展示了执行时间(每 1 000 个点)和模型大小。本节方法展示的时间包括初始法线估算和 Refine-Net 执行时间(聚合所有簇)。几何方法的计算时间很大程度上取决于形状的几何结构，在 PCPNet 数据集上每个形状大约有 150 s（每个形状有 100 000 个点）。它是在 CPU 上运行的，可以通过并行计算进一步提高速度。Refine-Net 的正向通过时间为 0.8 s（每 1 000 个点），在相关法线估算网络中相对较快，这可以归因于更小的网络和高效的连接模块。

表 7-5　比较不同法线估算网络的复杂度和执行时间(1 000 个点)

方　法	每个样本 1 000 个点的运行时间/s	参数数量/10^6
HoughCNN	1.0	9.7
PCPNet	4.8	22
Nesti-Net	9.5	179
本节方法	2.2	10.4

表 7-6　Refine-Net 和消融网络的高度图模块网络架构细节

高度图图块(Refine-Net)	高度图图块(消融网络)
Conv(3,3,64, P=1)+ReLU	Conv(3,3,64, P=1)+ReLU
Conv(3,3,64, P=1)+ReLU	Conv(3,3,64, P=1)+ReLU
Maxpool(3,3, S=1)	Maxpool(3,3, S=1)
Conv(3,3,128, P=1)+ReLU	Conv(3,3,128, P=1)+ReLU
Conv(3,3,128, P=1)+ReLU	Conv(3,3,128, P=1)+ReLU
Maxpool(3,3, S=1)	Maxpool(3,3, S=1)
Conv(3,3,128, P=1)+ReLU	Conv(3,3,256, P=1)+ReLU
FC(256)	FC(512)
FC(128)	FC(256)
FC(d)	FC(d)

7.3.6　消融实验

在本节中，将阐述一些架构选择，并评估 Refine-Net 中几个组件的有效性。

特征模块：与类似的工作相比，Refine-Net 框架中引入了两个额外的特征模块，而不是主要的法线特征。由于局部点和 HMP 都是与法线相关的，Refine-Net 可以利用提取的信息，改善初始法线。为了展示这种组合(法线 & 点 & HMPs)的优势，本节设计了几种消融方法，并在合成数据集上评估了它们的性能，如表 7-7 所示。

表 7-7 消融网络在合成数据集上的法线估算误差

方法	大噪声		尖锐特征		细节特征		光滑曲面		平均值	
	mean	RMSE	mean	RMSE	mean	RMSE	mean	RMSE	mean	RMSE
MFPS(初始法线)	5.72	11.72	4.36	7.86	4.82	6.97	4.1	6.32	4.75	8.22
简单 MFPS	7.28	16.75	5.86	12.47	5.01	7.91	4.89	8.49	5.76	11.4
法线	5.51	12.53	3.86	7.46	4.52	6.55	3.72	5.64	4.4	8.04
法线 &HMP	5.5	12.48	3.74	7.26	4.4	6.32	3.61	5.38	4.31	7.86
法线 & 点	4.83	10.86	3.55	6.67	4.14	5.79	3.37	4.78	3.97	7.03
拼接	4.83	10.98	3.61	6.91	4.23	5.99	3.48	5.06	4.04	7.23
残差	4.93	11.1	3.59	6.77	4.19	5.87	3.4	4.88	4.03	7.15
Rctinc-Net-Rot	4.84	11.03	3.56	6.78	4.19	5.9	3.43	4.93	4	7.16
Refine-Net-Trans	4.87	10.71	3.54	6.49	4.1	5.67	3.29	4.59	3.95	6.87
Refine-Net-Weight	4.74	10.73	3.37	6.39	4.07	5.65	3.28	4.56	3.87	6.83

首先考虑使用每个点的法线(来自多尺度双边过滤)来恢复真值数据的法线。将过滤后的法线连接起来,并直接馈送到几个完全连接的层(256、128、3),网络设置遵循输出模块。

法线和点:此设计仅使用点特征进行优化,也就是说,放弃第二次优化,并从每个分支导出一个接一个点模块的变换特征,输出尺寸与 Refine-Net 中的尺寸相同。

法线和 HMPs:类似地,测试中使用法线和 HMPs 作为输入的网络。高度图模块输出应用于法线的 64×3 转换矩阵 T,它使用表 7-6(右)中的架构,不包括第一次优化(点模块)。

连接模块选择:本节方法背后的关键思想是学习变换项 T,并通过矩阵乘法将两个特征输入组合在一起。除了采用的选择(权重矩阵)外,本节还测试了所讨论的另外两个选项(旋转矩阵和变换矩阵),这两个选项在其他情况下也是可选的。结果显示在表 7-7。此外,本节还探讨了在两种不同数据输入上组合的其他解决方案。

合并-特征模块输出与 V 相同维数的向量 T。然后,在每次精化的连接模块中,两个不同的特征输入通过全连接层(64,64)进行连接。每个分支中的输出维度都与 Refine-Net 相同。采用与 V(1×3 法线)相同大小的单个向量替换矩阵 T,它学习输入和真值之间的残差(点法线上的噪声),中间特征 Y 由 V 加上残差得到。

表 7-7 中的实验结果表明,与使用单一特征作为输入相比,多特征方案显著提高了法线估算精度。请注意,以前的工作可以看作法线 &HMPS 版本,而 Refine-Net 显然在此基础上实现了更好的性能。另外,使用矩阵乘法将两个特征相结合的实践显示了它相对于其他学习方案的优势。权重矩阵的选择更好,因为它在高维向量中捕获了更

多信息。

具有拟合路径选择的初始法线。对于初始法线估算，提出了一种拟合块选择方法来从多尺度候选路径中进行选择。为了定量评估这种方法，只需计算初始法线结果，而不需要拟合路径选择(单一的 MFPS)，如表 7-7 所示。从图 7-7 中可以看到，MFPS 在所有类别中都表现得更好，特别是在边缘锋利的形状上。如果没有这样的选择方案，它只会选择附近得分最高的局部结构。然而，最一致的路径可能反映了指向错误侧的法线方向。

L_1损失函数和 L_2损失函数对比：L_1损失对异常值的敏感度较低，更善于保持准确的估算。在本实验中，比较了 L_1损失和 L_2损失在法线估算任务中的训练性能。使用根据噪声水平分类的 PCPNet 数据集，并在表 7-8 中展示了均方根错误。结果表明，L_1 损失在无噪声的点云上表现较好，但对高噪声较为敏感。此外，使用特定的颜色(蓝色为 L_1，红色为 L_2)来表示在不同噪声级别的形状上使用 L_1 或 L_2 表现更好的点。L_2 损失在锐利的特征和细微的细节上明显表现得更好，特别是在低噪声水平下。因此，选择使用 L_2 损失，它对噪声有更强的鲁棒性，在初始法线次优的挑战区域中的恢复法线效果更好。

表 7-8　PCPNet 数据集上 L_1 和 L_2 损失对比

损　失	噪声 δ			
	无	0.001 2	0.006	0.012
L_1	6.05	9.58	17.13	23.5
L_2	6.27	9.18	16.59	22.57

7.3.7　学习优化法线

为了更好地理解 Refine-Net，本节提供了两种见解，对所提出的模型进行了更深入的探索。

学习优化法线：Refine-Net 是一个通用的法线优化框架，用于“优化”初始法线。当输入更好的初始估算时，期望也能获得更好的最终法线结果。然而，它并不总是正确的，例如，在表 7-2 和表 7-3 中可以看出，虽然在某些类别中，Nesti-Net 的初始法线优于 MFPS，但与 MFPS 相结合的 Refine-Net 比 Refine-Net 与 Nesti-Net 相结合的效果更好。

为了解释这些现象，更深入地探讨了 Refine-Net 是如何通过深度学习技术来改进几何法线的。本节实验中，在 Wang 等(Wang et al., 2012)的合成数据集上训练了本节提出的完整模型(MFPS+Refine-Net)和 Nesti-Net。然后，采用 Refine-Net 对 Nesti-Net 法线结果进行了进一步的优化，如图 7-10 所示，本章方法能对几个下游应用产生更好的结果。通过吸收先验几何知识，由 MFPS 计算的初始法线可以更有效地检测尖锐的边缘和细节，同时它们也可能反映高水平噪声造成的光滑表面的不连续性(本章方法能对几个下游应用产生更好的结果)。另外,Nesti-Net 倾向于产生分段光滑的法线,表示底层曲面的大致方向。通过恢复锐边(保留细节)和去除平坦区域中的扰动(去噪),Refine-Net 可以从不同的方法抛光初始法线,而在 MFPS 法线上的改进效果更好。从图 7-10 中可以看到,使用单一的特征模块已经可以在噪声点云上产生较好的去噪法线,而多个特征输入的 Refine-Net 对于尖锐的特征具有更好的性能。

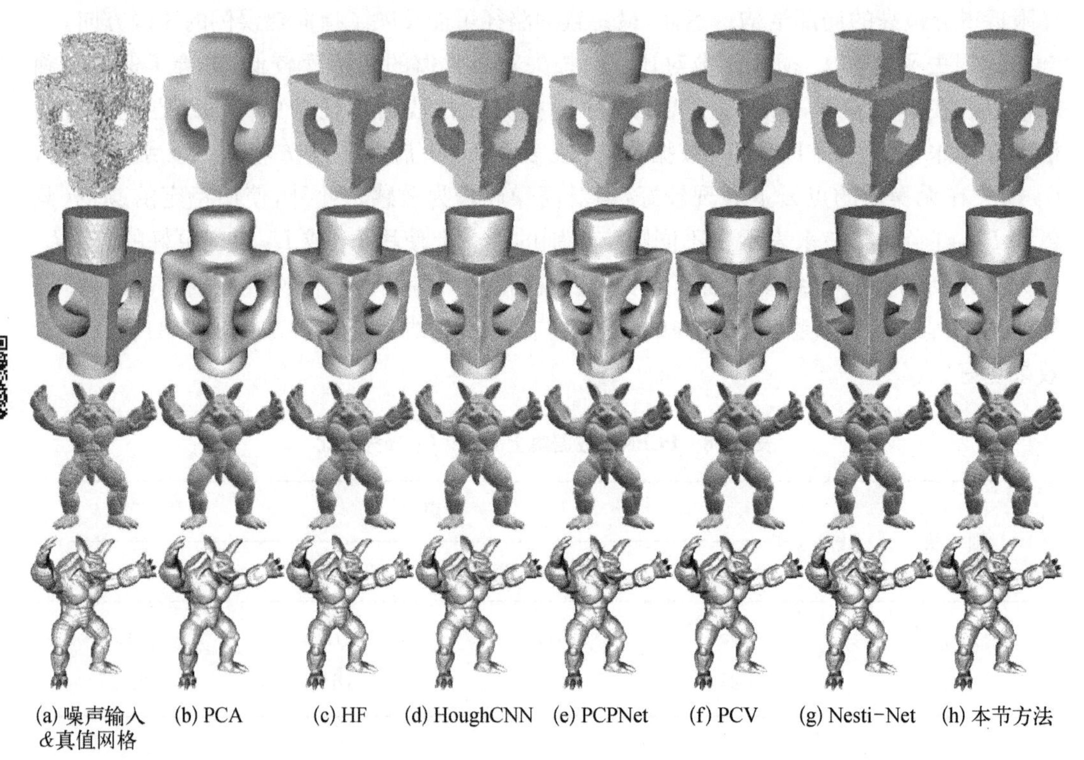

图 7-10　去噪结果的视觉质量及其重建结果

基于群集的策略:受 Fan 等(Fan et al., 2010)的启发,Refine-Net 采用了一种基于聚类的方法来提高学习能力,在训练前将输入样本划分为 K_c 类。在本节所有实验中,包括所提出的网络的变体,默认设置 $K_c=4$。更多的集群略微提高了性能,但极大地扩展了网络。这种聚类方案可以在所有训练样本中检测出相似特征,特别是对于难以处理的几何特征上的点。因此,网络可以关注特定类型的输入数据。

7.3.8　应用

众所周知,估算良好的法线值可以提高许多点云处理任务的效果,如去噪和表面重建。为了进一步验证该方法的优点,本节在不同方法估算的法线结果的基础上,展示了使用相同点更新算法去噪的结果。

N_i 表示为 p_i 的球面邻域,本节给出了一种在估算法线的指导下更新点位置的算法,该算法能够去除噪声,恢复尖锐的特征:

$$p'_i = p_i + r_i \sum_{p_i \in N_i} (p_j - p_i)[w_\sigma(n_i,\ n_j) n_i^{\mathrm{T}} n_i + \lambda n_j^{\mathrm{T}} n_j] \tag{7-12}$$

式中，n_i 为 p_i 的法线；$w_\sigma(n_i,\ n_j) = \exp\left(-\frac{\| n_i - n_j \|^2}{\sigma^2}\right)$，为权重函数；$\lambda = 0.5$，是权衡参数；$r_i$ 是默认设置为 $\frac{1}{3 \mid N_i \mid}$ 的步长。

为了防止点在边附近积累，在所有的迭代中保持相邻信息不变。在本节实验中，迭代数设置为 20。

图 7-10 展示了去噪结果的视觉质量及其重建结果，表明本节方法法线结果有助于产生最可靠的去噪和重建结果。

7.4　本章小结

本章提出了一种法线估算网络(Refining-Net)，通过在输入初始法线的优化步骤中引入多个重要的特征表示来估算噪声点云的法线。本章的网络包括多个特征模块，这些模块可以捕捉不同的几何信息，从而共同为法线的准确估算作出贡献。本章通过一种提出的连接模块，有效地处理了不同模态的特征，并将其合并到法线特征中。另外，提出了一种多尺度拟合局部结构选择方案，以获得更好的几何信息来估算初始法线。

Refine-Net 是一个通用的法线优化框架，本章证明了 Refine-Net 能够通过恢复锐利边缘(保留细节)和去除扰动(去噪)修复任何初始法线输入的次优估算。因此，它可以用于改善其他网络的结果。可以开发更多表示输入点云的典型几何属性的特征模块，以进一步探索框架的网络能力。广泛的评估显示了 Refine-Net 在合成和真实扫描数据集方面的明显优势，同时也表明了可将该方法应用于一些下游几何任务的前景，如表面重建、整合和语义分割等。

第 8 章

测量数据优化软件平台与工程应用

8.1 航空三维测量数据分析软件平台

随着国产大飞机 C919 的取证及中俄联合研制的 CR929 成功立项，以及运-20、歼-20、歼-31 等新机型的不断涌现，航空工业对于高质量、高可靠性的制造与研制需求逐年增大，而对飞机大尺寸构件进行高精度快速三维测量与分析是飞机制造与研制的关键一环。以航空航天为代表的高端制造领域中，我国的三维测量与分析工业软件的自主化程度较低，欧美的三维测量分析软件占据了绝大部分的市场，三维测量工业软件存在严重的“卡脖子”问题。

在实际应用过程中，三维数据存在规模大、测点噪声与层叠、数据密度不均匀、复杂曲面难以分析等问题。作者所在研究团队依托实验室在点云处理算法上的多年积累，开发了具有自主知识产权的大规模飞机数据数字化检测与分析系统-AeroInspector。本系统聚焦于行业前沿的三维测量算法，不仅集成了许多优秀的经典算法，同时加入了很多最新的点云算法。针对大尺寸构件测量中必然存在的大规模（亿万级）三维测量数据实时处理问题，本系统采用自适应渐进式数据存储与优化技术，实现了大规模飞机数据的实时可视化与处理，提供了飞机检测从采集到报表输出的全流程解决方案。本系统能够解决实际飞机测量中的大部分需求，如铆钉齐平度、对缝阶差、平面度、波纹度等飞机表面形貌的测量，同时能对机身表面缺陷进行检测，为我国新一代高端武器装备的高精度测量提供了国产化的检测分析软件。

本系统在内部代码实现层面，各个功能模块相互独立；在用户操作界面层面，根据用户使用需求，会调用特定的模块。软件的整体功能架构如图 8-1 所示，层次结构可以分为界面层、业务逻辑层、管理层、数据层四层。用户界面层面向人机交互操作任务；业务逻辑层包含大规模测点处理的主要功能模块，各功能模块之间相互独立，便于 AeroInspector 的功能扩展和资源配置；管理层主要对软件内部的数据进行管理；数据层是该系统最关键的模块，其构建了高效的点云与数模数据结构，以达到大规模数据的处理与显示。基于分层的软件体系使得 AeroInspector 具有良好的可维护性、可扩展性、可重用性和可管理性。目前，该软件已经在航空工业成都飞机工业（集团）有限责任公司、中航工业西安飞机工业(集团)有限责任公司等国内几大主机厂得到了应用,并获得了高度评价。

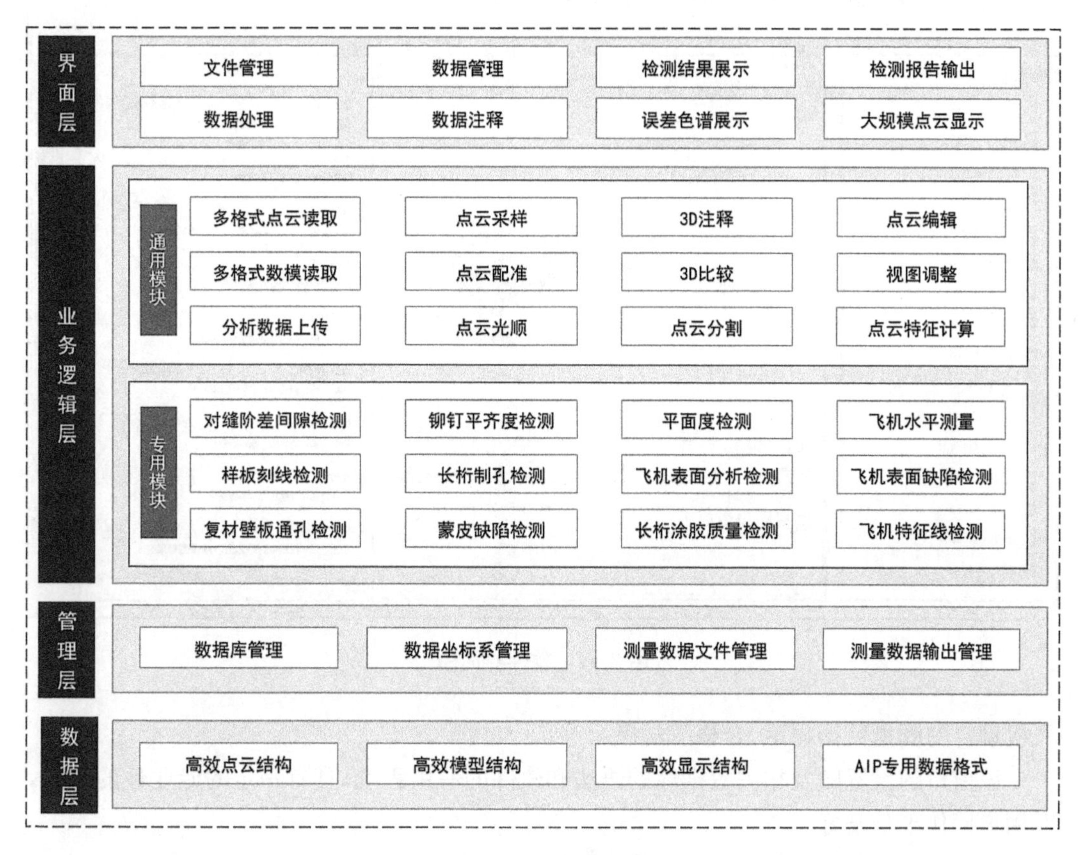

图 8-1　软件架构图

AeroInspector 操作界面是基于界面层开发的,如图 8-2 所示,主要包括菜单栏、工具栏、快捷工具栏、数据树、功能对话框、3D 可视化窗口、测量结果窗口,具有良好的操作性和通用性。

工具栏: 包含文件、数据处理、数据管理、显示、插件、视图、帮助选项卡,主要功能是一些点云数据处理基本操作,如点云的读写、加载和显示,同时提供了各个模块的入口,如数据库查询、报表输出等。

数据树: 加载的模型或者点云数据会显示在这里,可以从这里选择一片或者多片点云进行操作,如降采样、对齐等。同时,也可控制可视化区域显示的点云。

3D 可视化窗口: 显示点云,展示效果。同时,可提供和用户的交互,如缩放点云,对测量结果的交互查询,还可以根据测量结果显示点云的色差模型。

快捷工具栏: 主要提供一些快速控制可视化区域的一些操作,如选择相机位置、设置旋转中心,以及根据坐标数据从各个方向(上下左右前后)观察模型数据等。

测量结果窗口: 这个区域主要提供了软件定制化功能的一些功能的结果显示,如对

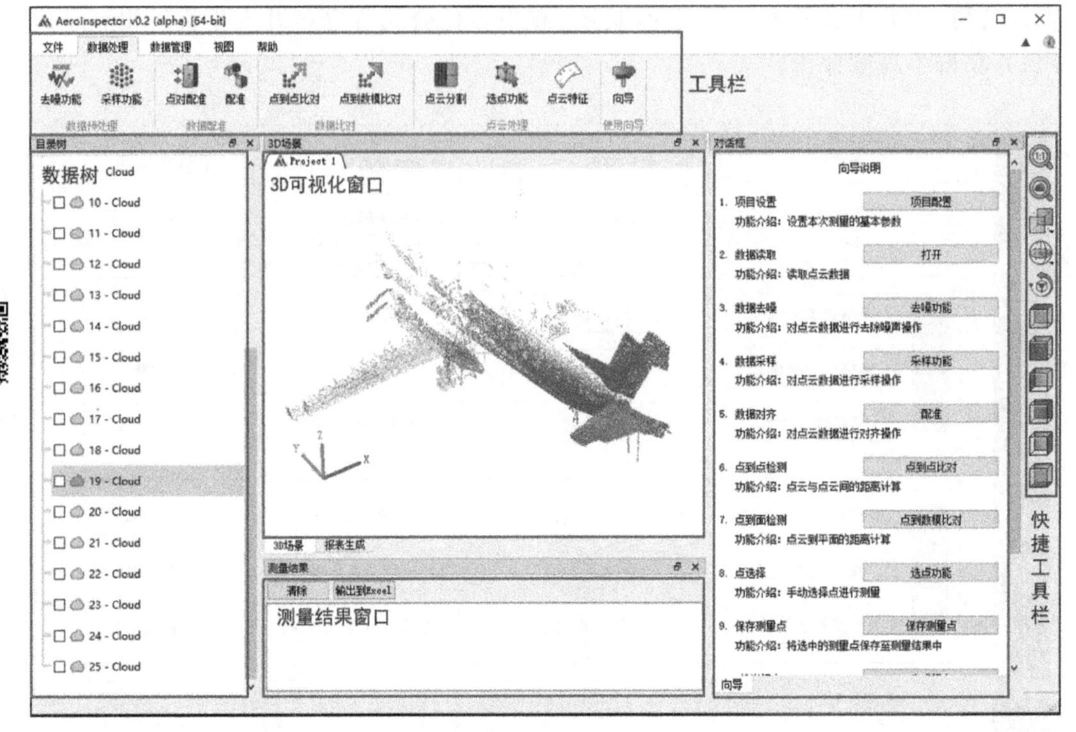

图 8－2　软件界面图

飞机铆钉的测量数据显示、合格率的展示等。

该窗口的设置顾及相关数据库的语法和软件的易用程度，具有一定的专业性的同时，对用户操作十分友好。

软件平台的主要创新点如下所述。

(1) 实现大规模数据快速读取和处理：为了应对大量数据的读取延迟和可视化瓶颈，本系统使用自适应渐进式超大规模测量数据实时可视化和数据质量优化技术，探明了动态层次化超大规模三维数据表达机制，构建了内外存协同的大规模数据多分辨率调度模型，创新提出了大规模点云自适应插补和多级缓存自适应节点加载技术，解决了大尺寸构件测量数据加载困难、实时性差等难题。

(2) 实现飞机检测全流程业务：能够直接连接三维测量设备，通过测量设备进行实时高精度三维数据测量；同时，也支持对模型数据进行操作，协同进行三维数据采集与分析；能够在 3D 场景中查看控制尺寸和误差分布图，判断尺寸问题的来源，并根据测量结果自定义输出报表。

(3) 针对航空制造检测的场景：不仅能够实现其他三维测量分析软件的通用功能，如点云去噪、采样、分割、特征计算、3D 注释、视图调整、点云编辑等给用户提供的便捷性交互功能，还可以针对航空制造检测的特定场景问题，进行特化的适应性分析，如铆钉齐平度分析、间隙阶差分析、蒙皮制孔检测、蒙皮缺陷检测等，对航空制造场景的检测分析比其他软件精度更加准确。

8.2　典型工程应用

8.2.1　飞机整机检测

飞机整机表面是反映飞机整机装配质量的最重要、最综合的项目，它直接体现着飞机总装后的各个部件的相对位置和安装质量，而且还可以直观反映整机的气动外形偏差情况。但是，由于测量技术发展水平的限制，在之前的实际生产中要实现整机外形测量，尤其是整机外形点云数据采集，其测量精度、测量效率都无法保证，难度极大。针对飞机整机装配质量固定式测量技术的需求，利用点云数据的全表面覆盖的特点，设计研发出一个专用于整机外形测量数据的分析软件。整机测量检测流程如图 8-3 所示，对采集的海量点云数据进行处理，在已知数模的前提下，对数模与全机点云进行配准，使两者具有相同的姿态，再进行比对得到整个构件表面形态与设计值之间的差异值及分布情况，进而对装配进行质量评价。通过实际应用本项目的研究成果来提高点云数据处理的准确性、完整性，加快点云数据的处

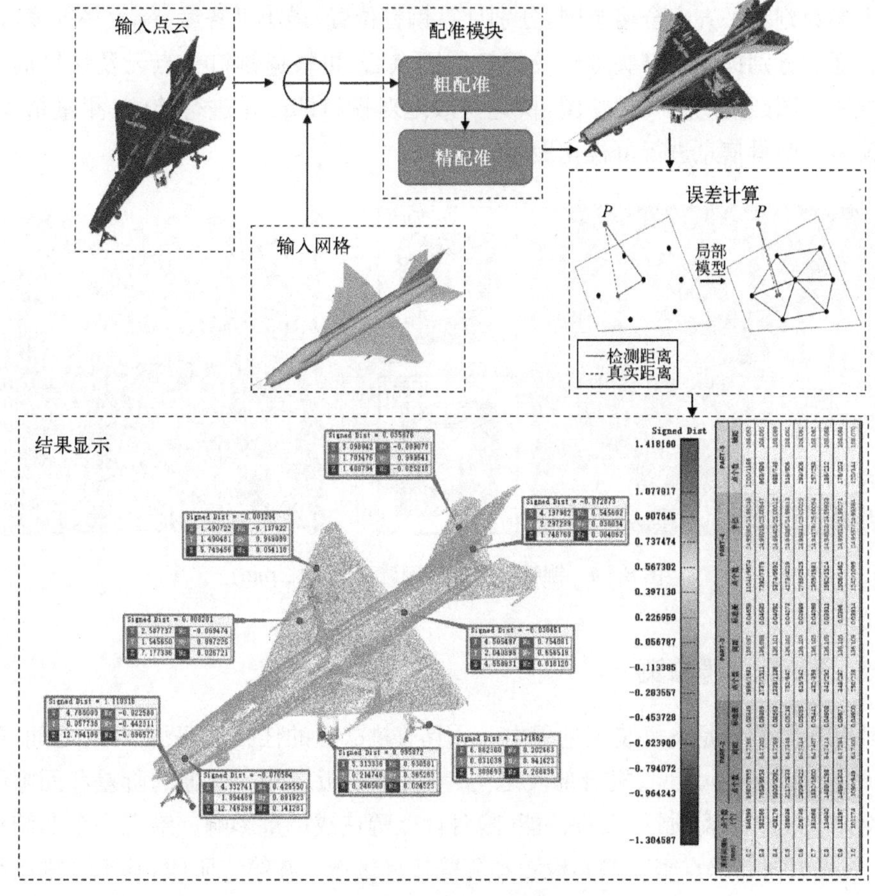

图 8-3　整机测量检测流程

理速度、自动程度和人性化,保证飞机装配中的数字化测量工作正常进行。

8.2.2 铆钉平齐度检测

飞机蒙皮通过铆钉铆接在飞机骨架外围,构成飞机外形,同时承载着维持飞机气动稳定性的功能。飞机表面形貌的装配质量在很大程度决定了飞机的最终质量、制造成本和周期,因此飞机表面形貌测量的准确性显得尤为重要。铆钉检测通常是飞机蒙皮中几乎所有表面和铆钉检测方法的第一步。使用3D激光扫描仪,可以快速获取表面和铆钉的精确3D点云信息,而铆钉检测可以从3D点云转换为多结构拟合问题。但是,由于来自扫描的3D点云的稳健结构拟合具有挑战性的性质(如噪声和异常值、不规则的采样密度和扫描缺失),在此将铆钉检测表述为具有基于密度的显著性度量的多结构拟合问题。通过考虑局部分布特征,本节首先对基本局部密度进行自适应密度增强。随后,对潜在的圆形假设进行检测,从而提取铆钉轮廓。通过在超图上执行模式搜索算法,可以同时获得所有的圆结构。总体而言,所提出的提取算法能够有效地从原始扫描点云中检测铆钉。

铆钉平齐度检测模块通过测量飞机蒙皮上铆钉相对于蒙皮的平齐度,可定量判断铆钉参数是否满足设计要求。铆钉平齐度检测流程如图8-4,算法对输入数据进行预处理,然后输入参数判断平齐度合格范围,分别计算铆钉位置、最小平齐度、最大平齐度、铆钉是否合格。通过分别提取铆钉头点云及铆钉周围点云,再根据铆钉头点云及铆钉周围点云生成反映铆钉凹凸量的距离色差图,快速有效地对铆钉凹凸量进行检测,测量精度高,且可以将铆钉凹凸量信息进行可视化展示。

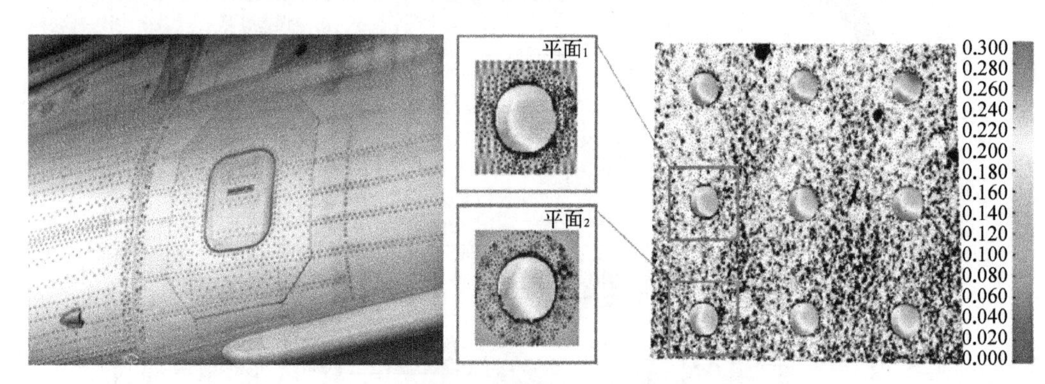

图8-4 铆钉平齐度检测流程(单位: mm)

8.2.3 对缝阶差间隙检测

间隙和阶差测量是飞机装配过程中一项具有挑战性的任务,如蒙皮对缝之间、蒙皮与结构之间、舵面与结构之间、机身部段之间、整流罩壁板之间。缝隙的阶差和间隙超过设计容限会对飞机的装配质量、飞行性能、隐身性能等造成严重影响。给定一个非结构化扫描点云,首先根据局部点密度差异检测和分割接缝区域。在第二阶段,基于分割结果应用投影操作将3D测量转换为2D测量,以降低计算复杂度并提高测量精度。最后,根据第二阶段生成的投影点的几何分布，提取间隙和阶差计算模型定义的特征点，完成计算。

飞机蒙皮表面对缝阶差间隙测量算法主要包含两个部分：间隙区域提取、阶差间隙测量。由于飞机整体外形由数十块不同外形的蒙皮拼接而成，蒙皮两两拼接形成了对缝结构。机身不同部位的蒙皮外形不同，进而形成了不同结构的对缝，通过观察发现主要有两种类型的对缝：直线型对缝和曲线型对缝，其中直线型对缝主要出现在机翼部位，曲线型对缝主要出现在主体机身部位。图 8-5 所示为对缝阶差间隙检测流程，算法对输入数据进行预处理，然后输入合格判定标准。分别计算缝隙测量点的间隙与阶差，测量结果以表格显示，还可以根据参数调整可以挑选出不合格的缝隙。

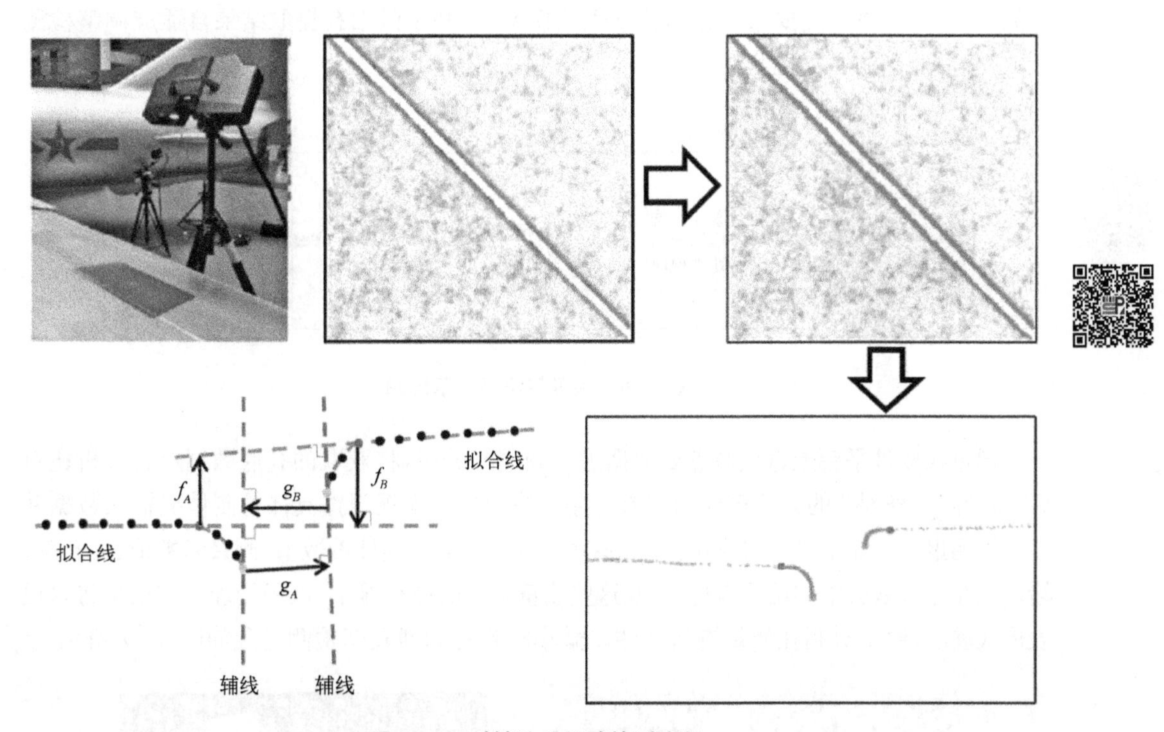

图 8-5　对缝阶差间隙检测流程

8.2.4　复合材料通孔检测

航空复合材料具有高强度、耐高温、耐腐蚀、重量轻等优良的性能，其性能水平及在结构中的应用水平已经成为飞机结构先进性的一个重要标志，其中复合材料壁板的加工精度是飞机制造过程中的重要指标之一。复合材料壁板的微小阵列孔通孔率检测是质量检测中的一步，采用一种高效、无损、自动化的方式来对其进行检测，对于提高生产效率就显得尤为重要，而通过对复合材料制孔的点云数据分析可以大大加快这一检测过程。

首先对采集的海量点云数据进行处理，并且检测出数据中的孔底数据，与设定指标相比较并判断堵塞情况，统计检测结果并输出报告。检测系统的主要功能包括数据采集、数据预处理及数据分析，其主要通过图像信息对孔进行检测与确定，之后在点云数据中定位孔位坐标，并且通过处理与分析孔内点云数据，判断此孔是否达到通孔标准。点云分析软件模块主要包括点云数据重构子模块、点云数据预处理子模块、孔特征检测子模块与通透情况判断子模块。软件检测算法分为三个过程，分别为线激光三维数据诊断与预处理过程、微细孔精细提取过程和孔质量检测过程，检测算法流程框架如图 8-6 所示。其中，数据诊断与预处理模块通过检测线激光三维数据的空间分布规律，对数据质量进行分析诊断，过滤部分噪声点云，提高数据质量。同时，通过局部采样原理检测圆孔所在主平面，为细微孔提取提供基础。微细孔精确提取模块通过分析细微孔的模式，形成统一的表达模型，基于模板匹配和快速查找方法对微细孔进行识别，并提取相关参数。孔质量检测模块根据项目要求，将检测要素归化为数学表达模型，并基于微细孔提取结果自适应调整检测参数，获得准确的质量检测结果。

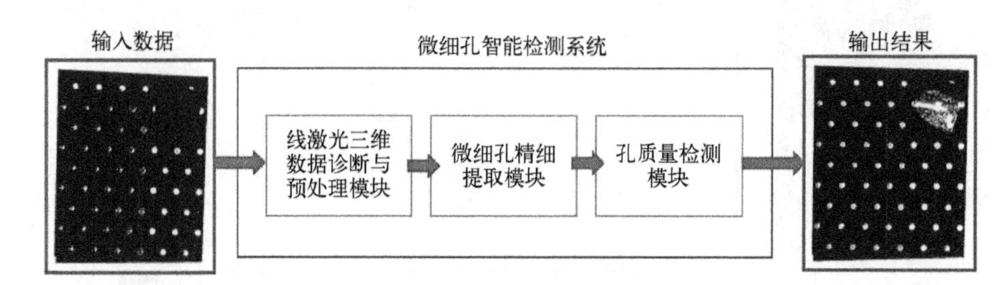

图 8-6　检测算法框架示意图

通过在软件平台上直接对点云数据进行处理与分析，将获取的孔底数据进行分析比对后，得到微小阵列孔的通孔率检测结果。存储检测报告模板根据具体检测情况输入数据并输出检测报告。输出检测报告包括产品名称、检测元素的设计参数值、测量参数值、通孔率、堵塞孔在点云数据中的位置坐标，以及这些测量参数的详细显示，点云处理后的结果将以报表形式展示，便于对制孔质量进行评估。微小阵列孔的通孔率检测过程如图 8-7 所示。

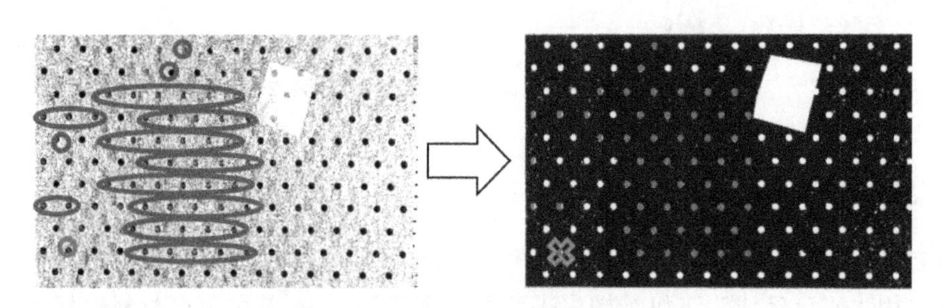

图 8-7　微小阵列孔的通孔率检测过程

8.2.5　制孔质量检测

传统的制孔检测效率低，容易出错，检验结果的准确性依赖于检验员的主观经验和判断，结果可靠性低。近年来，直升机制造领域正逐步引进自动钻铆、大部件数字化柔性对接、数字孪生工厂构建等先进制造技术，但同时一些相关的技术短板也不断暴露出来，例如，某公司铆装车间逐步引进机器人自动制孔设备，生产的效率和质量获得提高，但以往的人工检验方式难以跟上自动化、数字化、智能化生产的节奏，传统流程及检验手段在“制孔-检验”过程中的所需时间占比变高，影响整体效率的提升。因此，急需使用新型制孔检测技术以弥补当前航空制造的技术短板。

本系统是一种基于机器人制孔的智能检测系统，实现了基于机器人自动制孔的智能检测。基于现有的机器人智能制孔系统，实现壁板制孔的孔位、孔径和垂直度的检测，并保证检测的质量达到技术指标要求和高效率执行，在检测完成后对检测系统采集的大量数据进行分析处理，发现加工过程中的质量变化趋势，进行加工质量预警。制孔检测系统在功能上主要有孔提取、孔径检测、孔位检测、垂直度检测、质量分析与预警模块，在层次上分为应用功能层、算法支撑层和数据采集层三层，系统结构如图 8－8 所示。制孔检测功能用于检测所选中数据中所有孔的半径和圆心，可以根据不同的需求(如圆检测阈值、最少点数、最大和最小圆孔半径)快速检测出所选中数据中所有孔的半径和圆心，并与所要求的制孔规格进行对比，挑选出不合格的制孔，进而实现在线地进行快速检测。

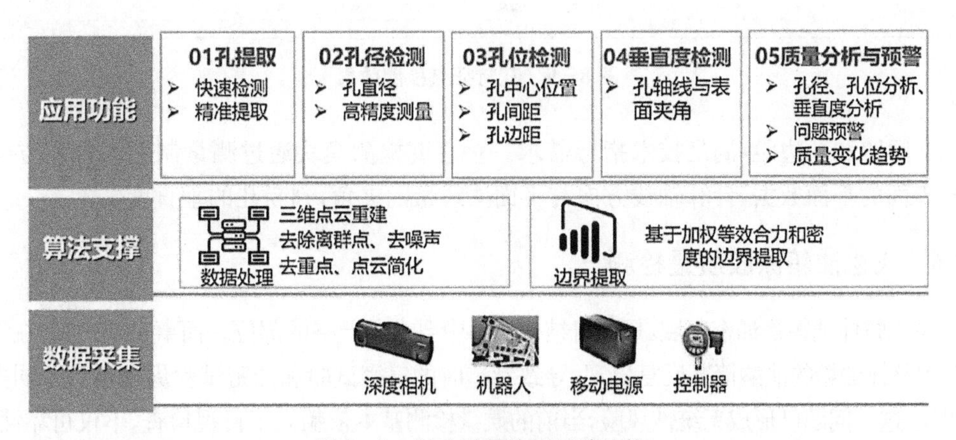

图 8－8　制孔质量检测系统结构

孔提取功能模块能够读取点云数据，从中快速检测所有孔，并将属于每个孔的特征点提取出来并分别存储，能够展示每个孔的点的位置，为孔径检测、孔位检测提供支撑。孔径检测功能模块根据孔提取的特征点，将每个孔的特征点用最小二乘法拟合成圆，得到每个孔的直径。孔径的公差范围小，客观上存在着入口处孔径略大、孔的边界不规则等问题，所以通过建立深度学习模型，进行公差带分级，可保证检测的准确性。图 8－9 为孔特征点检测结果，图中显示已成功从边界点中将圆孔特征点检测出来，这里每个孔的特征点已经分离，属于不同的点云，在这里将所有圆孔的特征点一同显示。

孔位检测功能模块根据孔提取的特征点，用拟合成圆得到每个孔的圆心位置，提取边沿信息，计算每个孔中心位置到边沿的距离及每个孔到其邻近的孔中心的距离。为了得到孔与孔之间的距离及孔到边界线的距离，需要计算孔中心的位置和所有的边界线。对于孔的特征点，用最小二乘法将其拟合成圆，这样能够减小拟合圆得到半径，同时得到在统计意义上最好的参数拟合结果。根据孔与孔之间的距离及孔中心到所有边界线的距离

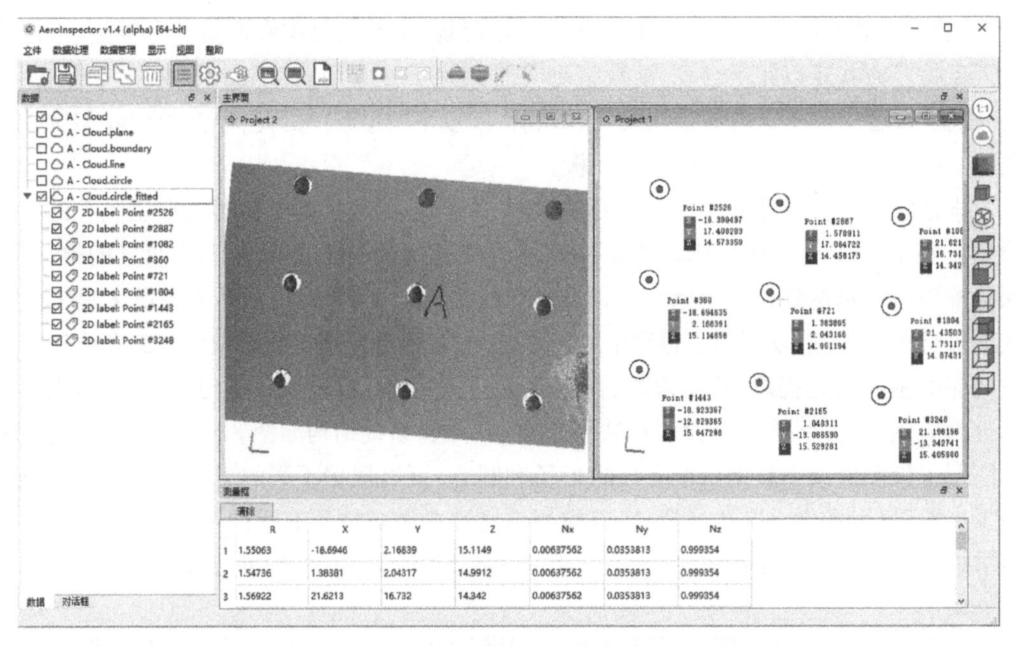

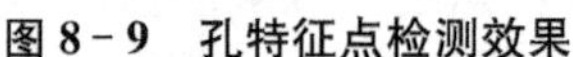
图 8-9　孔特征点检测效果

得到孔间距和孔边距，满足技术指标需求。垂直度检测模块通过测量制孔的轴线方向及制孔表面的平面数据，计算轴线方向与平面法线量的夹角，判断孔的垂直度。

8.2.6　飞机油箱涂胶质量检测

飞机整体油箱是油密区域，是飞机结构密封中要求最严格的部位。而事实上，目前在型号研制中整体油箱的泄漏情况反复出现，导致制造时的气密试验和油密试验周期远高于同类竞争机型，这一问题已形成系统性风险，当前的质量检测基本依赖人工目视检查，不仅可靠性差、效率低，实现起来也很困难。针对这一问题，开发了基于图像识别和点云分析处理的飞机油箱密封质量检测软件系统，可以提高油箱涂胶质量的检测效率和可靠性，避免密封过程中的漏涂，以及避免尺寸不足和表面质量缺陷等问题，从而在制造阶段就避免大量潜在的密封问题，这对于提高飞机油箱密封的效率，降低飞机气密试验的成本，并最终降低飞机运营和维护成本、提升产品竞争力都有重要的意义和作用。油箱漏涂胶检测流程如图 8-10 所示。

通过深度学习系统学习，根据前期日常检测积累的油箱图像及标签信息制作一个标准数据集，对卷积网络进行训练，用以代替人工查找缺陷区域，进而实现自动化的密封胶漏涂及涂胶表面质量分析工作，并提高整个系统的识别精度和可靠性。对于飞机油箱区域扫描得到的点云数据进行油箱涂胶质量的分析工作。针对飞机油箱内条状涂胶及铆钉涂胶提供涂胶平整度检测、漏涂检测等功能，通用性强、准确度高，可广泛应用于飞机油箱涂胶质量检测流程中，提高油箱密封质量。如图 8-11 所示，该模块可以用于分析采集的原始油箱点云数据，铆钉涂胶和条状涂胶部分点云通过分析颜色通道信息，根据灰度信息可将涂胶部分点云提取出来。

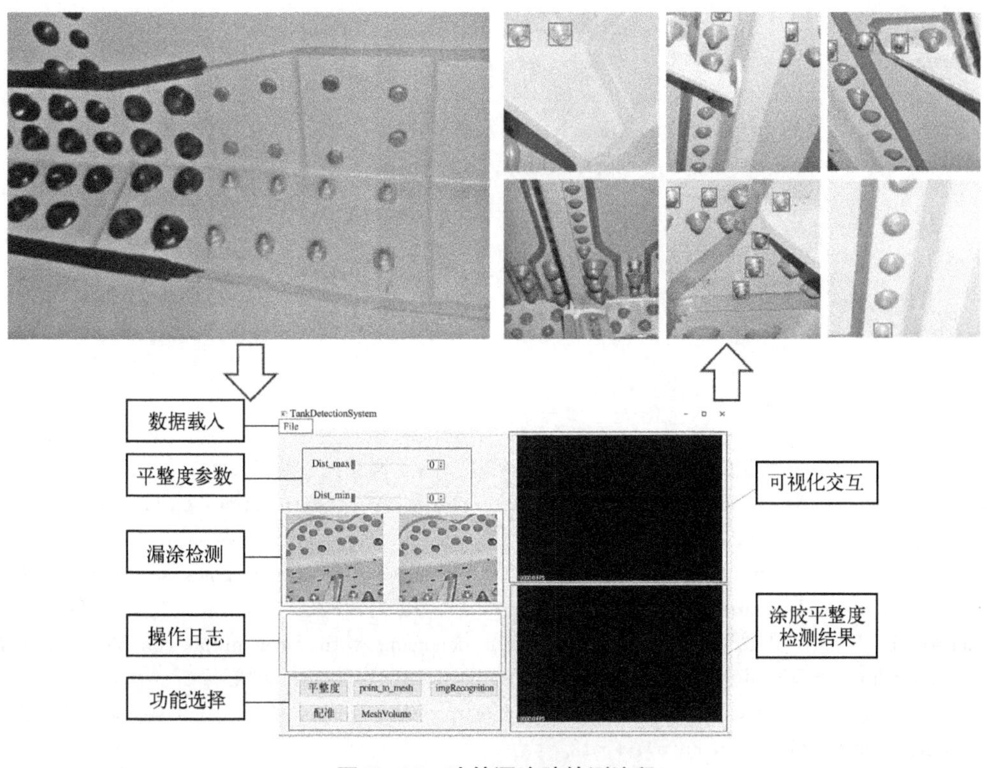

图 8-10　油箱漏涂胶检测流程

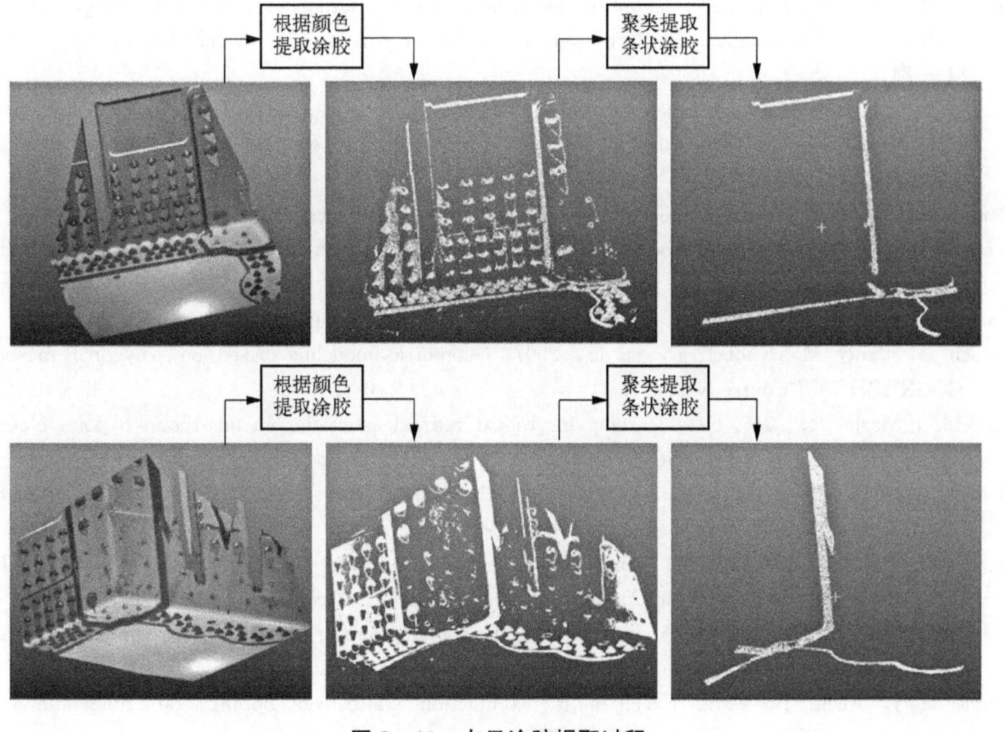

图 8-11　点云涂胶提取过程

参 考 文 献

黄槿，2019.基于块协同法线滤波的网格保特征去噪算法.南京：南京航空航天大学.

Adamson A, Alexa M, 2006. Point-sampled cell complexes. ACM Transactions on Graphics, 25(3): 671 - 680.

Alexa M, Behr J, Cohen-Or D, et al., 2013. Computing and rendering point set surfaces. IEEE Transactions on Visualization and Computer Graphics, 9(1): 3 - 15.

Armando M, Franco J S, Boyer E, 2020. Mesh denoising with facet graph convolutions. IEEE Transactions on Visualization and Computer Graphics, 28(8): 2999 - 3012.

Avron H, Sharf A, Greif C, et al., 2010. L_1-sparse reconstruction of sharp point set surfaces. ACM Transactions on Graphics, 29(5): 1 - 12.

Bajaj C L, Xu G, 2003. Anisotropic diffusion of surfaces and functions on surfaces. ACM Transactions on Graphics, 22(1): 4 - 32.

Barash D, 2002. Fundamental relationship between bilateral filtering, adaptive smoothing, and the nonlinear diffusion equation. IEEE Transactions on Pattern Analysis and Machine Intelligence, 24(6): 844 - 847.

Ben-Shabat Y, Lindenbaum M, Fischer A, 2019. Nesti-net: normal estimation for unstructured 3D point clouds using convolutional neural networks. IEEE Conference on Computer Vision and Pattern Recognition (10): 112 - 120.

Bertsekas D P, 2009. Convex optimization theory. Belmont: Athena Scientific.

Bian Z, Tong R, 2011. Feature-preserving mesh denoising based on vertices classification. Computer Aided Geometric Design, 28: 50 - 64.

Botsch M, Kobbelt L, Pauly M, et al., 2010. Polygon mesh processing. Boca Raton: CRC Press.

Botsch M, Pauly M, Kobbelt L, et al., 2007. Geometric modeling based on polygonal meshes. SIGGRAPH 2007 Course Notes.

Boulch A, Marlet R, 2016. Deep learning for robust normal estimation in unstructured point clouds. Computer Graphics Forum, 35(5): 281 - 290.

Boulch A, Marlet R, 2012. Fast and robust normal estimation for point clouds with sharp features. Computer Graphics Forum, 31(5): 1765 - 1774.

Buades A, Coll B, Morel J, 2005. A non-local algorithm for image denoising. San Diego: 2005 IEEE Computer Society Conference on Computer Vision and Pattern Recognition (CVPR 2005).

Cai J, Candes E J, Shen Z, 2010. A singular value thresholding algo- rithm for matrix completion. SIAM Journal on Optimization, 20(4): 1956 - 1982.

Candes E J, Recht B, 2009. Exact matrix completion via convex optimization. Foundations of Computational Mathematics, 9(6): 717 - 772.

Candès E J, Li X, Ma Y, et al., 2011. Robust principal component analysis?. Journal of the ACM (JACM), 58(3): 11.

Casajus P H, Ritschel T, Ropinski T, 2019. Total denoising: unsupervised learning of 3D point cloud cleaning. Seoul: IEEE International Conference on Computer Vision: 52－60.

Cazals F, Pouget M, 2005. Estimating differential quantities using polynomial fitting of osculating jets. Computer Aided Geometric Design, 22(2): 121－146.

Centin M, Signoroni A, 2017. Mesh denoising with (geo)metric fidelity. IEEE Transactions on Visualization and Computer Graphics, 99: 1－17.

Chen C, Cheng K, 2005. A sharpness dependent filter for mesh smoothing. Computer Aided Geometry Design, 22(5): 376－391.

Chen H, Wei M, Sun Y, et al., 2020. Multi-patch collaborative point cloud denoising via low-rank recovery with graph constraint. IEEE Transactions on Visualization and Computer Graphics, 26(11): 3255－3270.

Chen X, Ma H, Wan J, et al., 2017. Multi-view 3D object detection network for autonomous driving. Honolulu: 2017 IEEE Conference on Computer Vision and Pattern Recognition.

Cho H, Lee H, Kang H, et al., 2014. Bilateral texture filtering. ACM Transactions on Graphics (TOG), 33(4): 128.

Cignoni P, Callieri M, Corsini M, et al., 2008. Meshlab: an open-source mesh processing tool. Salerno: Eurographics Italian Chapter Conference: 129－136.

Clarenz U, Diewald U, Rumpf M, 2000. Anisotropic geometric diffusion in surface processing. Hilton Head: International Conference on Computer Vision: 397－405.

Cnoni P, Rocchini C, Scopigno R, 1998. Metro: measuring error on simplified surfaces. Computer Graphics Forum, 17(2): 167－174.

Dabov K, Foi A, Katkovnik V, et al., 2007. Image denoising by sparse 3D transform-domain collaborative filtering. IEEE Transactions on Image Processing, 16(8): 2080－2095.

Defferrard M, Bresson X, Vandergheynst P, 2016. Convolutional neural networks on graphs with fast localized spectral filtering. Barcelona: Advances in Neural Information Processing Systems.

Dekkers E, Kobbelt L, 2014. Geometry seam carving. Computer Aided Design, 46: 120－128.

Desbrun M, Meyer M, Schroder P, et al., 1999. Implicit fairing of irregular meshes using diffusion and curvature flow. Orlando: Proceedings of the 26th Annual Conference on Computer Graphics and Interactive Techniques: 317－324.

Desbrun M, Meyer M, Schroder P, et al., 2000. Anisotropic feature-preserving denoising of height fields and bivariate data. New Orleans: Proceedings of Graph Interface: 145－152.

Dhillon I S, Guan Y, Kulis B, 2007. Weighted graph cuts without eigenvectors a multilevel approach. IEEE Transactions on Pattern Analysis and Machine Intelligence, 29(11): 1944－1957.

Digne J, 2012. Similarity based filtering of point clouds. Providence: 2012 IEEE Computer Society Conference on Computer Vision and Pattern Recognition Workshops.

Digne J, Valette S, Chaine R, 2018. Sparse geometric representation through local shape probing. IEEE Transactions on Visualization and Computer Graphics, 24(7): 2238－2250.

Dong W, Shi G, Hu X, et al., 2014. Nonlocal sparse and low-rank regularization for optical flow estimation. IEEE Transactions on Image Processing, 23(10): 4527－4538.

Durand F, Dorsey J, 2002. Fast bilateral filtering for the display of high-dynamic range images. Los Angeles: Proceedings of the 29th Annual Conference on Computer Graphics and Interactive Techniques: 257－266.

Fanelli G, Weise T, Gall J, et al., 2011. Real time head pose estimation from consumer depth cameras. Joint pattern recognition symposium. Berlin: Springer: 101－110.

Fan H, Yu Y, Peng Q, 2010. Robust feature-preserving mesh denoising based on consistent sub-neighborhoods. IEEE Transactions on Visualization and Computer Graphics, 16(2): 312 - 324.

Fan R, Jin X, Wang C C L, 2015. Multiregion segmentation based on compact shape prior. IEEE Transactions on Automation Science and Engineering, 12(3): 1047 - 1058.

Field D, 1988. Laplacian smoothing and Delaunay triangulations. Communications in Applied Numerical Methods, 4: 709 - 712.

Fleishman S, Cohen-Or D, Silva C T, 2005. Robust moving least-squares fitting with sharp features. ACM TOG, 24(3): 544 - 552.

Fleishman S, Drori I, Cohen-Or D, 2003. Bilateral mesh denoising. San Diego: Proceedings of ACM SIGGRAPH.

Garg R, Eriksson A, Reid I, 2016. Non-linear dimensionality regularizer for solving inverse problems. arXiv preprint arXiv: 1603. 05015.

Garland M, Sheckbert P, 1997. Surface simplification using quadric error metrics. Los Angeles: Proceedings of ACM SIGGRAPH: 209 - 216.

Guennebaud G, Germann M, Gross M H, 2008. Dynamic sampling and rendering of algebraic point set surfaces. Computer Graphics Forum, 27(2): 653 - 662.

Guennebaud G, Gross M H, 2007. Algebraic point set surfaces. ACM Transactions on Graphics, 26(3): 23.

Guerrero P, Kleiman Y, Ovsjanikov M, et al., 2018. PCPNet learning local shape properties from raw point clouds. Computer Graphics Forum, 37(2): 75 - 85.

Guillemot T, Almansa A, Boubekeur T, 2012. Non local point set surfaces. Zurich: 2012 Second International Conference on 3D Imaging, Modeling, Processing, Visualization and Transmission (3DIMPVT), IEEE: 324 - 331.

Guo K, Xu F, Wang Y, et al., 2018a. Robust non-rigid motion tracking and surface reconstruction using L_0 regularization. IEEE Transactions on Visualization and Computer Graphics, 24(5): 1770 - 1783.

Guo Q, Gao S, Zhang X, et al., 2018b. Patch-based image inpainting via two-stage low rank approximation. IEEE Transactions on Visualization and Computer Graphics, 24(6): 2023 - 2036.

Gu S, Zhang L, Zuo W, et al., 2014. Weighted nuclear norm minimization with application to image denoising. Columbus: Proceedings of the IEEE Conference on Computer Vision and Pattern Recognition.

Hamdi-Cherif A, Digne J, Chaine R, 2018. Super-resolution of point set surfaces using local similarities. Computer Graphics Forum, 37(1): 60 - 70.

He K, Zhang X, Ren S, et al., 2016. Deep residual learning for image recognition. Piscataway: Proceedings of the IEEE Conference on Computer Vision and Pattern Recognition, IEEE: 770 - 778.

He L, Schaefer S, 2013. Mesh denoising via L_0 minimization. Los Angeles: Proceedings of ACM SIGGRAPH.

Hildebrandt K, Polthier K, 2004. Anisotropic filtering of non-linear surface features. Computer Graphics Forum, 23(3): 391 - 400.

Hoppe H, DeRose T, Duchamp T, et al., 1992. Surface reconstruction from unorganized points. Champaign: Proceedings of the 19th Annual Conference on Computer Graphics and Interactive Techniques, SIGGRAPH: 71 - 78.

Huang G, Wu J, Wunsch D C Ⅱ, 2018. Hierarchical extreme learning machines. Neurocomputing, 277: 1 - 3.

Huang H, Ascher U, 2008. Surface mesh smoothing, regularization, and feature detection. SIAM Journal on Scientific Computing, 31(1): 74 - 93.

Huang H, Li D, Zhang H, et al., 2009. Consolidation of unorganized point clouds for surface reconstruction. ACM Transactions on Graphics，28(5)：1 - 7.

Huang H，Shihao W U，Gong M，et al.，2013. Edge-aware point set resampling. ACM Transactions on Graphics，32(1)：1 - 12.

Huang T，Dong W，Xie X，et al.，2017. Mixed noise removal via Laplacian scale mixture modeling and nonlocal low-rank approximation. IEEE Transactions on Image Processing，26(7)：3171 - 3186.

Izadi S，Kim D，Hilliges O，et al.，2011. KinectFusion：real-time 3D reconstruction and interaction using a moving depth camera. Santa Barbara：Proceedings of the 24th Annual ACM Symposium on User Interface Software and Technology，ACM：559 - 568.

Ji Z，Liu L，Wang G，2006. Non-iterative global mesh smoothing with feature preservation. International Journal of CAD/CAM，6(1)：89 - 97.

Jones T R，Durand F，Desbrun M，2003. Non-iterative，feature-preserving mesh smoothing. ACM Transactions on Graphics，22(3)：943 - 949.

Jones T R，Durand F，Zwicker M，2004. Normal improvement for point rendering. IEEE Computer Graphics and Applications，24(4)：53 - 56.

Kim B，Rossignac J，2005. Geofilter：geometric selection of mesh filter parameters. Computer Graphics Forum，24(3)：295 - 302.

Kim H S，Han K C，Lee K H，2009. Feature detection of triangular meshes based on tensor voting theory. Computer Aided Design，41(1)：47 - 58.

Lee K，Wang W，2005. Feature-preserving mesh denoising via bilateral normal filtering. Hong Kong：Proceedings of the 9th International Conference on Computer Aided Design and Computer Graphics：275 - 280.

Lei Z，Wei M，Yu J，et al.，2013. Coarse-to-fine normal filtering for feature-preserving mesh denoising based on isotropic subneighborhoods. Computer Graphics Forum，32(7)：371 - 380.

Lenssen J E，Osendorfer C，Masci J. Deep iterative surface normal estimation. Seattle：Proceedings of the IEEE/CVF Conference on Computer Vision and Pattern Recognition，2020.

Levin A，Lischinski D，Weiss Y，2004. Colorization using optimization. ACM SIGGRAPH，2004：689 - 694.

Levin D，1998. The approximation power of moving least-squares. Mathematics of Computation，67(224)：1517 -1531.

Levin D，2003. Geometric modeling for scientific visualization. Berlin：Springer：37 - 49.

Liang L，Wei M，Szymczak A，et al.，2018. Nonrigid iterative closest points for registration of 3D biomedical surfaces. Optics and Lasers in Engineering，100：1411 - 154.

Liao B，Xiao C，Jin L，et al.，2013. Efficient feature-preserving local projection operator for geometry reconstruction. Computer-Aided Design，45(5)：861 - 874.

Li B，Liu R，Cao J，et al.，2018. Online low-rank representation learning for joint multi-subspace recovery and clustering. IEEE Transactions on Image Processing，27(1)：335 - 348.

Li B，Schnabel R，Klein R，et al.，2010. Robust normal estimation for point clouds with sharp features. Computers and Graphics，34(2)：94 - 106.

Li H，Lin Z，2015. Accelerated proximal gradient methods for nonconvex programming. Montreal：Advances in Neural Information Processing Systems：379 - 387.

Lipman Y，Cohen-Or D，Levin D，et al.，2007. Parameterization free projection for geometry reconstruction. ACM Transactions on Graphics，26(3)：22.

Li R，Li X，Fu C W，et al.，2019. Pu-gan：a point cloud upsampling adversarial network. Seoul：Proceedings of the IEEE/CVF International Conference on Computer Vision：7203 - 7212.

Liu L，Tai C L，Ji Z，et al.，2007. Non-iterative approach for global mesh optimization. Computer-Aided Design，39(9)：772 - 782.

Liu S, Chan K C, and Wang C C L, 2012. Iterative consolidation of unorganized point clouds. IEEE Computer Graphics and Applications, 32(3): 70 - 83.

Liu X, Han Z, Liu Y S, et al., 2019. Point2 sequence: learning the shape representation of 3D point clouds with an attention-based sequence to sequence network. Proceedings of the AAAI Conference on Artificial Intelligence, 33(1): 8778 - 8785.

Li X, Li R, Zhu L, et al., 2020. DNF-Net: a deep normal filtering network for mesh denoising. IEEE Transactions on Visualization and Computer Graphics, 27(10): 4060 - 4072.

Li X, Zhu L, Fu C W, et al., 2018a. Non-local low-rank normal filtering for mesh denoising. Computer Graphics Forum, 37(7): 155 - 166.

Li Y, Bu R, Sun M, et al., 2018b. Pointcnn: Convolution on x-transformed points. Montreal: Proceedings of the 32nd International Conference on Neural Information Processing Systems.

Li Y, Wu X, Chrysanthou Y, et al., 2011. Globfit: consistently fitting primitives by discovering global relations. ACM Transactions on Graphics, 30(4): 1 - 12.

Li Z, Zhang Y, Feng Y, et al., 2020. NormalF-Net: normal filtering neural network for feature-preserving mesh denoising. Computer-Aided Design, 127: 102861.

Lu X, Chen W, Schaefer S, 2017a. Robust mesh denoising via vertex pre-filtering and L_1-median normal filtering. Computer Aided Geometric Design, 54: 49 - 60.

Lu X, Deng Z, Chen W, 2016. A robust scheme for feature-preserving mesh denoising. IEEE Transactions on Visualization and Computer Graphics, 22(3): 1181 - 1194.

Lu X, Schaefer S, Luo J, et al., 2018. Low rank matrix approximation for 3D geometry filtering. IEEE Transactions on Visualization and Computer Graphics, 28(4): 1835 - 1847.

Lu X, Wu S, Chen H, et al., 2017b. GPF: GMM-inspired feature-preserving point set filtering. IEEE Transactions on Visualization and Computer Graphics, 24(8): 2315 - 2326.

Lévy B, Bonneel N, 2013. Variational anisotropic surface meshing with Voronoi parallel linear enumeration. Austin: Proceedings of the 21st International Meshing Roundtable: 349 - 366.

Mattei E, Castrodad A, 2017. Point cloud denoising via moving RPCA. Computer Graphics Forum, 36 (8): 123 - 137.

Maximo A, Patro R, Varshney A, et al., 2011. A robust and rotationally invariant local surface descriptor with applications to nonlocal mesh processing. Graphical Models, 73(5): 231 - 242.

Meyer M, Desbrun M, Schroder P, et al., 2003. Discrete differential-geometry operators for triangulated 2-manifolds. Visualization and Mathematics III. NewYork : Springer: 35 - 57.

Mirsky L, 1975. A trace inequality of john von neumann. Monatshefte für Mathematik, 79(4): 303 - 306.

Mohan K, Fazel M, 2012. Iterative reweighted algorithms for matrix rank minimization. Journal of Machine Learning Research, 13: 3441 - 3473.

Nan L, Xie K, Sharf A, 2012. A search-classify approach for cluttered indoor scene understanding. ACM Transactions on Graphics (TOG), 31(6): 137.

Nealen A, Igarashi T, Sorkine O, et al., 2006. Laplacian mesh optimization. Kuala Lumpur: 4th International Conference on Computer Graphics and Interactive Techniques in Australasia and Southeast Asia (2006): 381 - 389.

Nehab D, Rusinkiewicz S, Davis J, et al., 2005. Efficiently combining positions and normals for precise 3D geometry. ACM Transactions on Graphics, 24(3): 536 - 543.

Ohtake Y, Belyaev A, Bogaevski I, 2001. Mesh regularization and adaptive smoothing. Computer-Aided Design, 33(11): 789 - 800.

Ohtake Y, Belyaev A G, Seidel H P, 2002. Mesh smoothing by adaptive and anisotropic Gaussian filter. Erlangen: Proceedings of the Vision, Modeling, and Visualization: 203 - 210.

Ohtake Y, GBelyaev A, Bogaevski I A, 2000. Polyhedral surface smoothing with simultaneous mesh regularization. Hong Kong: Proceedings of Geometric Modeling and Processing: 229 - 237.

Ouafdi A E, Ziou D, 2008. A global physical method for manifold smoothing. Stony Brook: IEEE International Conference on Shape Modeling and Applications: 11 - 17.

Ouafdi A, Ziou D, Krim H, 2010. A smart stochastic approach for manifolds smoothing. Computer Graphics Forum, 27(5): 1357 - 1364.

Oztireli A C, Guennebaud G, Gross M H, 2009. Feature preserving point set surfaces based on non-linear kernel regression. Computer Graphics Forum, 28(2): 493 - 501.

Panozzo D, Baran I, Diamanti O, et al., 2013. Weighted averages on surfaces. ACM Transactions on Graphics (TOG), 32(4): 60.

Pauly M, Keiser R, Kobbelt L P, et al., 2003. Shape modeling with point-sampled geometry. ACM Transactions on Graphics, 22(3): 641 - 650.

Preiner R, Mattausch O, Arikan M, et al., 2014. Continuous projection for fast L_1 reconstruction. ACM Transactions on Graphics, 33(4): 1 - 13.

Qi C R, Su H, Mo K, et al., 2017. Pointnet: deep learning on point sets for 3D classification and segmentation. Honolulu: 2017 IEEE Conference on Computer Vision and Pattern Recognition: 77 - 85.

Rakotosaona M, Barbera V L, Guerrero P, et al., 2020. PointCleanNet: learning to denoise and remove outliers from dense point clouds. Computer Graphics Forum, 39(1): 185 - 203.

Razdan A, Bae M, 2005. Curvature estimation scheme for triangle meshes using biquadratic Bezier patches. Computer-Aided Design, 37(14): 1481 - 1491.

Recht B, Fazel M, Parrilo P A, 2010. Guaranteed minimum-rank solutions of linear matrix equations via nuclear norm minimization. SIAM Review, 52(3): 471 - 501.

Remil O, Xie Q, Xie X, et al., 2017a. Data-driven sparse priors of 3D shapes. Computer Graphics Forum, 36(7): 63 - 72.

Remil O, Xie Q, Xie X, et al., 2017b. Surface reconstruction with data-driven exemplar priors. Computer-Aided Design, 88: 31 - 41.

Ronneberger O, Fischer P, Brox T, 2015. U-net: convolutional networks for biomedical image segmentation. Cham: International Conference on Medical Image Computing and Computer-Assisted Intervention: 234 - 241.

Rosman G, Dubrovina A, Kimmel R, 2013. Patch-collaborative spectral point-cloud denoising. Computer Graphics Forum, 32(8): 1 - 12.

Roveri R, Oztireli A C, Pandele I, et al., 2018. PointProNets: con-solidation of point clouds with convolutional neural networks. Computer Graphics Forum, 37(2): 87 - 89.

Sanchez J, Denis F, Coeurjolly D, et al., 2020. Robust normal vector estimation in 3D point clouds through iterative principal component analysis. ISPRS Journal of Photogrammetry and Remote Sensing, 163: 18 - 35.

Sarbolandi H, Lefloch D, Kolb A, 2015. Kinect range sensing: structured-light versus time-of-flight kinect. Computer Vision and Image Understanding, 139: 1 - 20.

Serna A, Marcotegui B, Goulette F, et al., 2014. Paris-ruemadame database—a 3D mobile laser scanner dataset for benchmarking urban detection, segmentation and classification methods. Angers: Proceedings of the 3rd International Conference on Pattern Recognition Applications and Methods: 819 - 824.

Shen J, Maxim B, Akingbehin K, 2005. Accurate correction of surface noises of polygonal meshes. International Journal for Numerical Methods in Engineering, 64(12): 1678 - 1698.

Silberman N, Hoiem D, Kohli P, et al., 2012. Indoor segmentation and support inference from rgbd images. Firenze: European Conference on Computer Vision: 746 - 760.

Solomon J, Crane K, Butscher A, et al., 2014. A general framework for bilateral and mean shift filtering. arXiv preprint arXiv: 1405. 4734.

Sun X, Rosin P, Martin R, et al., 2007. Fast and effective feature-preserving mesh denoising. IEEE Transactions Visualization and Computer Graphics, 13(5): 925 - 938.

Sun X, Rosin P, Martin R, Langbein F, 2008. Random walks for feature-preserving mesh denoising. Computer Aided Geometric Design, 7(25): 437 - 456.

Sun Y, Schaefer S, Wang W, 2015. Denoising point sets via L_0 minimization. Computer Aided Geometric Design, 35 - 36: 2 - 15.

Tasdizen T, Whitaker R, Burchard P, et al., 2002. Geometric surface smoothing via anisotropic diffusion of normals. Proceedings of IEEE Visualization: 125 - 132.

Tasdizen T, Whitaker R, Burchard P, et al., 2003. Geometric surface processing via normal maps. ACM Transactions on Graphics, 22(4): 1012 - 1033.

Taubin G, 2001. Linear anisotropic mesh filtering. New York: IBM T. J. Watson Research Center, RC22213 (W0110 - 051).

Taubin G, 2012. Introduction to geometric processing through optimization. Computer Graphics and Applications IEEE, 32(4): 88 - 89.

Tomasi C, Manduchi R, 1998. Bilateral filtering for gray and color images. Mumbai: Proceedings of the Sixth International Conference on Computer Vision: 839 - 846.

Tsuchie S, Higashi M, 2012. Surface mesh denoising with normal tensor framework. Graphical Models, 74(4): 130 - 139.

Umehara M, Yamada K, Rossman W, 1976. Differential geometry of curves and surfaces. Upper Saddle River: Prentice-Hall.

Verma N, Boyer E, Verbeek J, 2018. Feastnet: feature-steered graph convolutions for 3D shape analysis. Salt Lake City: Proceedings of the IEEE Conference on Computer Vision and Pattern Recognition: 2598 - 2606.

Vollmer J, Mencl R, 2010. Improved laplacian smoothing of noisy surface meshes. Computer Graphics Forum, 18(3): 131 - 138.

Wang H, Wu J, Wei M, et al., 2015a. A robust and fast approach to simulating the behavior of guidewire in vascular interventional radiology. Computerized Medical Imaging and Graphics, 40: 160 - 169.

Wang J, Zhang X, Yu Z, 2012. A cascaded approach for feature-preserving surface mesh denoising. Computer-Aided Design, 44(7): 597 - 610.

Wang P S, Liu Y, Tong X, 2016. Mesh denoising via cascaded normal regression. ACM Transactions on Graphics, 35(6): 1 - 12.

Wang P S, Fu X M, Liu Y, et al., 2015b. Rolling guidance normal filter for geometric processing. ACM Transactions on Graphics (TOG), 34(6): 173.

Wang R, Yang Z, Liu L, et al., 2014. Decoupling noise and features via weighted 1-analysis compressed sensing. ACM Transactions on Graphics, 33(2): 1 - 12, 20.

Wang W, Liu Y J, Wu J, et al., 2017. Support-free hollowing. IEEE Transactions on Visualization and Computer Graphics, 99: 1.

Wei M Q, Feng Y, Chen H, 2020. Selective guidance normal filter for geometric texture removal. IEEE Transactions on Visualization and Computer Graphics, 27(12): 4469 - 4482.

Wei M Q, Liang L, Pang W, et al., 2017. Tensor voting guided mesh denoising. IEEE Transactions on Automation Science and Engineering, 14(2): 931 - 945.

Wei M Q, Huang J, Xie X Y, et al., 2018a. Mesh denoising guided by patch normal co-filtering via kernel low-rank recovery. IEEE Transactions on Visualization and Computer Graphics, 25(10): 2910 - 2926.

Wei M Q, Shen W, Qin J, et al., 2013. Feature preserving optimization for noisy mesh using joint bilateral filter and constrained laplacian smoothing. Optics and Lasers in Engineering, 51(11): 1223-1234.

Wei M Q, Tian Y, Pang W, et al., 2019. Bas-relief modeling from normal layers. IEEE Transactions on Visualization and Computer Graphics, 25(4): 1651-1665.

Wei M Q, Wang J, Guo X, et al., 2018b. Learning-based 3D surface optimization from medical image reconstruction. Optics and Lasers in Engineering, 103: 110-118.

Wei M Q, Yu J, Pang W, et al., 2015a. Bi-normal filtering for mesh denoising. IEEE Transactions on Visualization and Computer Graphics, 21(1): 43-55.

Wei M Q, Zhu L, Yu J, et al., 2015b. Morphology-preserving smoothing on polygonized isosurfaces of inhomogeneous binary volumes. Computer-Aided Design, 58: 92-98.

Wong J M, Kee V, Le T, et al., 2017. Segicp: Integrated deep semantic segmentation and pose estimation. Vancouver: 2017 IEEE/RSJ International Conference on Intelligent Robots and Systems, IROS.

Wu J, Xu J, Xia R, 2011. Surface mesh denoising via diffusing gradient field. Optics and Lasers in Engineering, 49(1): 104-109.

Wu S, Huang H, Gong M, et al., 2015a. Deep points consolidation. ACM Transactions on Graphics, 34 (176):1-13.

Wu X, Zheng J, Cai Y, et al., 2015b. Mesh denoising using extended rof model with L_1 fidelity. Computer Graphics Forum, 34(7): 35-45.

Xiao S, Tan M, Xu D, et al., 2016. Robust kernel low-rank representation. IEEE Transactions on Neural Networks and Learning Systems, 27(11): 2268-2281.

Xie X, Guo X, Liu G, et al., 2018. Implicit block diagonal low-rank representation. IEEE Transactions on Image Processing, 27(1): 477-489.

Xie X, Wu J, Liu G, et al., 2019. Matrix recovery with implicitly low-rank data. Pattern Recognition, 87: 3468-3480.

Xie Y, Gu S, Liu Y, et al., 2016. Weighted schatten p-norm minimization for image denoising and background subtraction. IEEE Transactions on Image Processing, 25(10): 4842-4857.

Xu C, Lin Z, Zha H, 2017a. A unified convex surrogate for the schatten-p norm. San Francisco: Proceedings of the Thirty-First AAAI Conference on Artificial Intelligence.

Xu H, Caramanis C, Sanghavi S, 2010. Robust PCA via outlier pursuit. Advances in Neural Information Processing Systems: 2496-2504.

Xu J, Ren D, Zhang L, et al., 2016. Patch group based bayesian learning for blind image denoising. Cham: Asian Conference on Computer Vision: 79-95.

Xu J, Zhang L, Zhang D, et al., 2017b. Multi-channel weighted nuclear norm minimization for real color image denoising. Venice: IEEE International Conference on Computer Vision, ICCV.

Xu J, Zhang L, Zuo W, et al., 2015. Patch group based nonlocal self-similarity prior learning for image denoising. Santiago: 2015 IEEE International Conference on Computer Vision, ICCV.

Xu L, Yan Q, Xia Y, et al., 2012. Structure extraction from texture via relative total variation. ACM Transactions on Graphics, 31(6): 1-10.

Xu Y, Yin W, 2013. A block coordinate descent method for regularized multiconvex optimization with applications to nonnegative tensor factorization and completion. SIAM Journal on Imaging Sciences, 6 (3): 1758-1789.

Yadav S K, Reitebuch U, Polthier K, 2017. Mesh denoising based on normal voting tensor and binary optimization. IEEE Transactions on Visualization and Computer Graphics, 99: 1-17.

Yagou H, Ohtake Y, Belyaev A, 2002. Mesh smoothing via mean and median filtering applied to face normals. London: Proceedings of Geometric Modeling and Processing: 124-131.

Yagou H, Ohtake Y, Belyaev A G, 2003. Mesh denoising via iterative alpha-trimming and nonlinear diffusion of normal with automatic thresholding. Munich: Proceedings of the Computer Graphics International Conference: 28 - 33.

Yi C, Zhang Y, Wu Q, et al., 2017. Urban building reconstruction from raw LiDAR point data. Computer-Aided Design, 93: 1 - 14.

Yuan M, Khan I R, Farbiz F, et al., 2013. A mixed reality virtual clothes try-on system. IEEE Transactions on Multimedia, 15(8): 1958 - 1968.

Yu L, Li X, Fu C W, et al., 2018. EC-Net: an edge-aware point set consolidation network. Munich: Computer Vision - ECCV 2018 - 15th European Conference, Part VII: 398 - 414.

Zhang H, Lin Z, Zhang C, et al., 2015a. Exact recoverability of robust PCA via outlier pursuit with tight recovery bounds. Austin: Proceedings of the 29th AAAI Conference on Artificial Intelligence: 3143 - 3149.

Zhang H, Wu C, Zhang J, et al., 2015b. Variational mesh denoising using total variation and piecewise constant function space. IEEE Transactions on Visualization and Computer Graphics, 21 (7): 873 - 886.

Zhang J, Cao J, Liu X, et al., 2013. Point cloud normal estimation via low-rank subspace clustering. Computers and Graphics, 37(6): 697 - 706.

Zhang J, Cao J, Liu X, et al., 2018. Multi-normal estimation via pair consistency voting. IEEE Transactions on Visualization and Computer Graphics, 25(4): 1693 - 1706.

Zhang J, Deng B, Hong Y, et al., 2017a. Static/dynamic filtering for mesh geometry. IEEE Transactions on Visualization and Computer Graphics, 99: 1.

Zhang L, Zuo W, 2017b. Image restoration: From sparse and low-rank priors to deep priors [lecture notes]. IEEE Signal Processing Magazine, 34(5): 172 - 179.

Zhang W, Deng B, Zhang J, et al., 2015c. Guided mesh normal filtering. Computer Graphics Forum (Special Issue of Pacific Graphics 2015), 34: 23 - 34.

Zhao H, Xu G, 2005. Directional smoothing of triangular meshes. Beijing: Proceedings of the International Conference on Computer Graphics, Imaging and Visualization New Trends: 397 - 402.

Zhao Q, Meng D, Xu Z, et al., 2014. Robust principal component analysis with complex noise. Beijing: Proceedings of the 31th International Conference on Machine Learning.

Zhao W, Liu X, Zhao Y, et al., 2019. Normalnet: learning based guided normal filtering for mesh denoising. arxiv Preprint arxiv: 1903. 04015.

Zhao Y, Qin H, Zeng X, et al., 2018. Robust and effective mesh denoising using L_0 sparse regularization. Computer-Aided Design, 101: 82 - 97.

Zheng Q, Sharf A, Wan G, et al., 2010a. Non-local scan consolidation for 3D urban scenes. ACM Transactions on Graphics, 29(4): 94:1 - 94:9.

Zheng Y, Fu H, Au O, et al., 2010b. Bilateral normal filtering for mesh denoising. IEEE Transactions on Visualization and Computer Graphics, 17(10): 1521 - 1530.

Zheng Y, Li G, Wu S, et al., 2017. Guided point cloud denoising via sharp feature skeletons. The Visual Computer, 33(6 - 8): 857 - 867.

Zhou H, Chen H, Feng Y, et al., 2020. Geometry and learning co-supported normal estimation for unstructured point cloud. Seattle: IEEE Conference on Computer Vision and Pattern Recognition: 235 - 244.

Zhu L, Fu C, Jin Y, et al., 2016. Non-local sparse and low-rank regularization for structure-preserving image smoothing. Computer Graphics Forum, 35(7): 217 - 226.

Zwicker M, Pauly M, Knoll O, et al., 2002. Pointshop 3D: an interactive system for point-based surface editing. ACM Transactions on Graphics, 21(3): 322 - 329.